新工科暨卓越工程师教育培养计划电气类专业系列教材
普通高等学校“双一流”建设电气专业精品教材

JIDIAN DONGLI XITONG FENXI

机电动力系统分析

（第二版）

■ 编 著/杨 凯 辜承林

華中科技大学出版社
http://www.hustp.com
中国·武汉

图书在版编目(CIP)数据

机电动力系统分析/杨凯,辜承林编著. —2 版. —武汉:华中科技大学出版社,2022.5
ISBN 978-7-5680-8216-7

Ⅰ.①机… Ⅱ.①杨… ②辜… Ⅲ.①机电系统-动力系统-系统分析 Ⅳ.①TM7

中国版本图书馆 CIP 数据核字(2022)第 067159 号

机电动力系统分析(第二版)
Jidian Dongli Xitong Fenxi (Di-er Ban)

杨 凯 辜承林 编著

策划编辑:祖 鹏
责任编辑:朱建丽
封面设计:秦 茹
责任校对:刘小雨
责任监印:周治超
出版发行:华中科技大学出版社(中国·武汉) 电话:(027)81321913
武汉市东湖新技术开发区华工科技园 邮编:430223
录 排:武汉市洪山区佳年华文印部
印 刷:武汉市籍缘印刷厂
开 本:787mm×1092mm 1/16
印 张:12.5
字 数:302 千字
版 次:2022 年 5 月第 2 版第 1 次印刷
定 价:39.80 元

内 容 简 介

本书综合国内外相关研究成果及作者在教学、科研和研究生培养等工作中积累的大量新素材编著而成，内容与机电动力系统计算机辅助分析的理论、方法和实践密切相关。

全书共5章，分别介绍了机电动力系统的定义；机电动力系统状态变量分析模型及其数值解法和常用坐标变换；直流电机及其系统的分析方法，以及应用参照系理论对异步电机和同步电机及其矢量控制变速传动系统。书中给出的各类电机及其系统动态行为的数值仿真结果和结论，对机电动力系统的分析设计和运行控制具有指导意义。

本书可作为电气工程学科研究生的教学用书，也可供在电机、电气传动与控制、工业自动化、电力电子技术等领域从事教学、科研工作的教师、科研人员和工程技术人员参考。

ABSTRACT

This text is aimed to equip the graduate students in electrical engineering with updated analysis methods and numerical techniques related to electromechanical dynamics. Most results presented here are referred to the newest achievements in the field, but mainly to the author's teaching and researching activities.

Five chapters are arranged in the text: they cover the definition of electromechanical system, electromechanical system's state analysis model include its numerical methods and common coordinate transformation, analysis of direct-current drives, and analysis for induction and synchronous machines and their field-oriented control drives respectively.

The text is also a useful reference book for teachers, researchers and engineers who are engaged on electric machinery, electrical drives, automatic control, power electronics and so on.

第二版前言

电力电子技术和计算机技术的广泛应用，推动了电气工程学科的快速发展。新理论、新方法在碰撞传统观念的同时，迫切要求专业教学内容和模式不断更新，以适应技术进步对人才培养的需要。对机电系统行为，特别是动态行为的描述，从来就是传统教学模式中的难点，熟练运用计算机数值仿真分析技术在这些方面却可能获得非常圆满的解决，可以观察到各种运行状况下的动态特性，包括实际系统难以实现的一些特定的极限工况。突出计算机在现代工程教育中的重要作用，将计算机辅助分析手段融入课堂教学，辅助完成复杂机电系统的分析过程，这是本书写作的基本指导思想。

多年来，结合教学、科研和研究生培养工作的需要，作者针对变频调速异步电机、高功率密度永磁电机、直驱式永磁电机等新型电机结构设计与控制方向，潜心研究，在机电动力系统行为的计算机数值仿真方面做了大量研究工作，融合了该领域内国内外的一些比较好的研究成果，积累了一些有价值和有参考指导意义的新素材。近年来，随着无传感器控制技术的快速发展，异步电机和同步电机无传感器控制技术日渐成熟，并得到广泛应用，修订教材考虑技术发展和工业应用现状，增加了无传感器控制建模仿真分析。此次再版在第 1 章中增加了机电动力系统的概况介绍，在第 2 章中增加了典型控制系统分析方法介绍。此外，本书精简了坐标系变换理论，并在第 5 章中增加了永磁同步电机自抗扰控制技术数值仿真研究。

本书综合国内外相关研究成果以及作者在教学、科研和研究生培养等工作中积累的大量新素材的基础上编著而成，诸多内容涉及学科前沿，在内容编排和章节设置上也自成一体。全书共分五章，全部内容直接与机电动力系统行为的计算机辅助分析理论、方法和实践紧密相关。第 1 章简要介绍了机电动力系统，先介绍电机的主要类型、发展历史、作用与地位，然后介绍了电磁耦合系统和机电耦合系统及其能量转换原理。第 2 章主要讲述了机电动力系统的分析方法，介绍了旋转电机的运动方程和交流电机的任意参照系理论，在机电能量转换原理基础上，依据拉格朗日-麦克斯韦方程建立机电动力系统的状态变量分析模型，并讨论其数值解法和控制系统分析方法。第 3 章主要讨论了直流电机及系统的分析方法。第 4 章和第 5 章分别应用参照系理论对异步电机、同步电机及其矢量控制变速传动系统和无速度传感器控制技术进行了深入探讨，并结合实例对其动态行为进行了大量的数值仿真研究，结果和结论对交流电气传动系统的分析、设计、监测、控制等有重要指导意义。本书既可作为电气学科研究生的教学参考书，也可供在电机、电气传动与控制、工业自动化、电力电子技术等领域从事教学、科研工作的教师、科研人员和工程技术人员参考,但要求读者具有电机学、电力电子技术、控制理论、矩阵分析、数值方法、计算机应用等专业基础知识。

书成惴惴,恐有纰漏,然百密一疏,金无足赤,望广大同仁不吝批评,拨冗斧正,作者感激不尽。

作者　于武汉喻家山

2022.2

第一版前言

电力电子技术和计算机技术的广泛应用，推动了电工学科的快速发展。新理论、新方法在碰撞传统观念的同时，迫切要求专业教学的内容和模式不断更新，以适应技术进步对人才培养的需要。对系统行为，特别是动态行为的描述，从来就是传统教学模式中的难点，但运用计算机辅助分析技术却可能获得非常圆满的解决，以至于可以通过计算机观察到各种运行状况下的动态特性，包括实际系统难以实现的一些特定的极限工况。突出计算机在现代工程教育中的重要作用，直接将计算机辅助分析手段作为更新传统教学内容的载体，是本书写作的基本指导思想。

十多年来，结合教学、科研和研究生培养工作的需要，作者在机电动力系统行为的计算机数值仿真方面做了一些比较认真也比较系统的研究工作，融合了该领域内国内外的一些比较好的研究成果，积累了一些有价值和有参考指导意义的新素材，加之电工学科研究生教学也确实需要加强这方面的内容，因而一直有编撰成册、供同行评点的强烈愿望。然而，最终使这一愿望达成的是来自于湖北省建设银行尊师重教联合会、华中理工大学研究生院和华中理工大学出版社的巨大支持。区区一学子，仅想尽其所能做点有益的事情，就能得到如此广袤而周至的关注和鼓励，这只有在以科教为兴国之本、具有尊师重教优良传统的中华大地上才有可能。承荫之我辈，激动不已，亦深感任重道远，遂以伴我人生和学涯的固有执着和勤勉，日耕夜织，终能如期奉上我的所思所为并付印。值此机会，谨向湖北省建设银行尊师重教联合会、华中理工大学研究生院和华中理工大学出版社表示由衷的敬意和谢意。同时，向多年来始终关注我进步和成长的国内外同仁和各位师长以及呵护我的亲友们表示深深的感激之情。顺风而呼，声非加疾也，而闻者彰，我懂得珍惜；驽马十驾，亦至千里，功在不舍，我知道努力。

本书综合国内外相关研究成果以及作者在教学、科研和研究生培养等工作中积累的大量新素材的基础上编著而成，起点较高，诸多内容涉及学科前沿，在内容编排和章节设置上也自成一体。全书共分五章，全部内容都直接与机电动力系统行为的计算机辅助分析理论、方法和实践紧密相关。第一章在机电能量转换原理基础上，依据拉格朗日-麦克斯韦方程建立机电动力系统的状态变量分析模型，并讨论其数值解法。第二章主要讨论直流电机及其系统的分析方法。第三章介绍交流电机的任意参照系理论。第四章和第五章分别应用参照系理论对异步电机、同步电机及其矢量控制变速传动系统进行深入探讨，并结合实例对其动态行为进行了大量的数值仿真研究,结果和讨论对交流电气传动系统的分析、设计、监测、控制等有重要指导意义。本书既可作为电工学科研究生的教学参考书,也可供电机、电气传动与控制、工业自动化、电力电子技术等领域内从事教学、科研工作的教师、科研人员和工程技术人员参考,但要求读者具有电机学、电力电子技术、控制理论、矩阵分析、数值方法、计算机应用等专业基础知识。

本人学识浅陋,书中遗漏乃至错误定然不可避免,敬请指正,谢谢。

辜承林　于武汉喻家山

1998.4

目录

1

机电动力系统介绍[①]

1.1 绪论

机电动力系统的功能是实现机电能量转换，其实现机电能量转换的形式大体有四种，分别为电致伸缩与压电效应，磁致伸缩，电场力，电磁力。在这四种形式中，前两种形式的功率很小，且不可逆，故相较于另外两者而言应用较少。应用电场力来实现机电能量转换的装置通常为静电式装置，只能得到不大的力与功率。因此绝大多数机电装置是应用电磁力来实现机电能量转换的，即电磁式机电装置。

因此本书主要研究通过电磁感应定律与电磁力定律来实现机电能量转换的机电动力系统。

在本书研究的机电动力系统中，机电能量转换可以通过不同的物理学原理实现。机电装置的运行通常是基于耦合载流电路和运动部分的磁场。耦合场中的导体和铁磁部分受到电磁力的作用，在导体中形成磁动势和电路载流；电路连接的磁链（称为磁通，又称为磁通量）会因电流的变化或运动而改变；磁通的改变会在电路中产生电动势。实现机电能量转换的基本物理原理如下。

1. 电磁感应定律

电磁感应定律也称为法拉第电磁感应定律。电磁感应现象是指因磁通量变化产生感应电动势的现象。例如，闭合电路的一部分导体在磁场里做切割磁感线的运动时，导体中就会产生电流，产生的电流称为感应电流，产生的电动势（电压）称为感应电动势。电磁感应定律定义了变化的磁通和感应电动势之间的关系，具体为电路中感应电动势大小与穿过这一电路的磁通量的变化率成正比。

2. 安培定则

安培定则，也称为右手螺旋定律，是表示电流和电流激发磁场的磁感线方向间关系的定则，它用于描述载流导体产生的磁场。通电直导线中的安培定则（安培定则一）：用右手握住通电直导线，让大拇指指向直导线中电流方向，那么四指指向就是通电导线周围磁场的方向。通电螺线管中的安培定则（安培定则二）：用右手握住通电螺线管，让四

① 本书仿真采用实际值，单位未说明时均取国际单位。

指指向电流的方向,那么大拇指所指的那一端是通电螺线管的 N 极。

3. 洛伦兹定律

洛伦兹定律确定了运动电荷在磁场和电场中受到的电磁力。电磁力方向判断方法为:将左手掌摊平,让磁感线或电场线穿过手掌心,四指指向表示正电荷运动方向,则和四指指向垂直的大拇指所指方向即为洛伦兹力的方向。但必须注意,运动电荷是正的,大拇指的指向即为洛伦兹力的方向。反之,如果运动电荷是负的,仍用四指指向表示电荷运动方向,那么大拇指的指向的反方向为洛伦兹力的方向。

4. 基尔霍夫定律

基尔霍夫定律描述了在电路中电压和电流之间的关系或者在磁路中磁链和磁动势之间关系。它包括基尔霍夫第一定律与第二定律。当其应用于电路时,基尔霍夫第一定律体现了电流在集总参数电路上的连续性,它确定了电路中任意节点处各支路电流之间关系,即所有进入某节点的电流的总和等于所有离开该节点的电流的总和;基尔霍夫第二定律是电场为位场时电位的单值性在集总参数电路上的体现,它确定了电路中任意回路内各电压之间关系,即沿着闭合回路所有元件两端的电势差(电压)的代数和等于零。当其应用于磁路时,基尔霍夫第一定律定义为穿出或进入任意闭合面的总磁通量恒等于零;基尔霍夫第二定律定义为任意闭合磁路中各段磁压的代数和等于各磁通势的代数和,即从一点出发绕回路一周回到该点时,各段电压的代数和恒等于零。

1.1.1　电机的主要类型

经过百年的发展,电机领域有了长足的发展,电机的种类繁多,分类方法也很多,可从电机的功能、运动方式、电源种类、结构形式、运行原理等多个角度对电机进行分类。

按照电机的功能分类,如图 1.1 所示。

电机
- 发电机:将机械能转化为电能
- 电动机:将电能转化为机械能
- 变压器、变流器、变频器、移相器:分别用于改变电压、电流、频率和相位
- 控制电机:控制系统中的元件

图 1.1　按功能分类电机

按照电机的运动方式分类,如图 1.2 所示。

电机
- 静止电机(变压器):实现电能或电信号传递的电磁装置
- 运动电机
  - 直线电机
  - 旋转电机

  实现机电能量转换的机电装置

图 1.2　按运动方式分类电机

此外,若按照电源性质分类,直线电机和旋转电机又分为直流电机与交流电机两种,而交流电机按运行原理分类又可分为异步电机与同步电机两大类。之后还可以按照不同的标准进一步分类,这里就不一一列举了。

在生产生活中,主要用于实现机电能量转换的是运动电机。旋转电机应用领域较直线电机而言更广泛,故本书侧重于对旋转电机的研究,具体内容如图 1.3 所示。

- 旋转电机
  - 直流电机
    - 他励
    - 并励
    - 串励
    - 复励
  - 交流电机
    - 异步电机
    - 同步电机

图 1.3 本书研究内容

1.1.2 电机的发展历史

电机的发展可以分为两个时期。

第一个时期是电机发展初期，该阶段从电磁感应现象的发现开始，直到 20 世纪初时，各种电机和变压器的基本形式已具备。这一时期可分为如下四个阶段。

(1) 电磁感应定律的发现。1831 年，法拉第提出了电磁感应定律，随即出现了各种各样原始形式的发电机。

(2) 直流电机的发展。由于电能在工业上最早的应用是照明和电化学工业，所以，最初发展的是直流发电机。

(3) 单相交流电的出现。19 世纪 70 年代，人们尝试应用交流电传输电能；1876 年，交流电已被应用于照明装置，相继出现原始形式的同步发电机及变压器。

(4) 三相交流电的应用。由于单相交流电动机无法自行起动，1885 年，制成了两相交流异步电机的模型。1889—1897 年，最终制成了三相电动机和三相变压器，建成了第一个三相交流输电系统。

第二个时期是从 20 世纪初直到现在的近代发展时期。这一时期的特点是由电气化时代进入原子能、计算机及自动化时代，这对电机的运行性能、单位容量的质量、体积等方面提出了更多的要求，而且随着自动控制系统和计算装置的发展，电机的发展又进入了新的阶段，出现了多种高精度、快响应的控制电机。在 20 世纪 70 年代以后，电力电子变流装置的诞生解决了调速装置的体积大、成本高、效率低及噪声多等问题，使交流调系统速获得了飞跃发展。矢量控制算法的出现同时提高了交流调速系统的静、动态性能。但是要实现矢量控制，需要复杂的电子电路。采用微机控制以后，用软件实现矢量控制算法，使硬件电路规范化，从而降低了成本，提高了可靠性，而且还有可能进一步实现更加复杂的控制技术。由此可见，电力电子和微机控制技术的迅速进步是推动交流调速系统不断更新的重要动力。

高性能永磁材料的发展，也给电机的发展注入了新的活力。永磁电机具有结构简单、可靠性好、效率高、节省能量的特点，从成本、性能、投资、维修和可靠性等方面综合考虑，都优于普通电机。但过去永磁材料的磁能体积小，一直没有得到广泛应用。近年来，随着稀土永磁材料的高速发展和电力电子技术的发展，永磁电机的发展有了长足进步。

1.1.3 电机作用与地位

改革开放以来，我国取得了社会主义现代化的辉煌成就，人民从温饱跨越到小康，社会发展面貌和国家综合实力日益攀升。然而，同美、俄等大国相比，我国的能源安全，却处于和经济实力极不相符的地位。“富煤、贫油、少气”的能源结构，长期掣肘着我国的工业命脉。十九大报告强调,要推进能源生产和消费革命,构建清洁低碳、安全高效的能源体系。2021年《政府工作报告》进一步制定了碳达峰、碳中和远景目标。在上述背景下,逐步脱离对传统化石能源的依赖,尤其是对石油的依赖,提高清洁能源比例,已上升为国家战略。在能源结构的转型期,传统能源比例逐年下降,清洁能源技术尚未成熟,能源短缺和低碳经济的矛盾日益凸显,对能源高效利用,成为各行各业的共识。

作为当今世界最重要的二次能源,电能保障着社会生产活动的方方面面,且具有大规模集中生产、远距离经济传输、智能化自动控制的突出特点,对近代人类文明的发展起到了重要的推动作用。与此同时,电机作为最主要的机电能量转换装置,是电能的最大消耗源。据统计,我国电机总产量和总容量均居世界首位,所消耗的电能超社会总用电量六成,在工业领域的消耗占比更是高达75%。

在电能的生产、输送和使用等方面,电机起着重要的作用。电机主要包括发电机、变压器和电动机等类型。发电机是将其他形式的能源转换成电能的机械设备,它由水轮机、汽轮机、柴油机或其他动力机械驱动,将水流、气流、燃料燃烧或原子核裂变产生的能量转化为机械能传给发电机,再由发电机转换为电能。发电机在工农业生产、国防、科技及日常生活中有广泛的用途。

电动机将电能转换成为机械能,用来驱动各种用途的生产机械。机械制造工业、冶金工业、煤炭工业、石油工业、轻纺工业、化学工业及其他各种矿企业中,广泛地应用各种电动机。例如,在交通运输中,铁道机车和城市电车是由牵引电机拖动的;在航运和航空中,使用船舶电机和航空电机;在农业生产方面,电力排灌设备、打谷机、榨油机等都是由电动机带动的;在国防、文教、医疗及日常生活中,也广泛应用各种小功率电机和微型电机。随着电机应用愈发广泛,电机已成为提高生产效率、科技水平及人民生活质量的主要载体之一。

纵观电机的发展,其应用范围不断扩大,使用要求不断提高,结构类型不断增多,理论研究也不断深入。特别是50多年来,随着电力电子技术和计算机技术的进步,尤其是超导技术的重大突破,以及新原理、新结构、新材料、新工艺、新方法的不断推动,电机发展更是呈现出勃勃生机,其前景是不可限量的。

1.2 电磁耦合系统

依据法拉第电磁感应定律实现机电能量转换的机电动力系统首先是一个电磁耦合系统。虽然它们按运行方式可分为静止型电机和运动型电机两大类,但基本原理和分析方法是统一的。实施交流电量(电压或电流)变换的变压器是静止型电磁耦合系统的典型例子。图1.4所示的是一个通过铁心耦合的两线圈变压器的示意图。下面就其基本电磁关系进行分析,并由此得出适合于一般电磁耦合系统的分析方法。

参照图1.4,沿用电路理论和电机学中惯用的变量符号,假设正方向遵照电机惯例,则与线圈1和线圈2交链的磁通分别为

$$\begin{cases}\Phi_1=\Phi_{1\sigma}+\Phi_{1m}+\Phi_{2m}\\ \Phi_2=\Phi_{2\sigma}+\Phi_{2m}+\Phi_{1m}\end{cases} \tag{1-1}$$

式中,下标1、2代表线圈编号;下标m和σ分别表示主磁通和漏磁通;Φ_{1m}和Φ_{2m}分别由i_1和i_2产生,但同时与线圈1、2交链。

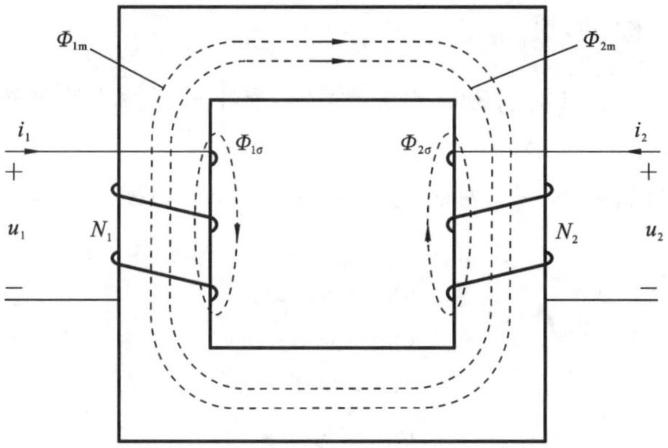

图 1.4 典型两端口静止型电磁耦合系统(两线圈变压器)示意图

设线圈 1、2 的匝数分别为 N_1和 N_2，有磁链方程，即

$$\begin{cases}\psi_1=N_1\Phi_1\\ \psi_2=N_2\Phi_2\end{cases}\tag{1-2}$$

从而电压方程为

$$\begin{cases}u_1=r_1i_1+\mathrm{p}\psi_1\\ u_2=r_2i_2+\mathrm{p}\psi_2\end{cases}\tag{1-3}$$

或记为矩阵形式，即

$$\begin{bmatrix}u_1\\ u_2\end{bmatrix}=\begin{bmatrix}r_1&0\\ 0&r_2\end{bmatrix}\begin{bmatrix}i_1\\ i_2\end{bmatrix}+\mathrm{p}\begin{bmatrix}\psi_1\\ \psi_2\end{bmatrix}\tag{1-4}$$

在式(1-3)和式(1-4)中，

$$\mathrm{p}=\mathrm{d}/\mathrm{d}t\tag{1-5}$$

为微分算子。

式(1-3)或式(1-4)即为两线圈变压器这一典型静止型电磁耦合系统的通用分析模型。由于构成变压器铁心的铁磁材料(多为硅钢片)一般呈现非线性磁化特性，因此，若不附加假设条件，该方程组将不可能解析求解。这也是电磁耦合系统分析中普遍面临的困难。为解决这一困难，通常假设可以忽略磁饱和效应，即将非线性问题转化为线性或局部线性问题。像传统电机学中所做的那样，通过引进若干电感系数，将电磁耦合系统作为纯电路问题近似求解，由此得出能满足工程需要的解答，必要时，再根据经验对解答进行修正。

应该说，上述处理方法经实践证明是有效的。然而，在计算机技术和数值方法已渗透到所有科学领域并强有力地推动和影响着现代科学技术发展进程的今天，非线性问题的数值求解技术也得到了长足的发展和广泛的应用。可以说，在电磁耦合系统的计算机辅助分析中，充分考虑饱和效应，用高精度数值解替代近似解析解，已不存在任何实质性困难。因而，人们在对系统内部电磁关系、物理过程具有更准确把握的同时，还有可能对系统的行为和特性进行最大限度的干预，并对系统实施整体意义上的最优化设计。事实上，如前言所述，这也是学习本课程的基本目的。

综上所述，考虑到问题表述的系统性，同时也便于讨论，以下将分别介绍式(1-4)的解析求解(线性分析)模型和非线性数值分析模型。

1.2.1 线性分析模型

不考虑饱和时,铁心材料的磁导率为常数。设各部分磁路的等效磁导为

$$\Lambda_x=\mu_x A_x/l_x \quad (\text{x 为 }1\sigma,2\sigma,\text{m}) \tag{1-6}$$

式中,μ_x 为磁路平均磁导率;A_x 为磁路平均截面积;l_x 为磁路平均长度。由磁路欧姆定律有

$$\begin{cases}\Phi_{1\sigma}=N_1 i_1 \Lambda_{1\sigma}\\ \Phi_{1m}=N_1 i_1 \Lambda_m\\ \Phi_{2\sigma}=N_2 i_2 \Lambda_{2\sigma}\\ \Phi_{2m}=N_2 i_2 \Lambda_m\end{cases} \tag{1-7}$$

将式(1-7)代入式(1-1),所得算式再代入式(1-2)得

$$\begin{cases}\psi_1=N_1(N_1 i_1 \Lambda_{1\sigma}+N_1 i_1 \Lambda_m+N_2 i_2 \Lambda_m)=N_1^2\Lambda_{1\sigma}i_1+N_1^2\Lambda_m i_1+N_1N_2\Lambda_m i_2\\ \psi_2=N_2(N_2 i_2 \Lambda_{2\sigma}+N_2 i_2 \Lambda_m+N_1 i_1 \Lambda_m)=N_2^2\Lambda_{2\sigma}i_2+N_2^2\Lambda_m i_2+N_2N_1\Lambda_m i_1\end{cases} \tag{1-8}$$

定义线圈 1、2 的漏感系数为

$$L_{k\sigma}=N_k^2\Lambda_{k\sigma} \quad (k=1,2) \tag{1-9}$$

同理,线圈 1、2 的自感系数定义为

$$L_{km}=N_k^2\Lambda_m \quad (k=1,2) \tag{1-10}$$

由此可得关系式

$$L_{1m}=\left(\frac{N_1}{N_2}\right)^2 L_{2m}=K^2 L_{2m} \quad \left(K=\frac{N_1}{N_2}\right) \tag{1-11}$$

式(1-11)可改写为

$$\frac{L_{1m}}{K}=N_1N_2\Lambda_m=KL_{2m} \tag{1-12}$$

综上各式,式(1-8)可改写为

$$\begin{cases}\psi_1=L_{1\sigma}i_1+L_{1m}\left(i_1+\dfrac{i_2}{K}\right)\\ \psi_2=L_{2\sigma}i_2+L_{2m}(Ki_1+i_2)\end{cases} \tag{1-13}$$

式(1-13)即为用线性参数表示的磁链方程。由于式中明显含有与线圈匝数有关的比例系数 K ($K\neq1$),不便于建立等效电路分析模型,故需进行特殊处理。为此,从物理等效角度出发,设想用一个匝数为 N_1 的线圈替代线圈 2。因等效前后磁动势应保持不变,故要求

$$N_1 i'_2=N_2 i_2$$

亦即

$$i'_2=\frac{i_2}{K} \tag{1-14}$$

式中,i'_2 为等效线圈中的电流。

此外,从功率不变出发还应有

$$u'_2 i'_2=u_2 i_2 \tag{1-15}$$

将式(1-14)代入式(1-15),整理后可得

$$u'_2=Ku_2 \tag{1-16}$$

式中,u'_2 为等效线圈的端电压。

同理，根据磁通不变原则可得

$$\frac{\psi'_2}{N_1}=\frac{\psi_2}{N_2}$$

即与等效线圈交链的磁链为

$$\psi'_2=K\psi_2 \tag{1-17}$$

至此，将式(1-11)、式(1-14)和式(1-17)代入式(1-13)后，整理得

$$\begin{cases}\psi_1=L_{1\sigma}i_1+L_{1m}(i_1+i'_2)=L_1i_1+L_mi'_2\\ \psi'_2=L'_{2\sigma}i'_2+L_{1m}(i_1+i'_2)=L_mi_1+L'_2i'_2\end{cases} \tag{1-18}$$

式中，

$$L'_{2\sigma}=K^2L_{2\sigma} \tag{1-19}$$

$$\begin{cases}L_m=L_{1m}\\ L_1=L_{1\sigma}+L_m\\ L'_2=L'_{2\sigma}+L_m\end{cases} \tag{1-20}$$

最后，将式(1-16)和式(1-18)代入式(1-4)后，有

$$\begin{bmatrix}u_1\\u'_2\end{bmatrix}=\begin{bmatrix}r_1&0\\0&r'_2\end{bmatrix}\begin{bmatrix}i_1\\i'_2\end{bmatrix}+\begin{bmatrix}L_1&L_m\\L_m&L'_2\end{bmatrix}p\begin{bmatrix}i_1\\i'_2\end{bmatrix} \tag{1-21}$$

式中，

$$r'_2=K^2r_2 \tag{1-22}$$

式(1-21)就是以电流为状态变量，描述两线圈变压器这一最简静止型电磁耦合系统电磁关系的状态方程。不计饱和影响(电感参数恒定)时，该方程即所谓线性分析模型，可用两端口T形等效电路描述(见图1.5)，用解析方法求解。可以证明，该模型同样适用于多相对称系统分析，亦可推广到静止型或以匀速相对运动的多端口电磁耦合系统。

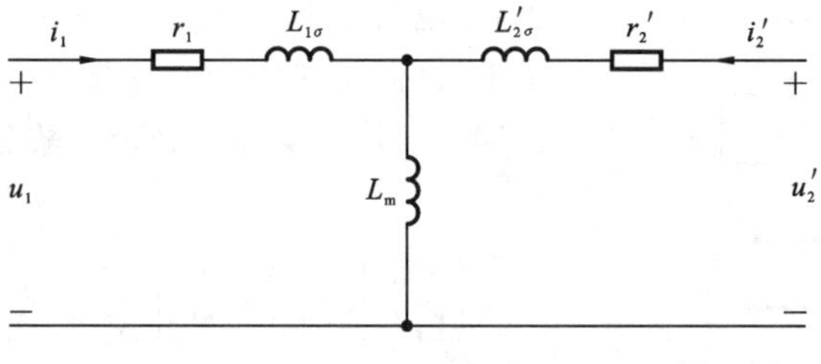

图1.5 两端口静止型电磁耦合系统的T形等效电路

上述分析处理方法通称为折算法，在电磁耦合系统分析中得到广泛应用，是建立电磁耦合系统等效电路分析模型的基本手段。其实质就是在多端口系统中，选定一个统一的参照系，将各端口参数和物理量按物理等效原则变换到该参照系中，以简化分析。通常，被折算后的参数和物理量均以右上角加撇号′表示。本节也采用了这一习惯。然而，为表示方便，本书以后有关章节中将省略′号，无特别说明即认为需要折算的量已经被折算。

1.2.2 非线性分析模型

普通电磁耦合系统在正常运行情况下，磁路都存在一定程度的饱和，即工作点在如

图 1.6 所示的典型铁磁材料（硅钢片）B-H 磁化曲线的饱和段，为提高材料利用率，作为基本设计准则，通常将工作点设计在曲线的膝点附近。由于 $H\propto i_m$，$B\propto \Phi \propto \psi$，因此，磁链 ψ 与(激磁)电流 i_m之间的关系为非线性，L_m不是常数，其结果要么是无法从式(1-4)导出式(1-21)，要么是表述成式(1-21)后，由于参数非线性而无法解析求解。总之，实际分析必须借助计算机以数值方式进行求解，且分析模型也会因方法不同而异。

1. 直接参数法

这是求解非线性电磁耦合系统应用最多也最简易有效的一种方法，但前提是激磁线圈的电感 L_m与磁化电流 i_m之间的非线性关系(曲线)已由实验方法或其他数值方法(如磁场有限元分析方法)确定。现仍以最简静止型电磁耦合系统两线圈变压器为例，设激磁线圈的电感为

$$L_m = f(i_m) = f(i_1 + i'_2) \tag{1-23}$$

或其描述如图 1.7 所示。

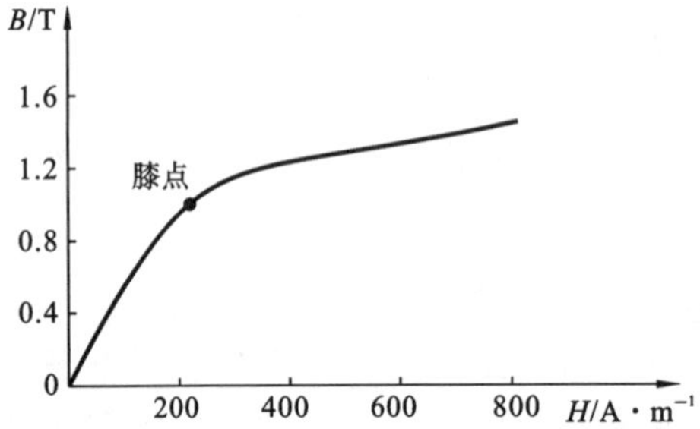

图 1.6　硅钢片的磁化特性(B-H 曲线)

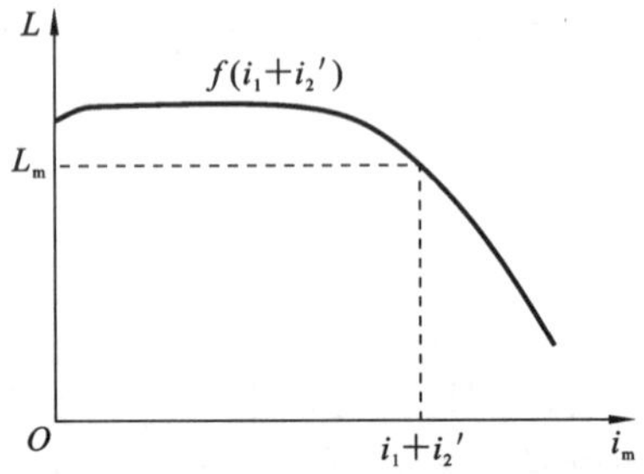

图 1.7　典型两端口非线性电磁耦合系统的激磁电感曲线

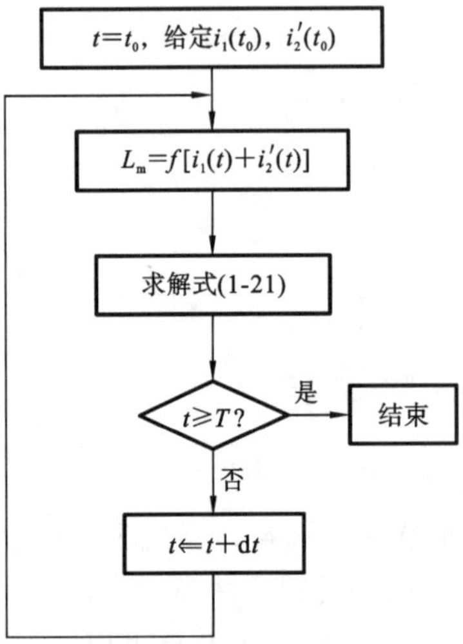

图 1.8　直接参数法求解非线性电磁耦合系统的流程图

此时，系统的电磁关系仍可用式(1-21)表示(仍选电流为状态变量)，只是式(1-21)中的 L_m不是常数，而是式(1-23)或图 1.7 描述的形式，L_m需根据 $i_1 + i'_2$的实际值确定。故分析模型为

$$\begin{cases} L_m = f(i_1 + i'_2) \\ \begin{bmatrix} u_1 \\ u'_2 \end{bmatrix} = \begin{bmatrix} r_1 & 0 \\ 0 & r'_2 \end{bmatrix} \begin{bmatrix} i_1 \\ i'_2 \end{bmatrix} + \begin{bmatrix} L_1 & L_m \\ L_m & L'_2 \end{bmatrix} p \begin{bmatrix} i_1 \\ i'_2 \end{bmatrix} \end{cases} \tag{1-24}$$

对应的数值求解过程如图 1.8 所示。

式(1-21)用常微分方程初值问题的数值方法求解。求解过程由激磁电流初值 $i_m(t_0) = i_1(t_0) + i'_2(t_0)$ 起动，并由 $t \geqslant T$(预置时限值)控制自动中止。

2. 间接磁链法

当激磁电感和激磁电流的关系不能直接用式(1-23)或图 1.7 描述的形式给出时，仍选择电流为状态变量建立分析模型就不可能了。但无论如何，假定通过实验方法或数值手段预先得出系统中互感磁链与磁化电

流的关系，或者通过场路耦合求解的方法同步确定这种关系总是可能的。特别地，仿照式(1-23)，将已知关系表述为

$$\psi_m = g(i_m) = g(i_1 + i'_2) \tag{1-25}$$

或给出曲线形式如图 1.9 所示。

则式(1-18)应改写为

$$\begin{cases} \psi_1 = L_{1\sigma} i_1 + \psi_m \\ \psi'_2 = L'_{2\sigma} i'_2 + \psi_m \end{cases} \tag{1-26}$$

将其代入式(1-4)，整理后最终可得

$$\begin{bmatrix} u_1 \\ u'_2 \end{bmatrix} = \begin{bmatrix} r_1/L_{1\sigma} & 0 \\ 0 & r'_2/L'_{2\sigma} \end{bmatrix} \begin{bmatrix} \psi_1 - \psi_m \\ \psi'_2 - \psi_m \end{bmatrix} + \mathrm{p} \begin{bmatrix} \psi_1 \\ \psi'_2 \end{bmatrix} \tag{1-27}$$

式(1-27)即以磁链为状态变量描述两线圈变压器这一最简静止型电磁耦合系统电磁关系的微分方程。求解时尚需由磁链确定电流，即磁链仅起到中间变量的作用，故称之为间接磁链法。具体分析模型为

$$\begin{cases} \psi_m = g(i_m) = g(i_1 + i'_2) \\ \begin{bmatrix} u_1 \\ u'_2 \end{bmatrix} = \begin{bmatrix} \dfrac{r_1}{L_{1\sigma}} & 0 \\ 0 & \dfrac{r'_2}{L'_{2\sigma}} \end{bmatrix} \begin{bmatrix} \psi_1 - \psi_m \\ \psi'_2 - \psi_m \end{bmatrix} + \mathrm{p} \begin{bmatrix} \psi_1 \\ \psi'_2 \end{bmatrix} \\ i_1 = \dfrac{(\psi_1 - \psi_m)}{L_{1\sigma}} \\ i'_2 = \dfrac{(\psi'_2 - \psi_m)}{L'_{2\sigma}} \end{cases} \tag{1-28}$$

数值求解过程如图 1.10 所示。

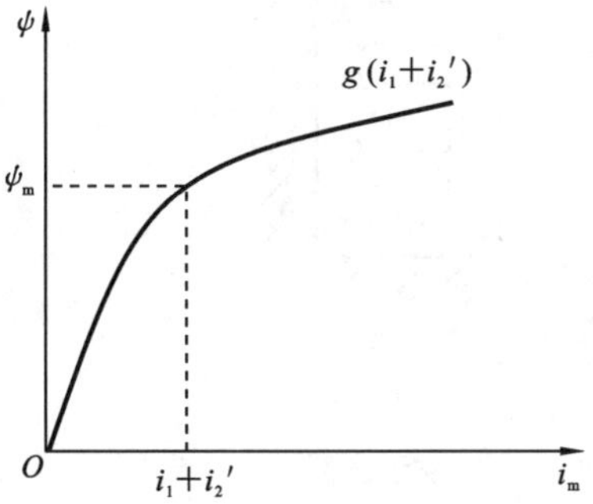

图 1.9 典型两端口非线性电磁耦合系统的互感磁链曲线

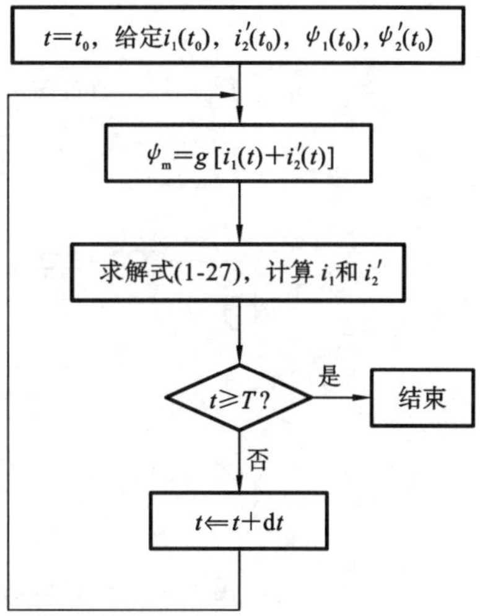

图 1.10 间接磁链法求解非线性电磁耦合系统的流程图

与直接参数法相比，求解过程是类似的，只是增加了由磁链计算电流的运算步骤。

1.3 机电耦合系统

1.3.1 机电耦合系统的构成及示例

与机械端口相连、以相对运动方式实现机电能量转换的电磁耦合系统即所谓机电耦合系统,其框图描述如图 1.11 所示。

图 1.11 机电耦合系统的基本构成

图 1.12 和图 1.13 所示的是两个最简构成的(仅一个电端口和一个作直线平移运动的机械端口)机电耦合系统的示意图,前者通过磁场(电磁铁)耦合,后者通过电场(平板电容)耦合。图 1.12 和图 1.13 中,u、i 分别为电源电压和电流;r、L 分别为回路电阻和电感;f 为机械外力;f_e为电磁力(磁场力或电场力);M 为滑块质量;K 为弹簧常数;D 为阻尼系数;x 为平移量;x_0 为静止位置;Φ 为磁通;q 为电荷;u_f 为耦合场电压降。

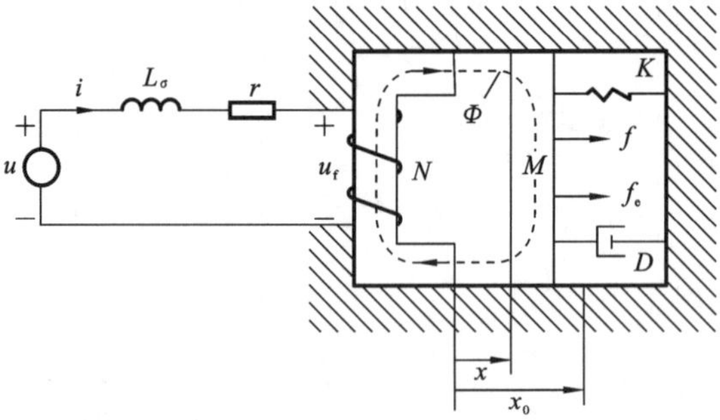

图 1.12 通过磁场耦合的机电动力系统示意图

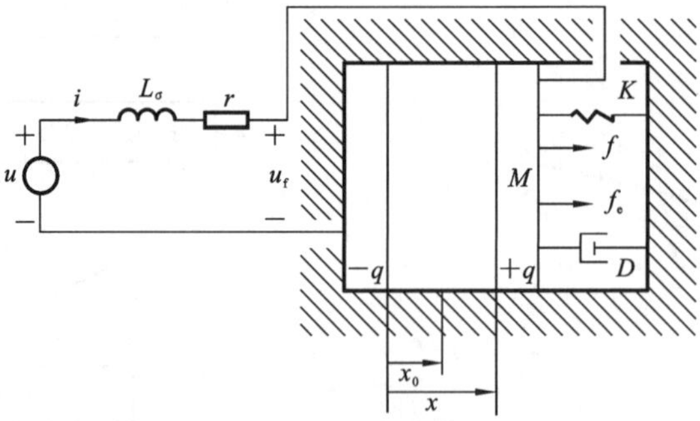

图 1.13 通过电场耦合的机电动力系统示意图

由于符号一致,故两系统满足的电压方程可统一写为

$$u=ri+L_\sigma\frac{\mathrm{d}i}{\mathrm{d}t}+u_f \tag{1-29}$$

而平移运动方程是

$$f=M\frac{\mathrm{d}^2x}{\mathrm{d}t^2}+D\frac{\mathrm{d}x}{\mathrm{d}t}+K(x-x_0)-f_e \tag{1-30}$$

鉴于分析模型统一，为简化起见，下面仅结合图 1.12 所示的磁耦合系统进行讨论。因为耦合场电压降可表示为

$$u_f=\frac{\mathrm{d}\psi}{\mathrm{d}t} \tag{1-31}$$

而选电流 i 和位移 x 为系统状态变量时，磁链 ψ 为 i 和 x 的函数，因此，只要磁场力 f_e 能够确定，则整个系统的电磁就可以通过联立式(1-29)和式(1-30)求解。这就是说，确定磁场力 f_e 是完成系统求解的关键。

固然，磁场力可以通过求解磁场的方式得到，但计算量大，且所得数值结果又不便于导出规律性结论，因此，传统电磁学中的能量分析法更受推崇。下面将介绍用能量法确定磁场力的过程，并推衍出一般性结论。

1.3.2 机电耦合系统的能量平衡

因为由电源端口提供的能量为

$$W_E=\int ui\,\mathrm{d}t \tag{1-32}$$

将式(1-29)和式(1-31)代入式(1-32)后，得

$$W_E=r\int i^2\mathrm{d}t+L_\sigma\int i\mathrm{d}i+\int i\mathrm{d}\psi=\text{电阻损耗}+\text{电感储能}+\text{传递给磁场的能量}(W_e) \tag{1-33}$$

而同时由机械端口提供的能量为

$$W_M=\int f\mathrm{d}x \tag{1-34}$$

将式(1-30)代入式(1-34)后，得

$$\begin{aligned}W_M&=M\int\frac{\mathrm{d}^2x}{\mathrm{d}t^2}\mathrm{d}x+D\int\left(\frac{\mathrm{d}x}{\mathrm{d}t}\right)^2\mathrm{d}t+K\int(x-x_0)\mathrm{d}x-\int f_e\mathrm{d}x\\&=\text{滑块储能}+\text{摩擦损耗}+\text{弹簧储能}+\text{传递给磁场的能量}(W_m)\end{aligned} \tag{1-35}$$

综上所述，传递给磁场的总能量为

$$W_f=W_e+W_m=\int i\mathrm{d}\psi-\int f_e\mathrm{d}x \tag{1-36}$$

将其写成微分形式，即

$$\mathrm{d}W_f=i\mathrm{d}\psi-f_e\mathrm{d}x \tag{1-37}$$

设铁磁材料中的磁滞和涡流损耗可以忽略，即认为磁场为无损保守场或纯粹保守系统(通称为保守系统)。其含义是系统中仅包含理想储能元件，如电系统中的线圈、电容器，机械系统中的弹簧、运动物体、悬吊物体等。

保守系统的基本性质就是系统中的储能仅为系统变量当前状态的函数，而与各变量抵达该状态的过程无关。为此，设滑块被固定于某一位置($\mathrm{d}x=0$)，即系统不从机械端口汲取能量，而只将电端口输入的能量全部转化为磁场储能，则总能量为

$$W_f=\int i\mathrm{d}\psi \tag{1-38}$$

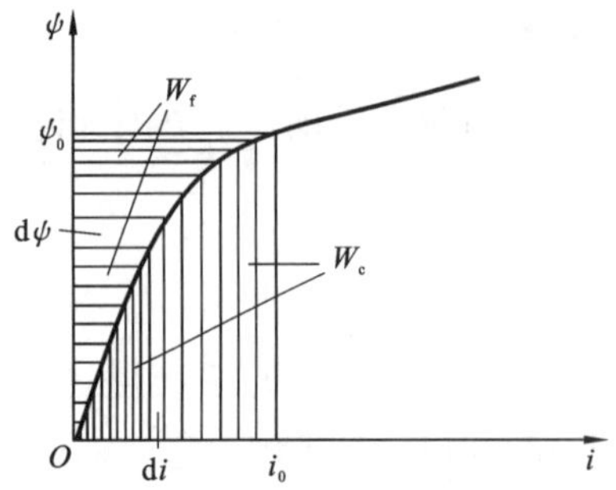

图 1.14 磁场式单激励机电耦合系统的磁能和磁共能

设图 1.14 为图 1.12 所示系统的 ψ-i 曲线，磁场储能即曲线左上方阴影面积，而曲线右下方阴影面积称为磁共能(co-energy)。磁共能并无特定物理意义，仅用于数学运算，其定义为

$$W_c = \int \psi \mathrm{d}i \tag{1-39}$$

或改写为

$$W_c = i\psi - W_f \tag{1-40}$$

显然，对于线性系统($\psi/i = \psi_0/i_0 =$ 常数)，磁场储能和磁共能是相等的，即

$$W_f = W_c = \frac{\psi i}{2} \tag{1-41}$$

1.3.3 机电耦合系统中的能量分布

为便于理解机电耦合系统的能量分析方法，下面进一步说明磁场储能的分布情况，并由此导出磁能的另一种表达方式，即通过磁通密度(简称磁密)B 和磁场强度 H 来计算磁场能量。为此，忽略边缘效应和漏磁影响，认为图 1.12 中各段磁路中的磁场是均匀的，并设经过铁磁部分(含滑块，截面积相同，总长度用 l_m 表示)和空气间隙部分(简称气隙，长度为 $2x$，用 l_g 表示)的强度分别为 H_m 和 H_g，则由全电流定律得

$$Ni = \oint \boldsymbol{H} \cdot \mathrm{d}\boldsymbol{l} = H_m l_m + H_g l_g \tag{1-42}$$

即

$$i = \frac{H_m l_m + H_g l_g}{N} \tag{1-43}$$

又因

$$\psi = N\Phi = N S B \tag{1-44}$$

亦即

$$\mathrm{d}\psi = NS\mathrm{d}B \tag{1-45}$$

则将式(1-43)和式(1-45)代入式(1-38)后，最终可得

$$W_f = V_m \int H_m \mathrm{d}B + V_g \int H_g \mathrm{d}B \tag{1-46}$$

对应的磁共能计算公式为

$$W_c = V_m \int B_m \mathrm{d}H + V_g \int B_g \mathrm{d}H \tag{1-47}$$

式(1-46)和式(1-47) 中，有

铁磁材料体积

$$V_m = S_m l_m \quad (S_m \text{ 为铁心截面积})$$

空气间隙体积

$$V_g = S_g l_g \quad (S_g \text{ 为气隙截面积})$$

式(1-46)和式(1-47)是由 B 和 H 计算磁能和磁共能的公式，与式(1-38)和式(1-39)在本质上是一致的，只是在某些场合下应用更为方便而已。它们清楚表明磁能分别存储在铁磁材料和气隙中。不失一般性，假设铁磁材料工作在线性段，且各部分磁

路截面积相等(B 值亦相同),则

$$\begin{cases} H_m = \dfrac{B}{\mu_m} \\ H_g = \dfrac{B}{\mu_0} \end{cases} \tag{1-48}$$

式(1-48)代入式(1-46)后,有

$$W_f = \frac{1}{2}\frac{B^2 S l_m}{\mu_m} + \frac{1}{2}\frac{B^2 S l_g}{\mu_0} = w_m + w_g \tag{1-49}$$

从而可得两部分储能之比为

$$\frac{w_g}{w_m} = \frac{\mu_m l_g}{\mu_0 l_m} = \mu_r \frac{l_g}{l_m} \tag{1-50}$$

式中,μ_r 为铁磁材料的相对磁导率,取值范围为 2000～4000,一般远大于 l_g 与 l_m 的比值,说明绝大部分储能集中在气隙中。

以上推导了磁能的场量(B、H)计算公式,并讨论了磁场储能的一般分布情况,这属于 1.3.2 节中部分内容的不同描述形式。因此,下面将继续 1.3.2 节其他部分的讨论。

1.3.4 机电耦合系统中的电磁力和电磁转矩

由于已经假设系统是保守的,即认为滑块静止状态下求得的磁场总能量,当滑块运动时依然成立,只要系统变量的当前状态能与之一一对应即可。此外,由于选定电流 i 和位移 x 为系统状态变量,故可将磁场总能量和磁链均表示为

$$\begin{cases} W_f = W_f(i, x) \\ \psi = \psi(i, x) \end{cases} \tag{1-51}$$

其全微分形式为

$$\begin{cases} \mathrm{d}W_f = \dfrac{\partial W_f(i,x)}{\partial i}\mathrm{d}i + \dfrac{\partial W_f(i,x)}{\partial x}\mathrm{d}x \\ \mathrm{d}\psi = \dfrac{\partial \psi(i,x)}{\partial i}\mathrm{d}i + \dfrac{\partial \psi(i,x)}{\partial x}\mathrm{d}x \end{cases} \tag{1-52}$$

将式(1-52)代入式(1-37),移项整理后有

$$f_e(i,x)\mathrm{d}x = \left[i\frac{\partial \psi(i,x)}{\partial x} - \frac{\partial W_f(i,x)}{\partial x}\right]\mathrm{d}x + \left[i\frac{\partial \psi(i,x)}{\partial i} - \frac{\partial W_f(i,x)}{\partial i}\right]\mathrm{d}i \tag{1-53}$$

式(1-53)为恒等式,比较等式两侧即得

$$f_e(i,x) = i\frac{\partial \psi(i,x)}{\partial x} - \frac{\partial W_f(i,x)}{\partial x} \tag{1-54}$$

这就是最终要导出的计算磁场力的公式。

另外,由于将式(1-40)对 x 求偏导数后,有

$$\frac{\partial W_c(i,x)}{\partial x} = i\frac{\partial \psi(i,x)}{\partial x} - \frac{\partial W_f(i,x)}{\partial x} \tag{1-55}$$

比较式(1-54)和式(1-55),可得

$$f_e(i,x) = \frac{\partial W_c(i,x)}{\partial x} \tag{1-56}$$

这是计算磁场力的另一个公式。它与式(1-54)是完全等价的,只是从磁共能角度进行

计算而已。在多数情况下，应用式(1-56)可能比应用式(1-54)更简便。

与上述推导过程相仿，若选择磁链 ψ 和位移 x 为系统的独立状态变量，亦可得出磁场力的另一组计算公式，即

$$\begin{cases} f_{\mathrm{e}}(\psi,x)=-\dfrac{\partial W_{\mathrm{f}}(\psi,x)}{\partial x} \\ f_{\mathrm{e}}(\psi,x)=-\psi\dfrac{\partial i(\psi,x)}{\partial x}+\dfrac{\partial W_{\mathrm{c}}(\psi,x)}{\partial x} \end{cases} \tag{1-57}$$

作为上述磁场力计算公式的应用，设图 1.12 所示系统满足如下关系：

$$\psi=L_{\mathrm{m}}(x)\ i=\frac{k}{x}i \quad (k\text{ 为给定常数}) \tag{1-58}$$

则无论是选 i 和 x 为状态变量(用式(1-54)或式(1-55)计算)，还是选 ψ 和 x 为状态变量(用式(1-57)中的任意公式计算)，都可以得出

$$f_{\mathrm{e}}=-\frac{ki^2}{2x^2}=-\frac{\psi^2}{2k} \tag{1-59}$$

从而将式(1-58)和式(1-59)分别代入式(1-29)～式(1-31)，整理后得系统状态方程为

$$\begin{cases} u=ri+\left(L_{\sigma}+\dfrac{k}{x}\right)\dfrac{\mathrm{d}i}{\mathrm{d}t}-\dfrac{ki}{x^2}\dfrac{\mathrm{d}x}{\mathrm{d}t} \\ f=M\dfrac{\mathrm{d}^2x}{\mathrm{d}t^2}+D\dfrac{\mathrm{d}x}{\mathrm{d}t}+K(x-x_0)+\dfrac{ki^2}{2x^2} \end{cases} \tag{1-60}$$

或

$$\begin{cases} u=r\dfrac{\psi x}{k}+\left(1+L_{\sigma}\dfrac{x}{k}\right)\dfrac{\mathrm{d}\psi}{\mathrm{d}t}+L_{\sigma}\dfrac{\psi}{k}\dfrac{\mathrm{d}x}{\mathrm{d}t} \\ f=M\dfrac{\mathrm{d}^2x}{\mathrm{d}t^2}+D\dfrac{\mathrm{d}x}{\mathrm{d}t}+K(x-x_0)+\dfrac{\psi^2}{2k} \end{cases} \tag{1-61}$$

事实上，单独求解式(1-60)或式(1-61)，均可得出图 1.12 所示的机电耦合系统的解。

以上所有结果不难推广到图 1.13 所示的机电耦合系统，只要分别将 u_{f} 与 i、q 与 ψ 对换，并分别选 u_{f} 和 x 或 q 和 x 为状态变量即可，具体推导过程及系统状态方程的推导均从略，下面仅给出四种形式的计算电场力的公式，即

$$f_{\mathrm{e}}(u_{\mathrm{f}},x)=u_{\mathrm{f}}\frac{\partial q(u_{\mathrm{f}},x)}{\partial x}-\frac{\partial W_{\mathrm{f}}(u_{\mathrm{f}},x)}{\partial x} \tag{1-62a}$$

$$f_{\mathrm{e}}(u_{\mathrm{f}},x)=\frac{\partial W_{\mathrm{c}}(u_{\mathrm{f}},x)}{\partial x} \tag{1-62b}$$

$$f_{\mathrm{e}}(q,x)=-\frac{\partial W_{\mathrm{f}}(q,x)}{\partial x} \tag{1-62c}$$

$$f_{\mathrm{e}}(q,x)=-q\frac{\partial u_{\mathrm{f}}(q,x)}{\partial x}+\frac{\partial W_{\mathrm{c}}(q,x)}{\partial x} \tag{1-62d}$$

需要强调的是，无论是图 1.12 还是图 1.13 都假设系统的机械端口只做直线平移运动，因此，所有电磁力计算公式都表示为各相关函数对位移量求偏导数的形式。然而，不难证明，对于机械端口做旋转运动的系统，以上所有结论依然成立，只要将力 f_{e} 换成力矩 T_{e}、直线位移 x 换成角位移 θ 即可。事实上，本书的分析对象主要是旋转运动型机电耦合系统。

此外，还需要指出的是，虽然以上所有讨论都是针对最简机电耦合系统，即仅有一个电端口和一个机械端口的系统进行的，但结论很容易推广到多端口系统(具体推导过

程从略)。设系统有 J 个电端口和 K 个机械端口,则第 $k(1\leqslant k\leqslant K)$个机械端口的电磁力或电磁转矩的计算公式由表1.1和表1.2列出。为简便起见,约定表1.1和表1.2中有关变量符号的含义分别为

直线平移运动

$$X=(x_1,\ x_2,\ \cdots,\ x_K)$$
$$I=(i_1,\ i_2,\ \cdots,\ i_J)$$
$$\Psi=(\psi_1,\ \psi_2,\ \cdots,\ \psi_J)$$

定轴旋转运动

$$\Theta=(\theta_1,\ \theta_2,\ \cdots,\ \theta_K)$$
$$U_{\mathrm{f}}=(u_{\mathrm{f}1},\ u_{\mathrm{f}2},\ \cdots,\ u_{\mathrm{f}J})$$
$$Q=(q_1,\ q_2,\ \cdots,\ q_J)$$

表 1.1 第 k 个机械端口的磁场力和电磁转矩计算公式

运动形式	计算公式
直线平移运动	$f_{ek}(I,X)=\sum_{j=1}^{J}i_j\dfrac{\partial\psi_j(I,X)}{\partial x_k}-\dfrac{\partial W_{\mathrm{f}}(I,X)}{\partial x_k}$ $f_{ek}(I,X)=\dfrac{\partial W_{\mathrm{c}}(I,X)}{\partial x_k}$ $f_{ek}(\Psi,X)=-\dfrac{\partial W_{\mathrm{f}}(\Psi,X)}{\partial x_k}$ $f_{ek}(\Psi,X)=-\sum_{j=1}^{J}\psi_j\dfrac{\partial i_j(\Psi,X)}{\partial x_k}+\dfrac{\partial W_{\mathrm{c}}(\Psi,X)}{\partial x_k}$
定轴旋转运动	$T_{ek}(I,\Theta)=\sum_{j=1}^{J}i_j\dfrac{\partial\psi_j(I,\Theta)}{\partial\theta_k}-\dfrac{\partial W_{\mathrm{f}}(I,\Theta)}{\partial\theta_k}$ $T_{ek}(I,\Theta)=\dfrac{\partial W_{\mathrm{c}}(I,\Theta)}{\partial\theta_k}$ $T_{ek}(\Psi,\Theta)=-\dfrac{\partial W_{\mathrm{f}}(\Psi,\Theta)}{\partial\theta_k}$ $T_{ek}(\Psi,\Theta)=-\sum_{j=1}^{J}\psi_j\dfrac{\partial i_j(\Psi,\Theta)}{\partial\theta_k}+\dfrac{\partial W_{\mathrm{c}}(\Psi,\Theta)}{\partial\theta_k}$

表 1.2 第 k 个机械端口的电场力和电磁转矩计算公式

运动形式	计算公式
直线平移运动	$f_{ek}(U_{\mathrm{f}},X)=\sum_{j=1}^{J}u_{\mathrm{f}j}\dfrac{\partial q_j(U_{\mathrm{f}},X)}{\partial x_k}-\dfrac{\partial W_{\mathrm{f}}(U_{\mathrm{f}},X)}{\partial x_k}$ $f_{ek}(U_{\mathrm{f}},X)=\dfrac{\partial W_{\mathrm{c}}(U_{\mathrm{f}},X)}{\partial x_k}$ $f_{ek}(Q,X)=-\dfrac{\partial W_{\mathrm{f}}(Q,X)}{\partial x_k}$ $f_{ek}(Q,X)=-\sum_{j=1}^{J}q_j\dfrac{\partial u_{\mathrm{f}j}(Q,X)}{\partial x_k}+\dfrac{\partial W_{\mathrm{c}}(Q,X)}{\partial x_k}$

续表

运动形式	计算公式
定轴旋转运动	$T_{ek}(U_f,\Theta)=\sum_{j=1}^{J}u_{fj}\frac{\partial q_j(U_f,\Theta)}{\partial\theta_k}-\frac{\partial W_f(U_f,\Theta)}{\partial\theta_k}$ $T_{ek}(U_f,\Theta)=\frac{\partial W_c(U_f,\Theta)}{\partial\theta_k}$ $T_{ek}(Q,\Theta)=-\frac{\partial W_f(Q,\Theta)}{\partial\theta_k}$ $T_{ek}(Q,\Theta)=-\sum_{j=1}^{J}q_j\frac{\partial u_{fj}(Q,\Theta)}{\partial\theta_k}+\frac{\partial W_c(Q,\Theta)}{\partial\theta_k}$

问题与思考

1. 一台双线圈变压器的原始参数为

$r_1=10$　　$r_2=2.5$

$L_1=100$ mH　　$L_2=25$ mH

$L_1=0.1L_1$　　$L_2=0.1L_2$

$N_1=1000$ 匝　　$N_2=500$ 匝

a. 试分别导出以线圈 1 和线圈 2 为参考线圈的 T 形等效电路;

b. 分别计算线圈 1 突加 10 V 电压、线圈 2 开路和短路时的瞬态过程;

c. 若

$$L_1=\begin{cases}100\text{ mH} & (i_m\leqslant 0.8\text{ A})\\ 80/i_m\text{ mH} & (i_m>0.8\text{ A})\end{cases}$$

$$L_2=\begin{cases}25\text{ mH} & (i_m\leqslant 0.8\text{ A})\\ 20/i_m\text{ mH} & (i_m>0.8\text{ A})\end{cases}$$

重复“b”。

2. 设图 1.12 所示电机耦合系统的磁链和电磁力分别由式(1-58)和式(1-59)给出,而系统参数为

$r=10$　　$L=0$ H

$M=0.055$ kg　　$D=4$ N·s/m

$x_0=0.003$ m　　$K=2667$ N/m

$k=6.293\times10^{-5}$ H·m

a. 试求 $u=5$ V,f 分别为 0 N 和 5 N 时系统的稳态运行点,并在力-位移平面绘图中描述;

b. $x(0)=x_0$,$f=0$ N 条件下,求 u 从 0 V 突变至 5 V,持续 1 s 后又回至 0 V 的动态响应过程,绘出 u_f、ψ、i、f_e 和 x 的运动轨迹;

c. $x(0)=x_0$,$u=5$ V 条件下,求 f 从 0 N 突变至 5 N,持续 1 s 后又回至 0 N 的动态响应过程,绘出 u_f、ψ、i、f_e 和 x 的运动轨迹。

2

机电动力系统分析基础

2.1 旋转电机的电磁转矩和转子运动方程

表 1.1 和表 1.2 完整地给出了 N 阶机电耦合系统任意机械端口的电磁力方程和电磁转矩方程，其结论具有普遍意义。然而，由于机电动力系统的主要研究对象为旋转电机，因此，有必要对旋转电机的电磁转矩和转子运动方程进行更深入的讨论。

2.1.1 旋转电机的电磁转矩的一般形式

由于高储能密度强介电材料的研究几无进展，因而，普通旋转电机都是通过磁场耦合实施机电能量转换的，或者说，一般只研究具有耦合磁场的机电动力系统。

分析中，习惯选电流 i 和角位移 θ 为相互独立的状态变量，而为了推导显式表达式，通常都不考虑饱和影响，即认为电感系数 L 可以是角位移 θ 的函数，但与电流 i 无关，从而电机内任意线圈所交链的磁链可表示为

$$\psi_j = \sum_{k=1}^{J} L_{jk}(\theta) i_k = \sum_{k=1}^{J} L_{jk} i_k \quad (j = 1,2,\cdots, J) \tag{2-1}$$

将式(2-1)代入式(1-41)，有

$$W_c = W_f = \frac{1}{2}\sum_{j=1}^{J}\sum_{k=1}^{J} L_{jk} i_j i_k \tag{2-2}$$

其矩阵形式为

$$W_c = \frac{1}{2}\boldsymbol{I}^{\mathrm{T}}\boldsymbol{L}\boldsymbol{I} \tag{2-3}$$

式中，$\boldsymbol{I}=[i_1\ i_2\cdots\ i_J]^{\mathrm{T}}$ 为 $J\times 1$ 阶电流状态变量；$\boldsymbol{L}$ 为 $J\times J$ 阶电感系数矩阵。

将式(2-3)代入表 1.1 所示对应的电磁转矩公式中，并省略下标 k（因一般电机仅一根转轴，即 $K=1$）后，得

$$T_e = \frac{1}{2}\boldsymbol{I}^{\mathrm{T}}\frac{\partial \boldsymbol{L}}{\partial \theta}\boldsymbol{I} \tag{2-4}$$

或写成求和形式，即

$$T_e = \frac{1}{2}\sum_{j=1}^{J}\sum_{k=1}^{J} i_j\, i_k \frac{\partial L_{jk}}{\partial \theta} \tag{2-5}$$

式(2-4)或式(2-5)就是普通旋转电机的电磁转矩的一般公式。其结果直观地表

明,无论电机各线圈中的电流如何变化,产生电磁转矩、实现机电能量转换的前提条件就是电感矩阵必须是角位移的函数。并且,所有电机,无论结构形式如何,都必须满足这一前提,无一例外。为此,将旋转电机分为均匀气隙和非均匀气隙两种基本类型,并就转矩、特别是平均转矩的产生进行讨论,以对各类电机的运行约束有更深入的理解。

2.1.2 均匀气隙电机产生恒定电磁转矩的条件

对旋转电机来说,均匀气隙意味着定、转子要么是圆筒形加圆柱形(径向磁场电机)结构,要么都是圆盘形(轴向磁场电机)结构。前者包括各类异步电机和隐极同步电机,统称为隐极电机,是旋转电机的基本结构,也是分析的重点。后者即所谓盘式电机,属微特电机范畴,本书不进行专门讨论。图 2.1 所示的是一台有 p 对极的隐极电机示意图。

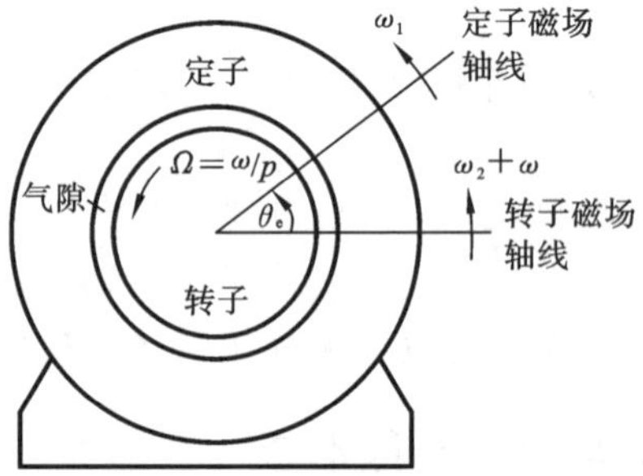

图 2.1 均匀气隙(隐极)电机示意图(p 对极)

隐极电机气隙均匀,在忽略齿槽影响和铁心饱和效应情况下,定子和转子绕组的自感、定子绕组之间的互感、转子绕组之间的互感均为常量,与转子位置无关。只有定、转子绕组之间的互感是变量,并且是定、转子对应相绕组之间相对位置的函数。当定子某相绕组的轴线与转子某相绕组的轴线重合时,互感为最大值 M_m,两者轴线正交(相差/2 电弧度)时,互感为零。因此,设电机气隙磁场呈正弦分布,当定、转子某两相绕组轴线以任意角 β 相交时,两者之间的互感可用位置角 β 的余弦函数描述为

$$L_{sr}=L_{rs}=M_m\cos\beta=M_m\cos(p\theta)=M_m\cos(\omega t+\alpha_{sr})=M_m\cos(p\Omega t+\alpha_{sr}) \tag{2-6}$$

式中,$\beta(\beta=p\theta=\omega t+\alpha_{sr}=p\Omega t+\alpha_{sr})$为用电角度表示的定、转子对应相绕组轴线之间的夹角,θ 为机械角度,ω 和 Ω 分别为转子的电角速度和机械角速度,α_{sr} 为 β 的初值。

设电机定子侧有 m 相对称绕组,转子侧有 n 相对称绕组,则由式(2-5)可写出电磁转矩的计算公式为

$$\begin{aligned}T_e&=\frac{1}{2}\sum_{j=1}^{m+n}\sum_{k=1}^{m+n}i_ji_k\frac{\partial L_{jk}}{\partial\theta}=\frac{1}{2}\sum_{s=1}^{m}\sum_{r=1}^{n}i_si_r\frac{\partial L_{sr}}{\partial\theta}+\frac{1}{2}\sum_{r=1}^{n}\sum_{s=1}^{m}i_ri_s\frac{\partial L_{rs}}{\partial\theta}\\&=\sum_{s=1}^{m}\sum_{r=1}^{n}i_si_r\frac{\partial L_{sr}}{\partial\theta}=-pM_m\sum_{s=1}^{m}\sum_{r=1}^{n}i_si_r\sin(\omega t+\alpha_{sr})\end{aligned} \tag{2-7}$$

设定、转子相电流分别为

$$\begin{cases}i_s=I_s\cos(\omega_st+\gamma_s)\\i_r=I_r\cos(\omega_rt+\gamma_r)\end{cases} \tag{2-8}$$

式中,I_s 和 I_r、ω_s 和 ω_r、γ_s 和 γ_r 分别为定子 s 相和转子 r 相电流的幅值、角频率和初相角。将之代入式(2-7),由积化和差公式分解后得

$$
\begin{aligned}
T_{\mathrm{e}} = &-\frac{pM_{\mathrm{m}}}{4}\sum_{s=1}^{m}\sum_{r=1}^{n}I_sI_r\sin[(\omega-\omega_s+\omega_r)t+\alpha_{1sr}] \\
&-\frac{pM_{\mathrm{m}}}{4}\sum_{s=1}^{m}\sum_{r=1}^{n}I_sI_r\sin[(\omega-\omega_s-\omega_r)t+\alpha_{2sr}] \\
&-\frac{pM_{\mathrm{m}}}{4}\sum_{s=1}^{m}\sum_{r=1}^{n}I_sI_r\sin[(\omega+\omega_s+\omega_r)t+\alpha_{3sr}] \\
&-\frac{pM_{m}}{4}\sum_{s=1}^{m}\sum_{r=1}^{n}I_sI_r\sin[(\omega+\omega_s-\omega_r)t+\alpha_{4sr}]
\end{aligned}
\tag{2-9}
$$

式中，$\alpha_{1sr}=\alpha_{sr}-\gamma_s+\gamma_r$；$\alpha_{2sr}=\alpha_{sr}-\gamma_s-\gamma_r$；$\alpha_{3sr}=\alpha_{sr}+\gamma_s+\gamma_r$；$\alpha_{4sr}=\alpha_{sr}+\gamma_s-\gamma_r$。

式(2-9)表明瞬时电磁转矩可能由四个不同频率的正弦分量组成。其物理背景是：一相定子或一相转子电流产生的脉振磁动势可分解成两个转向相反的旋转磁动势，故必有以正、负 ω_s或 ω_r 与转子角频率 ω 叠加的分量存在。

诚然，电机进行机电能量转换时，瞬时电磁转矩不能为零。然而，要实现持续稳定的能量转换，单有瞬时电磁转矩还不够，平均电磁转矩才是最主要的，并且只有在平均电磁转矩不为零且恒定时，电机才有可能稳态(恒速)运行。因此，电机的可运行条件应为转子旋转一周的平均电磁转矩不等于零，即

$$
T_{\mathrm{av}}=\frac{1}{2\pi}\int_0^{2\pi}T_{\mathrm{e}}\mathrm{d}\theta\neq 0 \tag{2-10}
$$

以此条件考察式(2-9)，根据正弦函数的完备性质，可知隐极电机产生平均电磁转矩的必要条件为

$$
\omega=\pm\omega_s\mp\omega_r \tag{2-11}
$$

对于实际电机，定、转子侧磁动势分别由频率为 ω_1 和 ω_2 的多相电流通入各自的多相对称绕组产生，其旋转方向是唯一确定的。因此，参照图 2.1 中的给定方向，可将隐极电机频率约束条件式(2-11)简写为

$$
\omega+\omega_2=\omega_1 \tag{2-12}
$$

从而，实际隐极电机的电磁转矩仅由式(2-9)中的第一项描述，并且在气隙磁场正弦分布、α_{1sr}＝常数的假设条件下，其平均值为

$$
T_{\mathrm{av}}=-\frac{pM_{\mathrm{m}}}{4}I_1I_2\sum_{s=1}^{m}\sum_{r=1}^{n}\sin\alpha_{1sr} \tag{2-13}
$$

式中，I_1和 I_2分别为多相对称定、转子电流的相电流幅值。

特别地，设定、转子磁场的幅值分别为 B_1和 B_2，夹角为 θ_{e}(见图 2.1)，则可由式(1-47) 求得

$$
T_{\mathrm{av}}=-\frac{pV_{\mathrm{g}}}{2\mu_0}B_1B_2\sin\theta_{\mathrm{e}}\quad(V_{\mathrm{g}}\text{ 为空气隙体积}) \tag{2-14}
$$

需要强调说明的是，频率约束条件本质上是电机稳态运行时，定、转子磁场必须是相对静止的反映，而这实际上还隐含着定、转子极对数必须相等的约束条件，若不然，定、转子磁场相对静止的基本前提(结构保证)也就不存在了。

下面试图由频率约束条件式(2-12)归纳隐极电机的基本运行方式。

1. ω_1为常数(接电网)

(1) $\omega_2=0$(直流、永磁)，$\omega=\omega_1$：恒速同步电机，严格同步运行。

(2) $\omega_2=0$，$\omega+\omega_2=\omega_1$：ω_2 不控，普通异步电机；ω_2 可控，异步电机人工特性或做变

速恒频发电运行。

(3) $\omega=0$,$\omega_2=\omega_1$:旋转变压器。

2. ω_1 可变(接逆变器)

(1) $\omega_2=0$ (直流、永磁),$\omega=\omega_1$:同步电机变频调速系统。

(2) $\omega_2\neq 0$,$\omega+\omega_2=\omega_1$:异步电机变频调速系统。

3. $\omega_1=0$(直流、永磁)

$\omega=-\omega_2$:整流子电机(隐极式结构)。

2.1.3 非均匀气隙电机产生恒定电磁转矩的条件

设非均匀气隙电机为圆筒形定子的单凸极结构(见图 2.2)。图 2.2 中只画了一对极,但分析中依然做 p 对极处理。忽略齿槽影响与饱和效应,电机转子绕组的自感和转子绕组之间的互感仍为常量,但定子绕组的自感、定子绕组之间的互感及定、转子绕组之间的互感都成了变量。其中,定、转子绕组之间的互感与隐极电机相同,为绕组轴线夹角的余弦函数,仍用式(2-6)表示。然而,定子绕组的自感和定子绕组之间的互感,将按两倍于凸极转子旋转频率的规律变化,具体分析如下。

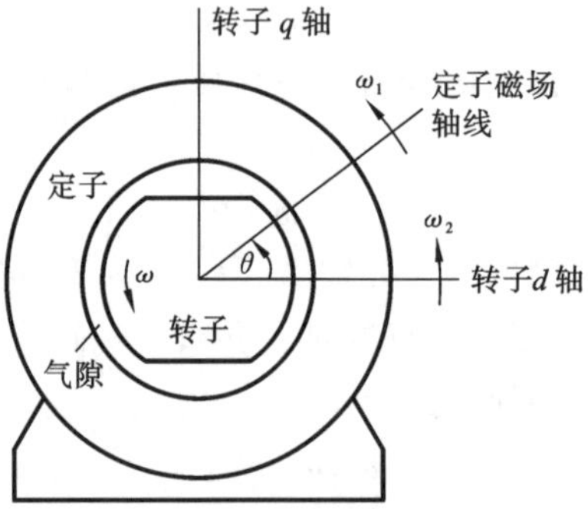

图 2.2 非均匀气隙(凸极)电机示意图(一对极)

1. 定子绕组自感

当定子某相绕组轴线与转子 d 轴重合时,磁阻最小,自感有最大值 L_{ds},而在转子转过 $\pi/2$ 电弧度后,相绕组轴线与转子 q 轴重合,磁阻最大,自感为最小值 L_{qs},转子每转过 π 电弧度,自感变化一个周期。为此,忽略高阶分量,设定子绕组自感为

$$L_s(\beta)=L_{0s}+L_{2s}\cos(2\beta)=L_{0s}+L_{2s}\cos[2(p\theta)]=L_{0s}+L_{2s}\cos[2(\omega t+\alpha_0)] \quad (2\text{-}15)$$

式中,α_0 为相绕组轴线与转子 d 轴的初始角。

因为

$$\begin{cases} L_s(0)=L_{ds} \\ L_s(\pi/2)=L_{qs} \end{cases} \quad (2\text{-}16)$$

代入式(2-15)后可解得

$$\begin{cases} L_{0s}=\dfrac{L_{ds}+L_{qs}}{2} \\ L_{2s}=\dfrac{L_{ds}-L_{qs}}{2} \end{cases} \quad (2\text{-}17)$$

从而有

$$L_s=\frac{L_{ds}+L_{qs}}{2}+\frac{L_{ds}-L_{qs}}{2}\cos[2(p\theta)]=\frac{L_{ds}+L_{qs}}{2}+\frac{L_{ds}-L_{qs}}{2}\cos[2(\omega t+\alpha_0)] \tag{2-18}$$

2. 定子绕组互感

与自感同理，当定子某两相绕组的对称轴线与转子 d 轴重合时，互感有最大值 M_{ds}，若与 q 轴重合，则有最小值 M_{qs}。因此，定子绕组互感为

$$M_s=M_{0s}+M_{2s}\cos[2(\beta-\beta_0)]=\frac{M_{ds}+M_{qs}}{2}+\frac{M_{ds}-M_{qs}}{2}\cos[2(\beta-\beta_0)] \tag{2-19}$$

式中，β_0 为两相绕组轴线之间夹角电弧度的 1/2。

仍设电机定子侧有 m 相对称绕组，转子侧有 n 相对称绕组，则仿照式(2-7)有

$$\begin{aligned}T_e=&-pM_m\sum_{s=1}^{m}\sum_{r=1}^{n}i_si_r\sin(\omega t+\alpha_{sr})-p\sum_{s=1}^{m}i_s^2L_{2s}\sin[2(\omega t+\alpha_0)]\\&-p\sum_{s=1}^{m}\sum_{\substack{u=1\\u\neq s}}^{m}i_si_uM_{2s}\sin[2(\omega t+\alpha_0-\beta_0)]\end{aligned} \tag{2-20}$$

式(2-20)表明凸极电机电磁转矩由三部分组成。第一部分与隐极电机相同，是定、转子电流相互作用的结果，称为主电磁转矩。第二部分和第三部分是凸极电机特有的，只与定子电流和转子磁路结构有关，称为磁阻转矩。当定子由单一电源供电时，两部分可以合并。

综上分析，普通凸极电机可稳态运行的频率约束条件为

$$\begin{cases}\omega=\omega_1+\omega_2\\\omega=\omega_1\end{cases} \tag{2-21}$$

以上约束条件同时成立的前提是，转子电流频率 ω_2 必须为零。这意味着凸极电机的转子绕组，要么只能通入直流电流，电磁转矩由主电磁转矩和磁阻转矩两部分组成，要么不通电流，甚至连绕组也可以不要，只有磁阻转矩，这正是反应式或磁阻式同步电机的理论基础。

对于凸极直流电机，视电枢为定子(ω_1 为电枢绕组电流的基频)，磁极为转子($\omega_2\equiv 0$)，依然满足上述频率约束条件。

2.1.4　有槽电机电磁转矩的构成

从微观角度看，产生电磁转矩的电磁力就是洛伦兹力。点电荷 q 在磁场 B 中以速度 v 运动，所受洛伦兹力的大小是

$$F=qvB\sin\theta \tag{2-22}$$

式中，θ 为 B 与 v 的夹角。

对长度为 l 的载流导体，可设

$$\begin{cases}i=\dfrac{\mathrm{d}q}{\mathrm{d}t}\\[2mm]v=\dfrac{\mathrm{d}x}{\mathrm{d}t}\end{cases} \tag{2-23}$$

假定 B、v 恒定并保持正交，则受力为

$$F=\int_l\mathrm{d}F=\int_l vB\,\mathrm{d}q=Bi\int_l\mathrm{d}x=Bli \tag{2-24}$$

事实上,电机的转矩公式,特别是直流电机,传统上都是以此为依据,并假设电枢光滑、所有导体都处于均匀气隙磁场之中推导出来的,而其结果经实践证明也是正确的。

然而,实际电枢是以开槽方式嵌放导体的。考虑齿槽影响,气隙磁场均匀的假设不能成立,齿部气隙磁密一般要比槽口部分的高很多,槽内导体处于相对很弱的磁场中,所受到的电磁力显然不再是气隙磁场均匀情况下的数值,并且会相差很远。那么,人们自然会问,为什么结合具体情况分析反倒得出与实际不符的结果呢?问题出在何处?此外,若真如传统分析结果所设,电磁力只作用于载流导体,则对于一台数千千瓦乃至数万千瓦的电机,其线圈将会受到非常大的电磁力。如此大的力通过绝缘层传递给铁心,势必会使绝缘材料压缩变形,甚至损坏,而实际电机中并没有此类现象发生。

综上所述,人们希望探究齿槽电机转矩形成的真实机理,并希望能定量描述其构成。这就是所谓的铁心转矩理论。

1. 理想空载情况

电磁转矩由切向电磁力形成,故只讨论电磁力的切向分量。为突出主要特征,忽略三维效应,认为铁心磁导率 $\mu_{Fe}\to\infty$,转子侧开槽,仅考察一个齿距范围内的二维磁场分布。设电枢为转子,理想空载时转子电流为零,气隙磁场由定子电流产生,齿槽区内磁场分布示意如图 2.3(a)所示。

如图 2.3 所示,槽口总磁通 Φ 定义为

$$\Phi = B_\delta l b \tag{2-25}$$

式中,B_δ 为气隙平均磁通密度(设为槽口磁通密度);l 为电机轴向长度;b 为平行槽宽。

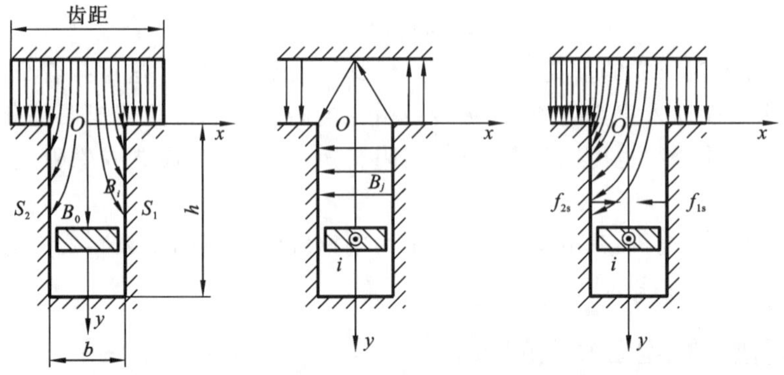

(a) 定子电流作用　(b) 转子电流作用　(c) 定、转子电流同时作用

图 2.3 转子齿槽区内磁场分布示意图

由于该磁通可经槽侧面 S_1 和 S_2 进入铁心,故随 y 值增加,槽内 y 方向的磁通密度 B_y 将急剧减少,其变化规律复杂,难以分析求解,但平均值 B_0 容易得到,记为

$$B_0 = \frac{1}{h}\int_0^h B_y \mathrm{d}y = cB_\delta \tag{2-26}$$

式中,c 为比例系数。一般电机测得 $c\approx 0.001\sim 0.002$,即槽内径向磁通密度的平均值仅约为槽口数值的 2‰。相应地,槽内径向磁通的平均值 Φ_0 为

$$\Phi_0 = c\Phi \tag{2-27}$$

由于电机处于理想空载,槽内磁场呈对称分布。因此,可统一设垂直进入 S_1 和 S_2 侧的磁通密度为 B_i,则进入 S_1 或 S_2 侧的磁通同为

$$\Phi_i = l\int_0^h B_i \mathrm{d}y = \frac{\Phi - \Phi_0}{2} = \frac{(1-c)\Phi}{2} \tag{2-28}$$

从而由 1.3.3 节结论，可得槽两侧的储能函数相同。于是，相对于正、反 x 方向，同样微小的虚位移变化，都将产生大小相等、方向相反的电磁力 $f=W_c/x$，但合力为零，故总电磁转矩为零。

2. 负载电磁转矩

负载时，槽内导体总电流为 i，与 y 方向磁场 B_0 相互作用产生的切向电磁力为

$$F_{x1}=B_0 li=cB_\delta li \tag{2-29}$$

磁场、电流如图 1.14 所示的假定方向时，该电磁力指向 x 方向。

槽电流 i 单独产生的磁场如图 2.3(b)所示。在 y 为 $0\sim h$ 范围内垂直离开 S_1 后垂直进入 S_2 侧，呈均匀分布，磁通密度大小与 y 值无关，即

$$B_j=\mu_0 H_j=\frac{H_j b}{b}=\frac{\mu_0 i}{b} \tag{2-30}$$

应用叠加原理，将图 2.3(a)和图 2.3(b)叠加后得到图 2.3(c)，S_1 侧的磁通密度为 B_i-B_j，S_2 侧的磁通密度为 $-B_i-B_j$，而各自单位面积上所承受的电磁力大小为

$$\begin{cases} f_{1s}=\dfrac{(B_i-B_j)^2}{2\mu_0} \\ f_{2s}=\dfrac{(B_i+B_j)^2}{2\mu_0} \end{cases} \tag{2-31}$$

则槽内侧面电磁力代数和可综合式(2-31)和式(2-28)、式(2-30)导出为

$$F_{x2} = l\int_0^h [f_{2s} - f_{1s}]\mathrm{d}y = \frac{2B_j}{\mu_0} l\int_0^h B_i \mathrm{d}y = (1-c)B_\delta li \tag{2-32}$$

并最后得出每槽电磁力总和为

$$F_x=F_{x1}+F_{x2}=cB_\delta li+(1-c)B_\delta li=B_\delta li \tag{2-33}$$

结果与式(2-24)完全一致。

3. 结论

(1) 有槽电机的电磁转矩由两部分组成。一部分是由槽内导体所受电磁力形成的，另一部分是由槽两侧磁能密度差产生的铁心力形成的，但后者为前者的 500～1000 倍，或者说，有槽电机的电磁转矩基本上是铁心转矩。

(2) 有槽电机的电磁转矩可用电磁力定律按无槽电机公式求得，但物理意义不同。

以上结论回答了有槽电机转矩计算中的疑问，解释了正常情况下槽绝缘无损的原因。

2.1.5 转子运动方程

旋转电机机械端口的运动方程称为转子运动方程，具体表现为电机转轴上的转矩平衡关系，即电磁转矩 T_e 与转子上承受的外施机械转矩(或称为负载转矩)T_L、惯性转矩(或称为加速转矩)T_J 和阻力转矩(或称为摩擦转矩)T_R 平衡，即

$$T_e=T_L+T_J+T_R \tag{2-34}$$

由于

$$\begin{cases} T_J = J\dfrac{d\Omega}{dt} = J\dfrac{d^2\theta}{dt^2} \\ T_R = R_\Omega \Omega = R_\Omega \dfrac{d\theta}{dt} \end{cases} \tag{2-35}$$

式中,J 为转子侧集总转动惯量;R_Ω 为转子侧集总摩擦(阻尼)系数。故式(2-34)可用二阶微分方程描述为

$$J\frac{d^2\theta}{dt^2} + R_\Omega\frac{d\theta}{dt} = T_e - T_L \tag{2-36}$$

或其一阶微分方程形式为

$$J\frac{d\Omega}{dt} + R_\Omega \Omega = T_e - T_L \tag{2-37}$$

式(2-36)或式(2-37)就是一般形式的转子运动方程,也称为转矩方程或机电运动方程。式(2-37)中,J 和 R_Ω 为两个主要参数。下面简要介绍它们的确定方法。

2.1.6 转动惯量和摩擦系数的确定

理论分析表明,重量为 G(质量 $M=G/g$)的刚体绕定轴转动时,其转动惯量为

$$J = \frac{GD^2}{4g} \tag{2-38}$$

式中,g 为重力加速度;D 为刚体的回转直径,确定方法因实物而异。特别地,对诸如电机转子一类内径为 D_1、外径为 D_2 的同心圆柱体,有

$$D = \sqrt{\frac{D_1^2 + D_2^2}{2}} \tag{2-39}$$

以上公式广泛适用于单一物体转动惯量的计算。然而,转子运动方程中的集总转动惯量 J 除转子本体外,还必须包括系统中由其直接或间接制动的所有运动物体,即考虑整个传动链的等效作用。为此,设传动链中除转子本体外还包含有 K 个运动物体,并且都是做旋转运动的,则能量平衡关系为

$$\frac{1}{2}J\,\Omega_0^2 = \frac{1}{2}J_0\Omega_0^2 + \frac{1}{2}J_1\Omega_1^2 + \cdots + \frac{1}{2}J_K\Omega_K^2 = \frac{1}{2}\sum_{k=0}^{K}J_k\Omega_k^2 \tag{2-40}$$

式中,下标 0 对应于转子本体。

由此可得

$$J = \sum_{k=0}^{K}J_k\left(\frac{\Omega_k}{\Omega_0}\right)^2 \tag{2-41}$$

这就是由转子制动的整个传动系统的集总转动惯量计算式。特别地,对于以速度 v_k 做直线运动、质量为 M_k 的物体,亦可由能量关系式

$$\frac{1}{2}J_k\Omega_{k-1}^2 = \frac{1}{2}M_k v_k^2 \tag{2-42}$$

将之等效为旋转运动。式(2-42)中,Ω_{k-1} 假设为直接驱使 M_k 做直线运动的上一级旋转传动链环的机械角速度,也是 M_k 的等效旋转角速度,而等效转动惯量的计算式为

$$J_k = M_k\left(\frac{v_k}{\Omega_{k-1}}\right)^2 \tag{2-43}$$

以上介绍了单个旋转物体和多轴传动链系统(含定轴旋转和直线平移运动形式)转动惯量的计算方法,前提是物体的结构简单,而且是匀质的,即回转直径和质量可求。

然而，电机转子实际上是形状复杂的多种材料构成的非匀质体，与之机械连接的其他许多驱动对象，如风机、水泵、压缩机等情况就更复杂，甚至于呈周期性变化，因而转动惯量实际上只可能近似确定，并且主要是试验测定方法。摩擦系数的确定就更是如此，且迄今为止，尚未见报道试验测定之外的其他简单有效的方法。

下面介绍摩擦系数和转动惯量的一种简单测定方法。

1. 摩擦系数的试验测定

由式(2-37)可知，电机或传动系统恒速运行时，有

$$R_{\Omega}\Omega = T_e - T_L \tag{2-44}$$

或改写为

$$T'_L = T_e = T_L + R_{\Omega}\Omega = \frac{P_{in} - \sum p_e}{\Omega} \tag{2-45}$$

式(2-45)最左端表示直接由转矩传感器测出的对应于某一稳态转速的轴上转矩，最右端为输入总功率 P_{in}减去所有电气损耗 p_e后除以转速间接求得的轴上转矩，这实际上表示两种不同的试验观测手段。后者是最基本的，但前者目前也有不少单位已具备测试条件。作为一种校正措施和修正手段，两者并用也很有意义。总之，通过试验最终可测出一组对应于不同稳态转速的转矩数据，其描绘于图 2.4 左侧(稳态负载曲线)。对于恒转矩负载(M_L=常数)，结果应为直线，其斜率即为摩擦系数。一般情况下，负载转矩可能有少许波动，测试结果也有一定的离散性，因此，计算不同点的斜率，然后对其取平均值更为合理。

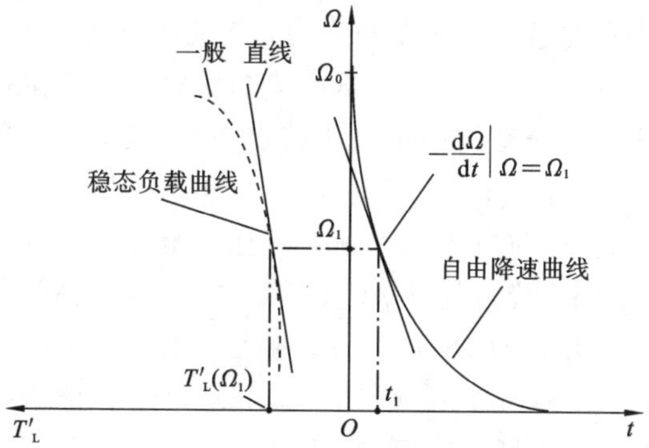

图 2.4　摩擦系数和转动惯量的试验测定结果

2. 转动惯量的试验测定

转动惯量采用自由降速方法测定。试验时，先将电机或传动系统加速到转速 Ω_0，稳定后切除电源，任动能由负载转矩 T'_L 消耗而自由降速。动态采样并记录(或用记录示波器存储)速度变化曲线 $\Omega(t)$，如图 2.4 右侧所示，即可令式(2-37)中的 $T_e=0$，则有

$$J = \frac{-(T_L + R_{\Omega}\Omega)}{\frac{d\Omega}{dt}} = \frac{T'_L(\Omega)}{-\frac{d\Omega}{dt}} \tag{2-46}$$

再结合稳态负载曲线求得转动惯量。具体做法是：任意取 $\Omega_1 < \Omega_0$，过点 (t_1, Ω_1) 做自由降速曲线 $\Omega(t)$ 的切线，得到斜率 $-d\Omega/dt$，然后由 Ω_1 对应稳态负载曲线 $T'_L(\Omega)$以确

定 $T'_L(\Omega_1)$,最后一并代入式(2-46)即得所求。

以上介绍了由试验曲线图解确定转动惯量的方法。与摩擦系数的确定同理,其精度强烈依赖于测试结果。通常,多计算几个转速点的数值,然后做平均处理可以提高精度。不过,根据工程设计经验,实际传动系统的转动惯量误差在±10%的范围之内是可以接受的,不至于对系统的动态行为产生严重影响。

2.2 参照系理论

2.2.1 导言

电机是依据 Faraday 电磁感应定律实现机电能量转换的装置,也是机电动力系统的主要研究对象。从集中参数观点看,其行为探讨最终都归结为对一些在磁路上相互耦合而结构上可能不对称,或机械上存在相对运动的电路问题进行求解。相对于普通静态线性电路分析,这种动态耦合电路问题的求解显然要复杂得多。以描述交流电机动态行为的电压方程为例,在自然参照系内(选电机端口的原始变量为基本变量),其一般形式是一组变系数微分方程,系数矩阵中的元素通常与转子的速度和位置有关(暂不计饱和、磁滞、涡流、温升影响),分析求解非常困难。因此,降低问题的求解难度早在21世纪初就成了电机分析的重要课题。从纯数学角度看,该课题的主要任务就是要寻求一种恰当的变量代换,使方程的系数矩阵得以化简,而其物理背景则是确定一个新的参照系,在该参照系内,转子位置变化和结构不对称因素对电机参数的影响可以消除,正如以行进中的车厢为参照系会简化车厢内物体运动的分析一样。

最早在该领域获得突破,即在电机分析中成功实施上述变量代换构想的是 R. H. Park。基于凸极同步电机转子结构的不对称特点,在双反应理论的框架上,他于1929年发表了题为《Two-Reaction Theory of Synchronous Machines Generalized Method of Analysis Part I》的著名论文,将电机定子侧的所有原始变量(电压、电流、磁链)变换到固定的转子上,即与转子同步旋转的 d-q-0 正交参照系,从而消除了电感系数的时变因素和变磁阻因素,提出了著名的 Park 方程。随后,H. C. Stanley(1938)和 E. Clarke(1943)、G. Kron(1951)、D. S. Brereton(1957)又分别采用静止的 α-β-0 正交参照系、以同步速旋转的 d_c-q_c-0 正交参照系和 Park 的 d-q-0 正交参照系分析异步电机,证明电机电感的时变因素也可以通过变量在这些正交参照系中的变换予以消除。

上述参照系被单独发现和介绍后,长期被局限性地应用于一些特定的研究对象和研究目的。直到1965年,P. C. Krause 才系统阐明了它们的内在联系(IEEE-PAS, vol. 98, Nov. 1965, pp. 1038~1053),并将之统一为任意速正交参照系统(简称为任意参照系,arbitrary reference frame),后经不断完善,最终于1986年在专著中系统发表(Analysis of Electric Machinery, McGraw Hill, 1986, New York)。所谓任意参照系,实际上就是允许参照系以任意速(或零速)旋转,视给定速参照系为特例,同时又恪守上述各参照系通用的轴线正交准则,保持消除电机电感时变因素的基本性质不变,因而具有更普遍的意义,适用范围也更广。以电力系统的行为分析为例,除凸极同步电机之外的所有成员,如变压器、输电线、负载、电容器、电抗器、无功补偿单元,甚至大功率电力电子变换装置等,都可以采用同步速参照系,即传统的 d_c-q_c-0 参照系进行描述。

本节介绍任意参照系理论。为简明起见，只讨论变量在三相静止参照系 a-b-c 和任意参照系之间的变换关系，并将任意参照系统一用 d-q-n 表示，以区别于传统的转子速正交参照系 d-q-0。沿用国内多数专业书籍中的现行惯例，规定 a 轴和 d 轴分别为 a-b-c 和 d-q-n 参照系的参考轴，a、b、c 轴线逆时针均匀分布(依次偏移 120°电角度)，d、q、n 轴线符合右螺旋法则。

2.2.2 a-b-c 参照系和 d-q-n 参照系之间的变量代换关系

设通用变量 $\boldsymbol{F}$ 为 a-b-c 参照系(用下标 abc)或 d-q-n 参照系(用下标 dqn)中的 3 阶列向量(可为电压、电流，也可为磁链、电荷)，d、q 轴在 abc 平面内以任意角速度 ω 旋转(见图 2.5)，d 轴与 a 轴之间的夹角为 θ，初角为 $\theta(0)$，则 a-b-c 到 d-q-n 参照系的变换方程为

$$\boldsymbol{F}_{\mathrm{dqn}}=\boldsymbol{K}(\theta)\boldsymbol{F}_{\mathrm{abc}} \tag{2-47}$$

式中，

$$\boldsymbol{F}_{\mathrm{dqn}}=[f_{\mathrm{d}} \quad f_{\mathrm{q}} \quad f_{\mathrm{n}}]^{\mathrm{T}} \tag{2-48}$$

$$\boldsymbol{F}_{\mathrm{abc}}=[f_{\mathrm{a}} \quad f_{\mathrm{b}} \quad f_{\mathrm{c}}]^{\mathrm{T}} \tag{2-49}$$

$$\boldsymbol{K}(\theta)=\frac{2}{3}\begin{bmatrix} \cos\theta & \cos\left(\theta-\frac{2\pi}{3}\right) & \cos\left(\theta+\frac{2\pi}{3}\right) \\ -\sin\theta & -\sin\left(\theta-\frac{2\pi}{3}\right) & -\sin\left(\theta+\frac{2\pi}{3}\right) \\ \frac{1}{2} & \frac{1}{2} & \frac{1}{2} \end{bmatrix} \tag{2-50}$$

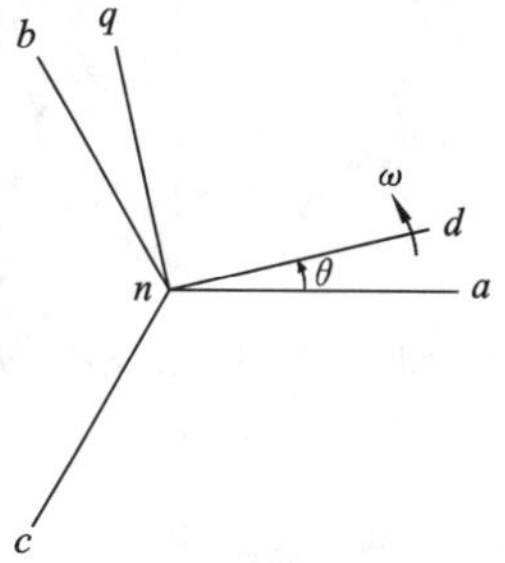

图 2.5 三相静止参照系 a-b-c 与任意速旋转参照系 d-q-n 之间的关系

$$\theta(t)=\theta(0)+\int_0^t \omega(\zeta)\mathrm{d}\zeta \tag{2-51}$$

式(2-48)至式(2-51)中，上标 T 是矩阵转置符号；ζ 为积分变量；$\boldsymbol{f}$ 是列向量 $\boldsymbol{F}$ 的轴分量，可为时间的任意函数或具有任意波形。特别地，f_{n} 称为中轴(neutral-axis)分量，与三相不对称有中线系统相关，形式上与对称分量法中的零序分量相似，物理概念也相同，但仅为瞬时值，不是随时间正弦变化的复数时间向量。

不难证明，$\boldsymbol{K}(\theta)$ 满秩，故存在 $\boldsymbol{K}^{-1}(\theta)$ 使 d-q-n 到 a-b-c 参照系的反变换方程为

$$\boldsymbol{F}_{\mathrm{abc}}=\boldsymbol{K}^{-1}(\theta)\boldsymbol{F}_{\mathrm{dqn}} \tag{2-52}$$

逆矩阵 $\boldsymbol{K}^{-1}(\theta)$ 径直由式(2-50)求出为

$$\boldsymbol{K}^{-1}(\theta)=\begin{bmatrix} \cos\theta & -\sin\theta & 1 \\ \cos\left(\theta-\frac{2\pi}{3}\right) & -\sin\left(\theta-\frac{2\pi}{3}\right) & 1 \\ \cos\left(\theta+\frac{2\pi}{3}\right) & -\sin\left(\theta+\frac{2\pi}{3}\right) & 1 \end{bmatrix} \tag{2-53}$$

2.2.3 变换矩阵的物理意义

在以上变量代换方程式中，变换矩阵都是已知的，所有元素均被预先给定。然而，为什么要这样给定？或者说，被这样给定的变换矩阵隐含了什么约束条件？具有什么物理意义？

为此，有必要先将式(2-47)按分量形式展开为

$$f_{\mathrm{d}}=\frac{2}{3}\left[f_{\mathrm{a}}\cos\theta+f_{\mathrm{b}}\cos\left(\theta-\frac{2\pi}{3}\right)+f_{\mathrm{c}}\cos\left(\theta+\frac{2\pi}{3}\right)\right] \tag{2-54}$$

$$f_{\mathrm{q}}=-\frac{2}{3}\left[f_{\mathrm{a}}\sin\theta+f_{\mathrm{b}}\sin\left(\theta-\frac{2\pi}{3}\right)+f_{\mathrm{c}}\sin\left(\theta+\frac{2\pi}{3}\right)\right] \tag{2-55}$$

$$f_{\mathrm{n}}=\frac{1}{3}[f_{\mathrm{a}}+f_{\mathrm{b}}+f_{\mathrm{c}}] \tag{2-56}$$

结合图 2.5 可知，f_{d}和 f_{q} 实际上是位于 a、b、c 轴的任意时间函数 f_{a}、f_{b}、f_{c} 在 d、q 轴的投影和(比例系数为 2/3)，f_{n} 为 f_{a}、f_{b}、f_{c} 的代数平均值。若进一步令

$$\boldsymbol{f}=\sqrt{\frac{2}{3}}[f_{\mathrm{a}}\boldsymbol{a}_0+f_{\mathrm{b}}\boldsymbol{b}_0+f_{\mathrm{c}}\boldsymbol{c}_0] \tag{2-57}$$

$$\boldsymbol{d}_0=\sqrt{\frac{2}{3}}\left[\cos\theta\boldsymbol{a}_0+\cos\left(\theta-\frac{2\pi}{3}\right)\boldsymbol{b}_0+\cos\left(\theta+\frac{2\pi}{3}\right)\boldsymbol{c}_0\right] \tag{2-58}$$

$$\boldsymbol{q}_0=-\sqrt{\frac{2}{3}}\left[\sin\theta\boldsymbol{a}_0+\sin\left(\theta-\frac{2\pi}{3}\right)\boldsymbol{b}_0+\sin\left(\theta+\frac{2\pi}{3}\right)\boldsymbol{c}_0\right] \tag{2-59}$$

则 f_{d} 和 f_{q} 可简化表示为

$$f_{\mathrm{d}}=\boldsymbol{f}\cdot\boldsymbol{d}_0 \tag{2-60}$$

$$f_{\mathrm{q}}=\boldsymbol{f}\cdot\boldsymbol{q}_0 \tag{2-61}$$

以上，$\boldsymbol{f}$ 可称为综合矢量，而 $\boldsymbol{a}_0$、$\boldsymbol{b}_0$、$\boldsymbol{c}_0$、$\boldsymbol{d}_0$、$\boldsymbol{q}_0$ 则为各对应轴上的单位矢量。

式(2-60)和式(2-61)表明，f_{d} 和 f_{q} 可统一用综合矢量与 d、q 轴单位矢量的点积表示。显然，这可使变量代换所具有的投影性质更为直观。特别地，设

$$\begin{bmatrix}f_{\mathrm{a}}\\f_{\mathrm{b}}\\f_{\mathrm{c}}\end{bmatrix}=F_{\mathrm{m}}\begin{bmatrix}\cos(\omega_1 t)\\\cos(\omega_1 t-2\pi/3)\\\cos(\omega_1 t+2\pi/3)\end{bmatrix} \tag{2-62}$$

即 f_{a}、f_{b}、f_{c} 是幅值为 F_{m}、交变角频率为 ω_1 的三相对称系统，将其代入式(2-54)和式(2-55)，经三角恒等变换后有

$$f_{\mathrm{d}}=F_{\mathrm{m}}\cos(\omega_1 t-\theta) \tag{2-63}$$

$$f_{\mathrm{q}}=F_{\mathrm{m}}\sin(\omega_1 t-\theta) \tag{2-64}$$

说明变换后的 f_{d}和 f_{q}为时空矢量($\omega=\omega_1$ 例外)，并构成一组新的两相对称系统，而且

$$\sqrt{f_{\mathrm{d}}^2+f_{\mathrm{q}}^2}=F_{\mathrm{m}} \tag{2-65}$$

成立，变换在广义上是等幅的，虽然 F_{m}(包括频率 ω_1)仍可能是时间的函数。

综上可知，由变换矩阵式(2-50)定义的变换是一种等幅旋转投影变换，换言之，等幅原则是式(2-50)的主要约束条件。该原则直接保证磁动势守恒，并隐含其他重要物理意义。从变换前后瞬时电功率 P 必须相等考虑，用电压 u 和电流 i 替代变量 f，结合式(2-52)有

$$P_{\mathrm{abc}}=u_{\mathrm{a}}i_{\mathrm{a}}+u_{\mathrm{b}}i_{\mathrm{b}}+u_{\mathrm{c}}i_{\mathrm{c}}=\boldsymbol{u}_{\mathrm{abc}}^{\mathrm{T}}i_{\mathrm{abc}}=\boldsymbol{u}_{\mathrm{dqn}}^{\mathrm{T}}[\boldsymbol{K}^{-1}(\theta)]^{\mathrm{T}}\boldsymbol{K}^{-1}(\theta)i_{\mathrm{dqn}} \tag{2-66}$$

$$P_{\mathrm{dqn}}=P_{\mathrm{abc}}=\boldsymbol{u}_{\mathrm{dqn}}^{\mathrm{T}}[\boldsymbol{K}^{-1}(\theta)]^{\mathrm{T}}\boldsymbol{K}^{-1}(\theta)i_{\mathrm{dqn}}=\frac{3}{2}(u_{\mathrm{d}}i_{\mathrm{d}}+u_{\mathrm{q}}i_{\mathrm{q}})+3u_{\mathrm{n}}i_{\mathrm{n}} \tag{2-67}$$

式中，

$$[\boldsymbol{K}^{-1}(\theta)]^{\mathrm{T}}\boldsymbol{K}^{-1}(\theta)=\begin{bmatrix}\frac{3}{2} & 0 & 0\\ 0 & \frac{3}{2} & 0\\ 0 & 0 & 3\end{bmatrix} \tag{2-68}$$

因中轴分量与三相不对称有中线系统相关，与不对称运行时 a-b-c 参照系中的零序分量对应，而三相零序分量同大小、同方向，则零序功率分量应为单相零序功率的 3 倍，在 d-q-n 参照系中，计算中轴功率分量的系数正好是 3，说明式(2-50)在物理上保证了这种严格的对应关系，满足了瞬时总功率及其分量相等的定量约束条件。特别地，对于三相对称系统，将式(2-63)和式(2-64)分别用电压和电流(两者夹角为 φ)替换，并代入式(2-67)后，可得

$$P_{\mathrm{dqn}}=\frac{3}{2}U_{\mathrm{m}}I_{\mathrm{m}}\cos\varphi=3UI\cos\varphi \tag{2-69}$$

结果与通常的三相功率表达式完全一致。式(2-69)中，U_{m}、I_{m} 为幅值，U、I 为有效值。

2.3 机电动力系统运动方程的解法

机电动力系统各端口的运动方程是其可能行为的微分描述，在未给定初始条件和端口激励情况下，称为无约束常微分方程，没有确定解。因此，要准确把握系统的实际行为，特别是对端口激励的动态响应等，就必须结合系统各变量的初始状态以构成初值型定解问题(简称初值问题)求解。

实际机电动力系统的运动方程一般为非线性，其求解过程与线性系统相比要困难许多。本书假设读者已掌握线性系统分析基础，熟悉线性常微分方程的求解方法(如积分变换法等)，对非线性代数方程组的解算方法(如牛顿-拉斐逊法等)也能运用自如。因而，把重点放在非线性常微分方程组的数值解法上，以满足旋转电机动态行为数值仿真研究的需要。

2.3.1 机电动力系统的状态方程

用数值方法求解非线性常微分方程初值问题时，为便于使用或编制计算机通用解算程序，要求所有方程都为一阶标准形式，即

$$\dot{x}_i=\sum_{j=1}^{N}(a_{ij}x_j+b_{ij}u_j)\quad(i=1,2,\cdots,N) \tag{2-70}$$

其矩阵形式为

$$\dot{\boldsymbol{X}}=\boldsymbol{AX}+\boldsymbol{BU} \tag{2-71}$$

式中，该方程称为状态方程；$\boldsymbol{X}=[x_1\quad x_2\quad\cdots\quad x_N]^{\mathrm{T}}$ 为 $N\times1$ 阶状态变量；$\boldsymbol{U}=[u_1\quad u_2\quad\cdots\quad u_N]^{\mathrm{T}}$ 为 $N\times1$ 阶输入函数(激励源、控制量)；$\boldsymbol{A}$ 为 $N\times N$ 阶系统矩阵；$\boldsymbol{B}$ 为 $N\times N$ 阶控制矩阵。

由于机电动力系统的端口运动方程一般不具备式(2-70)所示的标准形式，并且还有可能是高阶的(如图 1.12 所示系统的机械端口方程即为二阶)，因此，要规范为式(2-71)的矩阵形式求解，首先应该解决高阶方程的降阶变换问题。

设端口运动方程的 m 阶常微分形式，即

$$\frac{\mathrm{d}^m x}{\mathrm{d}t^m}+a_{m-1}\frac{\mathrm{d}^{m-1}x}{\mathrm{d}t^{m-1}}+\cdots+a_1\frac{\mathrm{d}x}{\mathrm{d}t}+a_0x=f(t,\boldsymbol{X},\boldsymbol{U}) \tag{2-72}$$

令

$$\begin{cases} x = x_1 \\ \dfrac{\mathrm{d}x}{\mathrm{d}t} = \dfrac{\mathrm{d}x_1}{\mathrm{d}t} = x_2 \\ \dfrac{\mathrm{d}^2 x}{\mathrm{d}t^2} = \dfrac{\mathrm{d}x_2}{\mathrm{d}t} = x_3 \\ \cdots \\ \dfrac{\mathrm{d}^{m-1} x}{\mathrm{d}t^{m-1}} = \dfrac{\mathrm{d}x_{m-1}}{\mathrm{d}t} = x_m \\ \dfrac{\mathrm{d}^m x}{\mathrm{d}t^m} = f(t,\boldsymbol{X},\boldsymbol{U}) - \sum_{i=0}^{m-1} a_i x_{i+1} \end{cases} \tag{2-73}$$

则式(2-72)可变换为 m 个一阶微分方程联立的形式，统一格式为

$$\begin{cases} \dfrac{\mathrm{d}x_1}{\mathrm{d}t} = f_1(t,\boldsymbol{X},\boldsymbol{U}) \\ \dfrac{\mathrm{d}x_2}{\mathrm{d}t} = f_2(t,\boldsymbol{X},\boldsymbol{U}) \\ \cdots \\ \dfrac{\mathrm{d}x_m}{\mathrm{d}t} = f_m(t,\boldsymbol{X},\boldsymbol{U}) \end{cases} \tag{2-74}$$

视系统中所有端口运动方程具体需要完成上述变换，最后可集总表示为

$$\frac{\mathrm{d}x_i}{\mathrm{d}t} = f_i(t,\boldsymbol{X},\boldsymbol{U}) \quad (i=1,2,\cdots, N) \tag{2-75}$$

式(2-75)即机电动力系统的状态方程组，其中，每一个方程都可以写成与式(2-70)一样的标准形式。因此，式(2-75)与式(2-71)完全等价，只是表示形式不一样。不过，在实际应用中，习惯上还是把式(2-75)写成式(2-71)的矩阵形式，并与给定初始条件联立构成机电动力系统的通用状态方程分析模型——非线性常微分方程的初值问题，即

$$\begin{cases} \dot{\boldsymbol{X}} = \boldsymbol{AX} + \boldsymbol{BU} \\ \boldsymbol{X}(t_0) = \boldsymbol{X}_0 \end{cases} \tag{2-76}$$

而所谓系统动态行为数值仿真也就是用计算机求该初值问题的数值积分解。

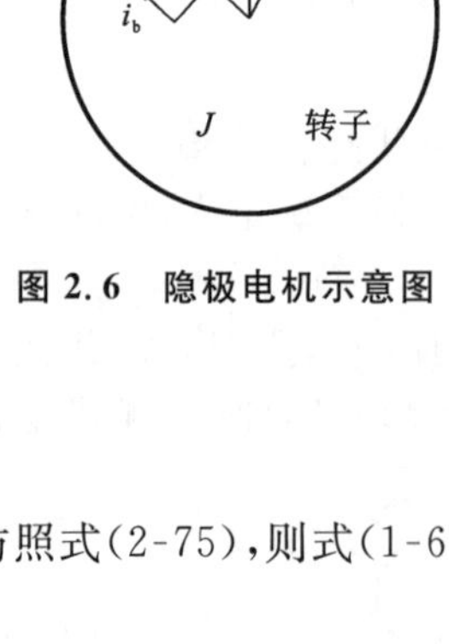

图 2.6 隐极电机示意图

图 2.6 所示的是一台 p 对极的隐极电机示意图。

下面以图 1.12 和图 2.6 所示系统为例介绍建立机电动力系统状态方程分析模型的具体过程。

对于图 1.12 所示的机电系统，令

$$x_1 = i, \quad x_2 = x, \quad x_3 = \frac{\mathrm{d}x_2}{\mathrm{d}t} = \frac{\mathrm{d}x}{\mathrm{d}t},$$

$$u_1 = u, \quad u_2 = 0, \quad u_3 = f + Kx_0$$

仿照式(2-75)，则式(1-60)可变换为

$$\frac{\mathrm{d}x_1}{\mathrm{d}t} = \frac{x_2}{L_\sigma x_2 + k}\left(-r\,x_1 + \frac{k x_1}{x_2^2} x_3 + u_1\right)$$

$$\frac{\mathrm{d}x_2}{\mathrm{d}t}=x_3$$

$$\frac{\mathrm{d}x_3}{\mathrm{d}t}=\frac{1}{M}\left(-\frac{kx_1^2}{2x_2^2}-Kx_2-Dx_3+u_3\right)$$

其矩阵形式为

$$\frac{\mathrm{d}}{\mathrm{d}t}\begin{bmatrix}x_1\\x_2\\x_3\end{bmatrix}=\begin{bmatrix}\frac{-rx_2}{L_\sigma x_2+k} & 0 & \frac{kx_1}{x_2(L_\sigma x_2+k)}\\ 0 & 0 & 1\\ -\frac{kx_1}{2Mx_2^2} & -\frac{K}{M} & -\frac{D}{M}\end{bmatrix}\begin{bmatrix}x_1\\x_2\\x_3\end{bmatrix}+\begin{bmatrix}\frac{x_2}{L_\sigma x_2+k} & 0 & 0\\ 0 & 0 & 0\\ 0 & 0 & \frac{1}{M}\end{bmatrix}\begin{bmatrix}u_1\\u_2\\u_3\end{bmatrix}$$

图 2.6 所示的系统，采用更一般的步骤，不进行变量代换，将列写的端口运动方程（均为一阶，故可省略降阶处理过程）写成矩阵形式，即

$$\begin{bmatrix}u_{\mathrm{a}}\\0\\0\\-T_{\mathrm{L}}\end{bmatrix}=\begin{bmatrix}R_{\mathrm{s}} & -pL_{\mathrm{ac}}\Omega & pL_{\mathrm{ab}}\Omega & 0\\ -pL_{\mathrm{ac}}\Omega & R_{\mathrm{r}} & 0 & 0\\ pL_{\mathrm{ab}}\Omega & 0 & R_{\mathrm{r}} & 0\\ 0 & pL_{\mathrm{ac}}i_{\mathrm{a}} & -pL_{\mathrm{ab}}i_{\mathrm{a}} & R_\Omega\end{bmatrix}\begin{bmatrix}i_{\mathrm{a}}\\i_{\mathrm{b}}\\i_{\mathrm{c}}\\\Omega\end{bmatrix}+\begin{bmatrix}L_{\mathrm{s}} & L_{\mathrm{ab}} & L_{\mathrm{ac}} & 0\\ L_{\mathrm{ab}} & L_{\mathrm{r}} & 0 & 0\\ L_{\mathrm{ac}} & 0 & L_{\mathrm{r}} & 0\\ 0 & 0 & 0 & J\end{bmatrix}\frac{\mathrm{d}}{\mathrm{d}t}\begin{bmatrix}i_{\mathrm{a}}\\i_{\mathrm{b}}\\i_{\mathrm{c}}\\\Omega\end{bmatrix}$$

这是机电动力系统运动方程组最通常的表述形式（控制量单独在方程的一侧，无论是由电磁学、力学还是由运动学定律列写皆如此），一般可简记为

$$\boldsymbol{U}=\boldsymbol{R}\boldsymbol{X}+\boldsymbol{L}\dot{\boldsymbol{X}} \tag{2-77}$$

因状态变量及其变化率均为线性无关集，故 $\boldsymbol{L}$ 可逆，式(2-77)可变换为状态方程的标准形式，即

$$\dot{\boldsymbol{X}}=-\boldsymbol{L}^{-1}\boldsymbol{R}\boldsymbol{X}+\boldsymbol{L}^{-1}\boldsymbol{U} \tag{2-78}$$

将之与式(2-71)比较，有

$$\begin{cases}\boldsymbol{A}=-\boldsymbol{L}^{-1}\boldsymbol{R}\\ \boldsymbol{B}=\boldsymbol{L}^{-1}\end{cases} \tag{2-79}$$

这就是将机电动力系统的一般运动方程变换成标准状态方程的基本关系式，应用很广泛。

对上面讨论的例子，不难求得

$$\boldsymbol{B}=\boldsymbol{L}^{-1}=\frac{1}{\Delta}\begin{bmatrix}L_{\mathrm{r}}^2 & -L_{\mathrm{ab}}L_{\mathrm{r}} & -L_{\mathrm{ac}}L_{\mathrm{r}} & 0\\ -L_{\mathrm{ab}}L_{\mathrm{r}} & L_{\mathrm{s}}L_{\mathrm{r}}-L_{\mathrm{ac}}^2 & L_{\mathrm{ab}}L_{\mathrm{ac}} & 0\\ -L_{\mathrm{ac}}L_{\mathrm{r}} & L_{\mathrm{ab}}L_{\mathrm{ac}} & L_{\mathrm{s}}L_{\mathrm{r}}-L_{\mathrm{ab}}^2 & 0\\ 0 & 0 & 0 & \Delta/J\end{bmatrix}$$

式中，$\Delta=L_{\mathrm{r}}(L_{\mathrm{s}}L_{\mathrm{r}}-L_{\mathrm{ab}}^2-L_{\mathrm{ac}}^2)$。

由此，利用式(2-79)，最后可得图 2.6 所示的系统状态方程的系统矩阵为

$$\boldsymbol{A}=\frac{1}{\Delta}\begin{bmatrix}-L_{\mathrm{r}}^2R_{\mathrm{s}} & a_{12} & a_{13} & 0\\ a_{21} & a_{22} & a_{23} & 0\\ a_{31} & a_{32} & a_{33} & 0\\ 0 & \frac{pL_{\mathrm{ac}}i_{\mathrm{a}}\Delta}{J} & \frac{-pL_{\mathrm{ab}}i_{\mathrm{a}}\Delta}{J} & \frac{R_\Omega\Delta}{J}\end{bmatrix}$$

有

$$\omega = p\Omega$$

$$\Delta' = \frac{\Delta}{L_r}$$

$$a_{12} = L_{ab}L_rR_r + \omega L_{ac}L_r^2$$

$$a_{13} = L_{ac}L_rR_r - \omega L_{ab}L_r^2$$

$$a_{21} = L_{ab}L_rR_s + \omega L_{ac}\Delta'$$

$$a_{22} = L_{ac}^2R_r - L_sL_rR_r - \omega L_{ab}L_{ac}L_r$$

$$a_{23} = \omega L_{ab}^2L_r - L_{ab}L_{ac}R_r$$

$$a_{31} = L_{ac}L_rR_s - \omega L_{ab}\Delta'$$

$$a_{32} = -L_{ab}L_{ac}R_r - \omega L_{ac}^2L_r$$

$$a_{33} = L_{ab}^2R_r - L_sL_rR_r + \omega L_{ab}L_{ac}L_r$$

最后将以上系统矩阵 $\boldsymbol{A}$ 和控制矩阵 $\boldsymbol{B}$ 代入式(2-71)即为所求。

考察上述将机电动力系统的一般运动方程变换成标准状态方程的过程,不难发现其最主要的步骤就是要确定逆矩阵 $\boldsymbol{L}^{-1}$。这在实施上没有困难,并可根据通用数值方法编制通用计算子程序供调用。不过,为了减少计算中的舍入误差,也为了提高计算速度(因为递推式数值积分求解过程中的每一次计算都需要进行求逆计算),在系统复杂程度不高,特别如普通的旋转电机,建议还是采用以上示例中的做法,推导出 $\boldsymbol{L}^{-1}$ 的解析表达式(必要时可以采用变量代换或参照系变换以降低实施难度),建立标准状态方程显式分析模型,直接由非线性常微分方程初值问题的仿真程序求解计算。

2.3.2 非线性常微分方程初值问题的龙格-库塔算法

非线性常微分方程初值问题的数值积分解法,主要有欧拉算法和龙格-库塔算法两种。欧拉算法精度较低,应用日见减少。同理,低阶(主要是二阶)龙格-库塔算法也很少使用,而以经典的四阶龙格-库塔算法应用最为普遍。因此,这里只介绍四阶龙格-库塔算法。

龙格-库塔算法是以泰勒级数展开为理论分析基础的一种近似算法,由初值起动,以递推方式进行,通过对函数变化率预报值的加权配置使截断误差得以控制。可以得到,经典四阶龙格-库塔公式的截断误差,即计算精度为 $O(h^5)$。其中,h 为数值积分的时间步长。

设非线性常微分方程初值问题由式(2-76)给出,定义矩阵函数为

$$\boldsymbol{F}(t,\boldsymbol{X}) = \boldsymbol{A}(t,\boldsymbol{X})\boldsymbol{X} + \boldsymbol{B}(t,\boldsymbol{X})\boldsymbol{U}(t) \tag{2-80}$$

则应用经典四阶龙格-库塔算法求解的过程如下。

状态变量赋初值

$$\boldsymbol{X}(t_0) = \boldsymbol{X}_0 \tag{2-81}$$

后,对

$$t_i = t_0 + ih \quad (i=0,1,2,\cdots) \tag{2-82}$$

有

$$
\begin{cases}
\boldsymbol{X}(i+1)=\boldsymbol{X}(i)+\dfrac{h}{6}(\boldsymbol{K}_1+2\boldsymbol{K}_2+2\boldsymbol{K}_3+\boldsymbol{K}_4) \\
\boldsymbol{K}_1=\boldsymbol{F}(t_i,\boldsymbol{X}(i)) \\
\boldsymbol{K}_2=\boldsymbol{F}\left(t_i+\dfrac{h}{2},\boldsymbol{X}(i)+\dfrac{h}{2}\boldsymbol{K}_1\right) \\
\boldsymbol{K}_3=\boldsymbol{F}\left(t_i+\dfrac{h}{2},\boldsymbol{X}(i)+\dfrac{h}{2}\boldsymbol{K}_2\right) \\
\boldsymbol{K}_4=\boldsymbol{F}(t_i+h,\boldsymbol{X}(i)+h\boldsymbol{K}_3)
\end{cases}
\tag{2-83}
$$

式中，$\boldsymbol{K}_1$、$\boldsymbol{K}_2$、$\boldsymbol{K}_3$、$\boldsymbol{K}_4$ 均为 $N\times 1$ 阶列阵，是状态变量(函数)变化率的预报值。

上述过程同样可编制通用计算子程序来实现，实施难度并不大。但整个过程需要给定初值起动，因而，首先要解决初值的确定问题。其次递推算法本身还有一个计算误差的估计和控制，即收敛性、稳定性问题。下面对其进行分别讨论。

2.3.3 机电动力系统初始条件的确定

为简化分析，约定系统是非保守的，状态方程由式(2-71)给出。以下对两类情况进行分别阐述。

1. 静态非保守系统

所谓静态，是指当 $t\leqslant t_0$ 时，系统无激励源作用，而非保守系统是无记忆的，因而系统的总储能恒定为零，所有状态变量恒为常数的状态。依此定义，有

$$
\begin{cases}
\dot{\boldsymbol{X}}=\boldsymbol{0} \\
\boldsymbol{U}=\boldsymbol{0}
\end{cases}
\tag{2-84}
$$

代入式(2-71)有

$$\boldsymbol{AX}=\boldsymbol{0} \tag{2-85}$$

或结合式(2-79)有

$$\boldsymbol{RX}=\boldsymbol{0} \tag{2-86}$$

因状态变量为线性无关集，故式(2-85)或式(2-86)只有唯一零解，即

$$\boldsymbol{X}(t_0)=\boldsymbol{0} \tag{2-87}$$

这就是说，静态非保守系统为零初始条件系统，这与其零储能假设是一致的。

2. 稳态非保守系统

稳态非保守系统，是指当 $t\leqslant t_0$ 时，系统在激励源作用下已处于稳定运行状态，各储能元件的储能恒定或变化规律已知，所有状态变量情况亦然的系统。为此，可令

$$\dot{\boldsymbol{X}}=\boldsymbol{C}(t)\quad (t\leqslant t_0) \tag{2-88}$$

式中，$\boldsymbol{C}$ 为已知时变矩阵，由实际系统确定，将 $\boldsymbol{C}$ 代入式(2-71)就有

$$\boldsymbol{AX}+\boldsymbol{BU}=\boldsymbol{C} \tag{2-89}$$

特别地，若系统由恒定或正弦交变激励源作用，可设 $\boldsymbol{C}=\boldsymbol{0}$，从而有

$$\boldsymbol{AX}+\boldsymbol{BU}=\boldsymbol{0} \tag{2-90}$$

也就是说，恒定或正弦交变激励源系统只是规律可知的激励源系统的特例，两者在数学处理上可以统一，约定为式(2-89)所示。

式(2-89)为 N 维代数方程组，当 $\boldsymbol{A}$、$\boldsymbol{B}$ 与 $\boldsymbol{X}$ 无关(如线性系统)时，由状态变量的独立性可知，一定存在 $\boldsymbol{A}^{-1}$ 使系统的初始条件为

$$X(t_0)=A^{-1}(t_0)[C(t_0)-B(t_0)U(t_0)]=R^{-1}(t_0)[U(t_0)-L(t_0)C(t_0)] \quad (2\text{-}91)$$

式中的矩阵变换利用了式(2-79)中定义的关系。

当 A、B 与 X 相关时,式(2-89)成为 N 维非线性代数方程组,记作

$$F[X(t_0)]=A[t_0,X(t_0)]X(t_0)+B[t_0,X(t_0)]U(t_0)-C(t_0) \quad (2\text{-}92)$$

则系统的初始条件需由非线性代数方程组的数值解法确定,最常用的就是牛顿-拉斐逊法。同样有通用计算程序,叙述从略。

所幸的是,对于旋转电机一类的机电动力系统,初始条件的确定远没有如此复杂。借助于常识和经验,拟或辅以变量代换和参照系变换,大多能很容易地被确定下来,充其量要由式(2-91)解出,却极少见非由式(2-92)解出不可的情况。事实上,若到了非由式(2-92)解出不可的情况,也可以绕道而行,先假设系统为静态,由零初始条件加上激励源求解,至稳态后,再截取对应的初始时刻,自然也就得到稳态初始条件了。

2.3.4 数值仿真的稳定性

如前所述,机电动力系统动态行为的数值仿真就是用数值积分算法求解微分方程。而数值计算中一个共性的问题就是误差的分析与控制。实践表明,若算法选择不当、初值误差太大、仿真模型不合理或步长选取不合适,都会使误差积累加大,致使实际系统的仿真结果有可能与实验结果不符,甚至于稳定系统出现结果不收敛和振荡现象,严重时还会导致计算溢出而致使求解失败。

上述现象称为计算不稳定,是由误差引起的,基本原因有算法、初值、模型、步长四方面。

首先是算法。微分方程的数值积分算法为无误差自校正能力的递推算法,算法的选取很关键。本书推荐选用经典四阶龙格-库塔算法就是出于这种考虑,因为大量实践已证明该算法可以保证计算的稳定性,不需要进行更多讨论。

其次是初值。这是刚刚讨论过的问题。一般情况下,只要物理概念清楚,数学分析模型无误,准确确定系统初值不应该出现问题,这起码是可以避免的。

最后剩下仿真模型和计算步长问题。这是需要重点讨论的,通常从误差分析入手。

1. 误差来源及其与步长的关系

数值积分算法的误差有两大类,其一为截断误差,其二为舍入误差。前者与计算步长有关,步长越短误差越小。后者是由计算机有限字长引起的,计算次数越多误差越大。对于实际过程,步长短意味着计算次数多,截断误差小,舍入误差大。反之,截断误差大则舍入误差小。两者变化规律相反(见图2.7),但合成误差存在一个最小值,这就是讨论问题的基本依据。

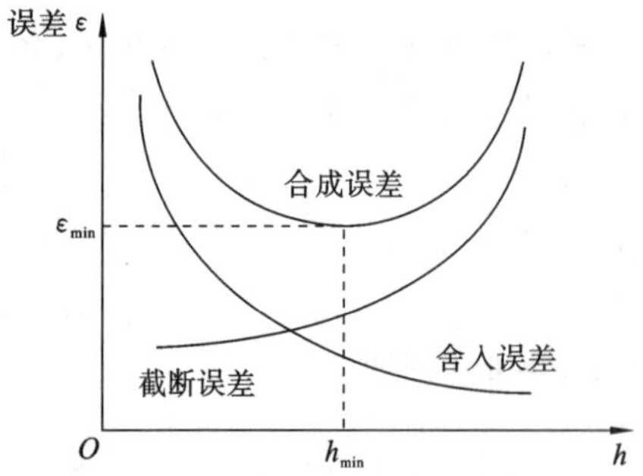

图 2.7 计算误差与步长关系示意图

2. 减小舍入误差的途径

由于舍入误差是计算机有限字长导致的,因此,减小舍入误差只能从减少计算次数入手。首先,在可能情况下,计算步长不能太小,但这需要与截断误差综合考虑,有一个最

优化问题，稍后讨论。其次，就是仿真模型本身应保证尽可能避免不必要的计算，并且还要尽力改善系统矩阵和输入矩阵的条件数，即保证参与运算的数值在数量级上相差不要太悬殊。

在仿真模型中避免不必要的计算是一项很重要、但往往又重视不够的工作。理论上讲，保证仿真模型以式(2-71)的最简形式给出，即保证系统矩阵 $\boldsymbol{A}$ 和输入矩阵 $\boldsymbol{B}$ 具有显式形式是最好的，无须任何中间运算和变换(如矩阵求逆等)，计算次数自然可以减到最少。正因为如此，在机电动力系统数学分析模型转换为仿真模型时，建议尽可能推导出 $\boldsymbol{L}^{-1}$ 的解析表达式，并根据式(2-79)仿照式(2-71)建立标准仿真模型。做到这一点很关键，主观上是提高计算速度，但客观上起到了提高计算精度的作用，一举两得。此外，在仿真模型中尽可能减少中间运算，也是建模和编程的最优化目标。

尽力改善系统矩阵和输入矩阵条件数的有效途径是采用标幺值系统。通常，标幺值处理起到简化计算公式、建立相对评价体系的作用。然而，在数值仿真模型中，其消除实际参数间的数量级悬殊、改善矩阵条件数、减少舍入误差的作用更突出。

3. 步长的选择

图 2.7 表明，步长在理论上存在着最优值 $h_{\min}$，但实际上却未必搜寻到。相比之下，在截断误差和舍入误差之间找到一种均衡，以合成误差较小、计算速度较快为原则确定步长更合理，并且切实可行。

选择适当步长首先需要经验，或者说，仿真计算的初始步长总是根据经验给定的。一般情况下，最大步长可为系统阶跃响应上升时间的 1/10，亦可为阶跃响应总过渡过程时间的 1/40，也可以是交变激励源工作周期的 1/40 ～ 1/20，但应不大于系统中最小时间常数的 1/2。在此基础上，起动仿真计算程序后，可视结果的收敛情况，通过人机对话方式对步长进行动态干预，也可以采用自动变步长方式进行控制，通过减半或加倍当前步长后的误差分析实现动态最佳步长计算。具体做法如下。

设当前步长为 h_1，减半或加倍后的步长为 h_2，误差限为 ε，定义误差函数为

$$\Delta = \| \boldsymbol{X}(h_1) - \boldsymbol{X}(h_2) \| \tag{2-93}$$

(1) 如果 $\Delta > \varepsilon$，则反复将步长减半后进行计算，直至 $\Delta < \varepsilon$，即为所求。

(2) 如果 $\Delta < \varepsilon$，则反复将步长加倍，直至 $\Delta > \varepsilon$ 后，再减半一次得结果。

表面上看，自动变步长控制增加了每步的计算量，但可保证计算精度及一致收敛，总体上是划算的。

2.4　控制系统分析方法

2.4.1　控制系统的动态性能指标

控制系统中的性能指标主要包括时域指标和频域指标，在时域指标中，各个指标通常用时间尺度特征量来表示。在频域指标中，通常用频率特性来描述控制系统的频域性能指标。频率特征有多种描述方法如伯德图、根轨迹、奈奎斯特曲线等，在机电动力系统的分析和设计中最常用的是伯德图，即开环对数频率特性的渐近线，它的绘制方法简单，可以确切地提供稳定性和稳定裕度的信息，大致描述闭环系统的稳态和动态性能。

1. 动态性能指标

动态性能指标是在给定信号或参考输入信号 $R(t)$ 的作用下,系统输出量 $C(t)$变化的特征。当给定信号的变化方式不同时,输出响应也不一样。通常以输出量初始值为零、给定阶跃信号的过渡过程作为典型的跟随过程,这时输出量的动态响应称为阶跃响应。常用的阶跃响应跟随性能指标有上升时间、超调量、峰值时间和调节时间。

1) 上升时间 t_r

图 2.8 所示的是阶跃响应的跟随过程,图中,C_∞ 为输出量的稳态值。在跟随过程中,输出量从零起第一次上升到 C_∞ 所经过的时间 t_r 称为上升时间,它表示动态响应的快速性。

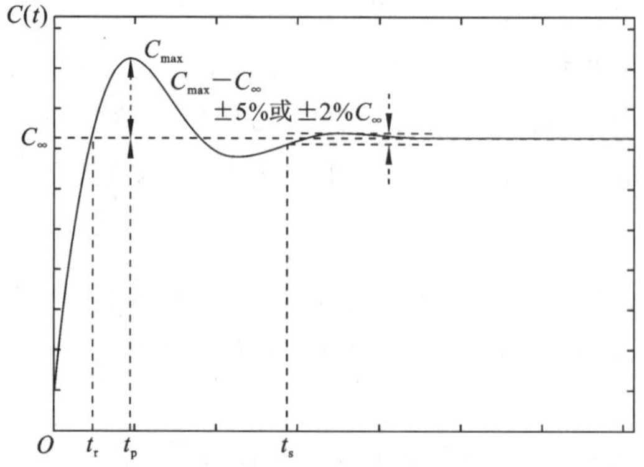

图 2.8 一阶系统动态响应过程

2) 超调量 σ 与峰值时间 t_p

在阶跃响应过程中,超过上升时间 t_r 以后,输出量到达最大值 C_{max}的时间称为峰值时间 t_p,然后再回调到稳态值。C_{max}超过稳态值 C_∞ 的百分数称为超调量,即

$$\sigma=\frac{C_{max}-C_\infty}{C_\infty}\times 100\% \tag{2-94}$$

3) 调节时间 t_s

调节时间又称为过渡过程时间,用来衡量输出量全部调节过程的快慢。理论上,线性系统的输出过渡过程要到 $t\to\infty$ 才稳定,为了在线性系统阶跃响应曲线上表示调节时间,认定稳态值±5%的范围为允许误差带,以输出量达到并不再超出该误差带所需的时间定义为调节时间。显然,调节时间既反映了系统的快速性,也包含着它的稳定性。

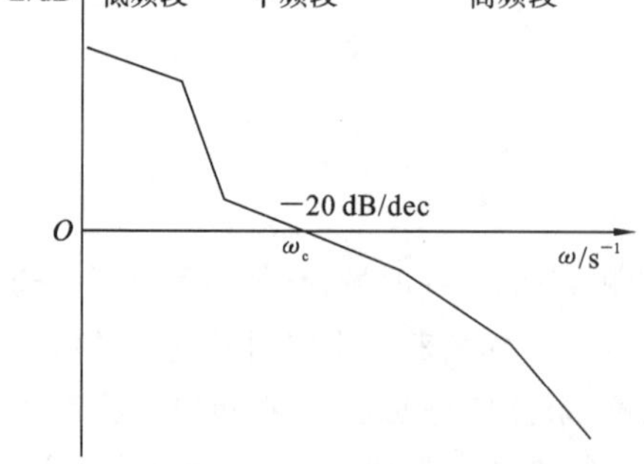

图 2.9 伯德图

2. 频域性能指标和伯德图

在伯德图(见图 2.9)中,衡量最小相位系统稳定裕度的指标是:相角裕度 γ 和以 dB 为单位的增益裕度 GM,一般要求 $\gamma=30^\circ\sim60^\circ$,GM>6 dB。保留一定的稳定裕度以防止系统在参数变化时不至于直接不稳定,因此稳定裕度也能反映系统的参数鲁棒性程度。稳定裕度大的系统其超调量、振荡都会较小。频域分析控制系统的性能时,通常将伯德图

分为高、中、低三个频段，反映系统性能的伯德图特征有下列四个方面。

(1) 以－20 dB/dec 斜率穿越零分贝线的中频段的频带宽度越宽，则系统的稳定性越好。

(2) 截止频率 ω_c 即幅频曲线穿越零分贝线所对应的频率越高，则系统的快速性越好。

(3) 低频段的增益越高系统的稳态性能越好。

(4) 高频段衰减越快，即高频特性分贝值越低，说明系统抗高频噪声干扰的能力越强。

2.4.2　典型系统

1. 典型Ⅰ型系统

一般来说，许多控制系统的开环传递函数都可以表示为

$$W(s)=\frac{K\prod_{i=1}^{m}(\tau_i s+1)}{s^r\prod_{j=1}^{n}(T_j s+1)} \tag{2-95}$$

式中，分母中的 s^r 项表示该系统在 $s=0$ 处有 r 重极点，或者说，系统含有 r 个积分环节，称为 r 型系统。

考虑到稳态性能的要求，不能使用 0 型系统($r=0$)，至少是Ⅰ型系统($r=1$)；Ⅰ型系统能保证跟踪阶跃信号无误差，但是当给定的信号是斜坡信号时，设计成Ⅱ型系统($r=2$)才能实现稳态无误差。因此，为了满足稳态精度要求不能用 0 型系统。而Ⅲ型($r=3$)和Ⅲ型以上的系统设计较难，因此通常将系统设计成典型Ⅰ型系统或典型Ⅱ型系统。

Ⅰ型系统和Ⅱ型系统的结构各不相同，它们的区别在于除原点之外的零极点个数和位置各不相同。如果在Ⅰ型系统和Ⅱ型系统中各选择一种简单的结构作为典型结构，把实际系统校正成典型系统，显然可使设计方法简单得多。

1) 典型Ⅰ型系统

作为典型Ⅰ型系统，其开环传递函数为

$$W(s)=\frac{K}{s(Ts+1)} \tag{2-96}$$

式中，T 为系统的惯性时间常数；K 为系统的开环增益。

典型Ⅰ型系统的闭环系统结构图如图 2.10(a)所示，而图 2.10(b)所示的是它的开环对数频率特性。选择这样的系统作为典型Ⅰ型系统是因为其结构简单，而且对数幅频特性的中频段以－20 dB/dec 的斜率穿越零分贝线，只要参数的选择能保证足够的中频带宽度，系统就一定是稳定的，且有足够的稳定裕量。

2) 典型Ⅱ型系统

在各种具有两个积分环节的Ⅱ型系统中，选择一种结构简单而且能保证稳定的结构作为典型Ⅱ型系统，其开环传递函数为

$$W(s)=\frac{K(\tau s+1)}{s^2(Ts+1)} \tag{2-97}$$

由于式(2-97)分母中 s 项对应的相频特性是－180°，后面还有一个时间常数为 T 的惯性环节(这往往是实际系统中必定有的)，如果不在分子上添加一个比例微分环节

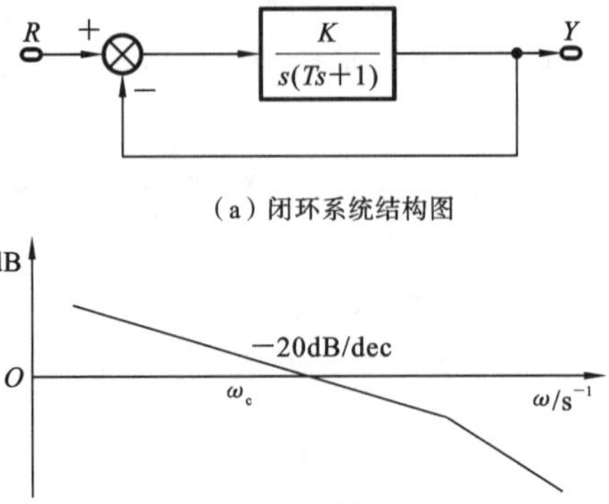

(a) 闭环系统结构图

(b) 开环对数频率特性

图 2.10　典型Ⅰ型系统

$(\tau s+1)$，就无法把相频特性抬高到$-180°$线以上，也就无法保证系统稳定性。

2. 典型Ⅰ型系统性能指标与参数的关系

为了确保典型Ⅰ型系统闭环稳定，应在选择参数时保证 $\omega_c<1/T$，因而 $\omega_c T<1$，$\arctan(\omega_c T)<45°$，于是，相角稳定裕度为

$$\gamma=180°-90°-\arctan(\omega_c T)=90°-\arctan(\omega_c T)>45°$$

此式表明，典型Ⅰ型系统能足够满足稳定裕度的要求。

在式(2-93)所表示典型Ⅰ型系统的开环传递函数中，只有开环增益 K 和时间常数 T 两个参数，时间常数 T 往往是控制对象本身固有的，唯一可变的只有开环增益 K。设计时，需要按照性能指标选择参数 K 的大小。

当 $\omega_c<1/T$ 时，由图 2-10(b)的开环对数频率特性利用对数坐标函数关系可知

$$20\lg K=20(\lg\omega_c-\lg 1)=20\lg\omega_c \tag{2-98}$$

所以

$$K=\omega_c \quad \left(\omega_c<\frac{1}{T}\right) \tag{2-99}$$

式(2-98)表明，K 值越大，截止频率 ω_c 也越大，系统响应也越快，但相角稳定裕度 $\gamma=90°-\arctan(\omega_c T)$越小，这也说明了快速性与稳定性之间的矛盾。在具体选择参数 K 时，需在两者之间取折中。下面将用数字定量地表示 K 值与各项性能指标之间的关系。

由图 2-10(a)可得典型Ⅰ型系统的闭环传递函数，即

$$W_{cl}(s)=\frac{W(s)}{1+W(s)}=\frac{\dfrac{K}{s(Ts+1)}}{1+\dfrac{K}{s(Ts+1)}}=\frac{\dfrac{K}{T}}{s^2+\dfrac{1}{T}s+\dfrac{K}{T}} \tag{2-100}$$

在自动控制理论中，闭环传递函数的一般形式可写为

$$W_{cl}(s)=\frac{\omega_n^2}{s^2+2\xi\omega_n s+\omega_n^2} \tag{2-101}$$

对比式(2-97)和式(2-100)等号最右侧的公式，可得闭环传递函数标准形式参数与典型Ⅰ型系统参数之间的关系如下。

$\omega_n=\sqrt{\dfrac{K}{T}}$：无阻尼自然振荡角频率，或称为固有角频率。

$\xi=\frac{1}{2}\sqrt{\frac{1}{KT}}$：阻尼比，或称为衰减系数，且 $\xi\omega_n=\frac{1}{2T}$。

典型Ⅰ型系统是一个二阶系统，当阻尼比 $\xi<1$ 时，其阶跃响应曲线是欠阻尼的振荡特性；当 $\xi>1$ 时，其阶跃响应曲线是过阻尼的单调特性；当 $\xi=1$ 时，其阶跃响应曲线是临界阻尼。为了实现快速的动态响应，通常把系统的阻尼设置成 $0<\xi<1$ 的欠阻尼状态。典型Ⅰ型系统需要 $KT<1$，代入上述阻尼比与参数的关系式可得 $\xi>0.5$，因此在典型Ⅰ型系统中应取 $0.5<\xi<1$。可以推导出，欠阻尼二阶系统在零初始条件下阶跃响应的动态性能指标和其参数之间的数学关系式如下：

超调量 $$\sigma=\mathrm{e}^{-(\xi\pi/\sqrt{1-\xi^2})}\times 100\%$$

上升时间 $$t_r=\frac{2\xi T}{\sqrt{1-\xi^2}}(\pi-\arccos\xi)$$

峰值时间 $$t_p=\frac{\pi}{\omega_n\sqrt{1-\xi^2}}$$

调节时间 t_s 与 ξ 的关系比较复杂，如果不需要很精确，则 $\xi<0.9$、允许误差带为 $\pm5\%$ 的调节时间可用下式近似计算：

$$t_s\approx\frac{3}{\xi\omega_n}=6T \tag{2-102}$$

频域指标若不用近似的伯德图，而按准确关系计算可得，截止频率为

$$\omega_c=\omega_n(\sqrt{4\xi^4+1}-2\xi^2)^{0.5}$$

相位裕度为

$$\gamma=\arctan\frac{2\xi}{(\sqrt{4\xi^4+1}-2\xi^2)^{0.5}}$$

根据上列各式，可求出 $0.5<\xi<1$ 时典型Ⅰ型系统各项动态性能指标和频域指标与参数 KT 的关系。显然，当系统的时间常数 T 为已知时，随着 K 的增大，系统的快速性提高，而稳定性变差。

2.4.3 控制对象的工程近似处理方法

实际控制系统的传递函数是各种各样的，往往不能简单地校正为典型系统，这就需要做出近似处理，下面讨论几种工程近似处理方法。

1. 高频段小惯性环节的近似处理

当高频段有多个小时间常数 $T_1,T_2,T_3\cdots$ 的小惯性环节时，可以等效地用一个小时间常数 T 的惯性环节来代替。等效时间常数 T 为

$$T=T_1+T_2+T_3 \tag{2-103}$$

2. 高阶系统降阶近似处理

上述小惯性群的近似处理实际上是高阶系统降阶处理的一种特例，它把多阶小惯性环节降为一阶小惯性环节。下面讨论更一般的情况，即能忽略特征方程的高次项的情况。以三阶系统为例，有

$$W(s)=\frac{K}{as^3+bs^2+cs+1} \tag{2-104}$$

式中，a、b、c 都是正系数，且 $bc>a$，即系统是稳定的。若能忽略高次项，可得近似的一阶系统的传递函数，即

$$W(s) \approx \frac{K}{cs+1} \tag{2-105}$$

近似条件为

$$\omega_c \leqslant \frac{1}{3}\min\left(\sqrt{\frac{1}{b}},\sqrt{\frac{c}{a}}\right) \tag{2-106}$$

3. 低频段大惯性环节的近似处理

当系统中存在一个时间常数特别大的惯性环节时,可以近似地把它看成是积分环节。近似条件为

$$\omega_c \geqslant \frac{3}{T} \tag{2-107}$$

2.4.4 计算机辅助控制系统分析

在电机控制中,最基本的传递函数是电机数学模型及运动方程,但是为了获得更优的控制性能,传统的PI控制已经不能满足日益提高的精度需求,越来越多的控制器的设计基于现代控制理论,也就是具备更多的空间状态方程,如果手动解方程不仅烦琐也无法保证正确性,并且其中一些控制器也更依赖于电机本身的参数,若希望进行参数变化的控制性能分析,传统方法耗时耗力,对比也不够直观。

基于Matlab的传递函数分析方法能够基于状态方程解出各变量之间的传递函数,更直观更清晰地展现各变量之间的传递特性,采用定义变量的形式也能及时修改参数进行前后对比分析。本书以Ⅰ型系统为例进行频域响应分析,以自抗扰误差方程为例进行状态观测能力分析。

1. Ⅰ型系统分析

```
syms s K T  %定义 s 为微分算子,K T 为变量
T=10;  %为变量赋值
K=10;
W=K/(s*(T*s+1))  %以最直接的方式写出传递函数
   W=   10
      --------
      s(10s+1)
[numX, denX]=numden(W)  % 提取出分子与分母
  numX=10
  denX=s(10s+1)
numX=expand(numX)  %将提取结果展开
  numX=10
denX=expand(denX)
  denX=10s^2+s
numX=coeffs(numX,s,"All")  %以 s 为变量,由最高阶到 0 阶依次提取系数
  numX=10
denX=coeffs(denX,s,"All")
  denX=(10  1  0)
H1=tf(double(numX),double(denX))  %转换为 matlab 能够识别的传递函数
  H1 =
     10
```

```
  ----------
  10s^2+s
Continuous-time transfer function.
p=bodeoptions;  %开启伯德图选项
p.FreqUnits='Hz';  %伯德图改为赫兹单位
p.Grid='on';
bode(H1,p)  %画伯德图
hold on  %保持使下一次画图仍在同一个图框里
```

程序运行结果如图 2.11 所示。

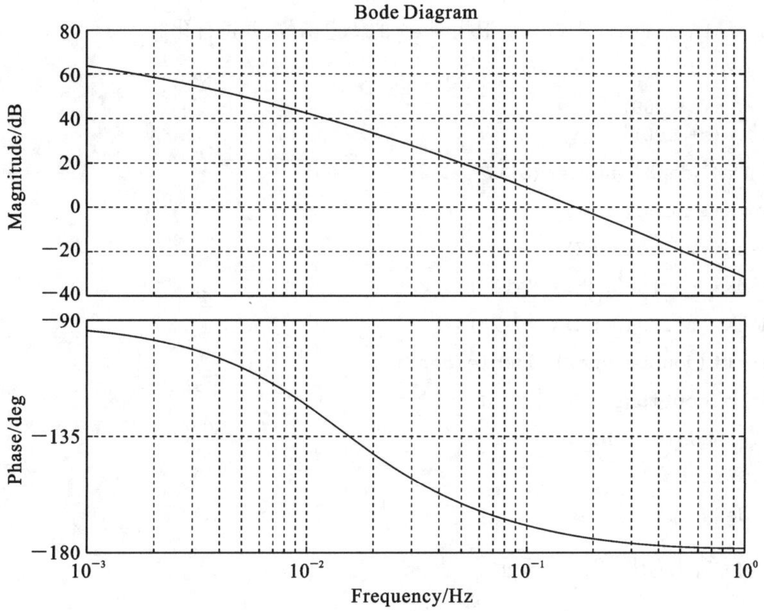

图 2.11 程序显示图 1

由此可以直接点击图形将得到所需数据进行超调量、上升时间和峰值时间的计算。

2. 自抗扰误差方程分析

本例以第 5 章同步电机的自抗扰控制器中状态观测器为例，分析了其对实际值的跟踪与扰动的估计能力。

```
syms e1 e2 beta1 beta2 f s w0
w0=100;
% 再以 w0=500 画一遍图形以便进行对比
beta1=2*w0;
beta2=w0*w0;
% e1 为 x1 估计值减去真实值,e2 为 x2 估计值减去真实值
eq1=s*e1==-beta1*e1+e2;
eq2=s*e2==-beta2*e1-s*f;
solution=solve(eq1,eq2,[e1,e2]);  % solve 解方程,前面是方程,后面是自变量
z1s=collect(solution.e1,[f])  % collect 为合并同类项,并以 f 作为变量来输出 e1
                                的表达式
```

z1s=

$$\left(-\frac{s}{s^2+200s+1000}\right)f$$

```
z2s=collect(solution.e2,[f])
```

z2s=

$$\left(-\frac{s(s+200)}{s^2+200s+10000}\right)f$$

```
G1= simplify(z1s/f)  % 干扰到 e1 的传递函数,并进行化简
```

G1=

$$-\frac{s}{(s+100)^2}$$

```
G2= simplify(z2s/f)  % 干扰到 e2 的传递函数,并进行化简
```

G2=

$$-\frac{s(s+200)}{(s+100)^2}$$

```
[numX, denX]=numden(G1);
numX=expand(numX);
denX=expand(denX);
numX=coeffs(numX,s,"All");
denX=coeffs(denX,s,"All");
H1=tf(double(numX),double(denX));
p=bodeoptions;
p.FreqUnits='Hz';
p.Grid='on';
bode(H1,p)
```

程序运行结果如图 2.12 所示。

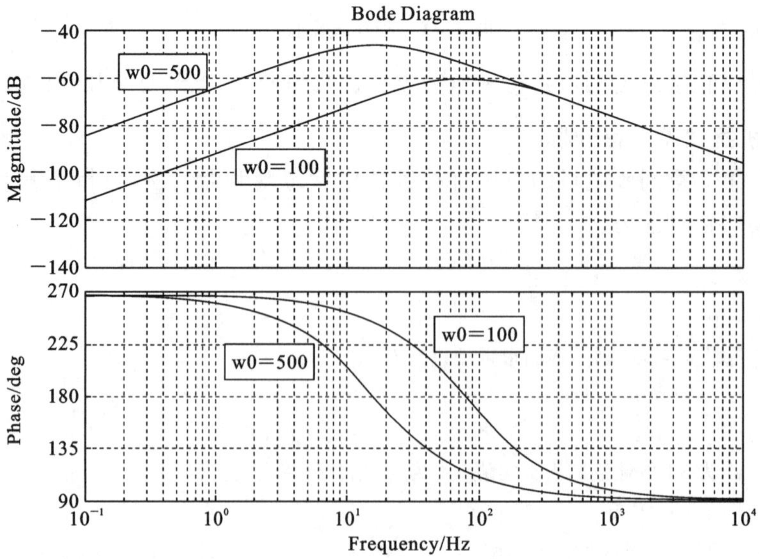

图 2.12 程序显示图 2

```
[numX, denX]=numden(G2);
numX=expand(numX);
denX=expand(denX);
numX=coeffs(numX,s,"All");
denX=coeffs(denX,s,"All");
H1=tf(double(numX),double(denX));
bode(H1,p)
```

程序运行结果如图 2.13 所示。

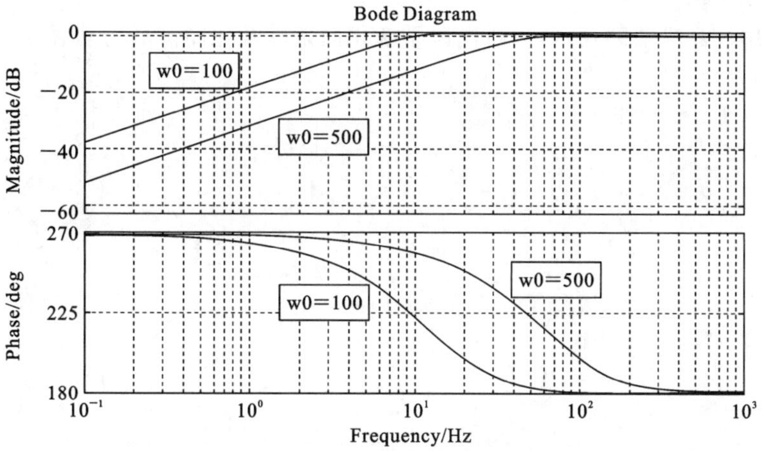

图 2.13　程序显示图 3

可以看出干扰对真实值的跟踪基本没有影响，带宽选取越大真实值的估计误差越小，对于总干扰的估计误差，带宽选择越大对频率越高的干扰估计越准确。总体来说对干扰的估计类似一个高通滤波器。

问题与思考

1. 设有两个电端口的机电动力系统的磁链方程为

$$\begin{cases}\psi_1 = x^2 i_1^2 + x\, i_2 \\ \psi_2 = x\, i_1 + x^2 i_2^2\end{cases}$$

求系统的磁能 W_f、磁共能 W_c 和电磁力 f_e。

2. 设静止两相系统 a-b 到任意参照系 d-q 的变换方程为

$$\begin{bmatrix} f_d \\ f_q \end{bmatrix} = \begin{bmatrix} \cos\theta & \sin\theta \\ -\sin\theta & \cos\theta \end{bmatrix} \begin{bmatrix} f_a \\ f_b \end{bmatrix}$$

试绘制两参照系轴际间位置关系图，仿照三相系统变量代换做法完善该两相变换体系。

3. 试用旋转电机的一般电磁转矩公式建立步进电机和开关磁阻电机的电磁转矩方程。

4. 设某系统的状态方程为

$$\begin{cases}\dfrac{d^2x}{dt^2}+10^2\dfrac{dx}{dt}+10^8x=10^{10}\sin(100t)\\ x(0)=0\\ \dfrac{dx}{dt}(0)=0\end{cases}$$

a. 解析求解；

b. 用定步长龙格-库塔算法求解，比较不同步长对误差的影响；

c. 用变步长龙格-库塔算法求解，收敛速度与“b”的结果进行比较；

d. 综述结论。

5. 使用计算机辅助技术，分析高阶系统化简条件及化简前后的动态性能差异。

3

直流电机及系统

直流电机是具有机械换向器一类电机的总称。从电端口看，通入或流出电枢回路的电流是直流，但电枢绕组内流动的电流却是交变的，交、直流电流间的转换需要由换向器实现。电机转子的旋转速度由电枢绕组内交变电流的频率决定，反之亦然。

机械换向器是直流电机的关键部件，换向问题是直流电机的核心问题。它限制了直流电机的旋转速度和功率等级，也给运行维护带来诸多约束。尽管如此，直流电机仍因其优越的调速性能而在各类电机的激烈竞争中占有一席之地。

自 20 世纪 60 年代初期可控硅功率元件（晶闸管）问世以来，直流电机面临着更为严峻的挑战，但可替代直流发电机的快速、可靠、灵活可调的 AC-DC 整流电源的获得，又为直流电机的应用带来了巨大的变化和机遇。事实上，当今所有直流调速系统，都无一例外地由直流电动机和单相或三相可控整流电源组成。对这类系统，电气技术人员和研究人员也必须熟悉，并且能够分析和研究这类直流传动系统，特别是系统动态行为的数值仿真。本章内容就是为了适应这方面的发展需要而编写的。

3.1 直流电机的数学分析模型

图 3.1 所示的是一台两极直流电机的示意图。为作图方便，电枢分布绕组用单一

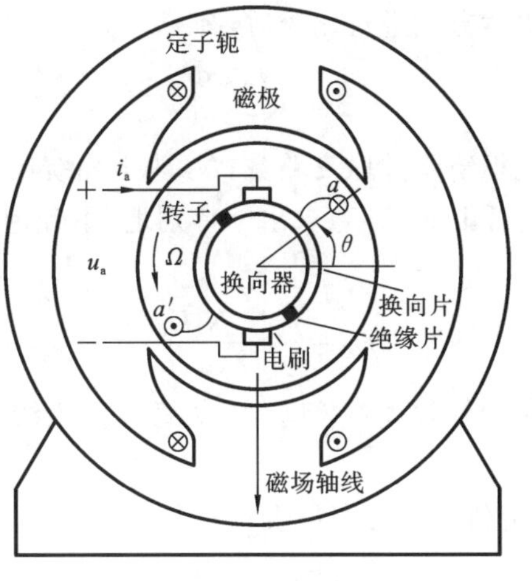

图 3.1　两极直流电机示意图（实时电枢绕组由单一线圈替代）

线圈 a-a'表示，相应地，换向器上只画出两片换向片。

直流电机因励磁绕组和电枢绕组之间的连接方式不同而分成多种类型。各种类型之间的数学分析模型差别较大，运行特性和控制方式也不相同，下面对其进行分别介绍。

3.1.1　他励直流电机

设图 3.1 所示的直流电机为他励直流电机，即励磁绕组由独立电源供电，与电枢绕组没有电的联系。此时，电机有三个独立端口：两个电端口(电枢、励磁)，一个机械端口(转轴)。沿用电机学中惯用的变量符号和处理方法，设 r_f、L_f 和 r_a、L_a 分别为励磁回路和电枢回路的电阻和自感，L_{af} 为磁场与电枢绕组之间的互感(单一线圈时是位置角 θ 的正弦函数，分布绕组时与 θ 无关，如图 3.1 所示)，则他励直流电机的端口运动方程(习惯称为电压和转子运动方程)为

$$\begin{bmatrix} u_a \\ u_f \\ -T_L \end{bmatrix} = \begin{bmatrix} r_a & 0 & L_{af}i_f \\ 0 & r_f & 0 \\ -L_{af}i_f & 0 & R_\Omega \end{bmatrix} \begin{bmatrix} i_a \\ i_f \\ \Omega \end{bmatrix} + \begin{bmatrix} L_a & 0 & 0 \\ 0 & L_f & 0 \\ 0 & 0 & J \end{bmatrix} \frac{\mathrm{d}}{\mathrm{d}t} \begin{bmatrix} i_a \\ i_f \\ \Omega \end{bmatrix} \tag{3-1}$$

相应地，等效电路如图 3.2 所示。为与式(3-1)完全对应，图中标出了转轴，以后将均不再画出，除非特殊讨论需要。

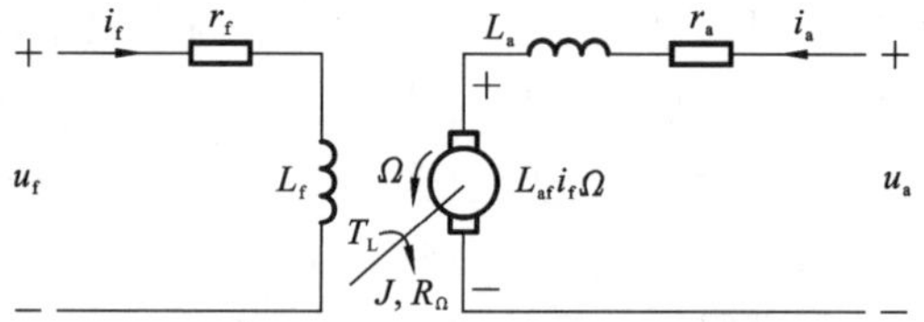

图 3.2　他励直流电机的等效电路(含转轴)

需要说明的是，式(3-1)实际上隐含了直流电机分析中的两个基本方程：电枢感应电势方程和电磁转矩方程，它们是

$$\begin{cases} e_f = L_{af}i_f\Omega \\ T_e = L_{af}i_f i_a \end{cases} \tag{3-2}$$

将之与电机学中的习惯表达方式进行比较后，有

$$L_{af} = \frac{pN_a}{\pi a}\frac{\Phi_0}{i_f} \tag{3-3}$$

式中，p 为极对数；a 为电枢绕组并联支路数；N_a 为电枢绕组总匝数；Φ_0 为每极气隙磁通量。当 Φ_0 已知时，L_{af} 可由式(3-3)求出。特别地，不计饱和影响，并设气隙磁场均匀，有

$$L_{af} = \frac{\mu_0 N_a N_f D_g l}{2ag} \tag{3-4}$$

式中，μ_0 为空气磁导率；g 为等效气隙长度；N_f 为每极励磁线圈匝数；D_g 为平均气隙直径；l 为铁心有效长度。

稳态运行时(稳态电流值用大写字母表示)，令

$$K_f = L_{af}I_f \tag{3-5}$$

则电枢电流为

$$I_a=\frac{u_a-K_f\Omega}{r_a} \tag{3-6}$$

而电磁转矩为

$$T_e=K_fI_a=\frac{K_fu_a-K_f^2\Omega}{r_a} \tag{3-7}$$

这表明磁场恒定时，电机机械特性为下降直线。

3.1.2 并励直流电机

并励直流电机即电机的励磁绕组与电枢绕组并联，两者由单一直流电源统一供电。此时，励磁回路需串入限流电阻 r_x，其标称阻值恰使励磁电流抵达额定值时，电机空载，电压亦正好为额定值。电机等效电路可直接由图 3.2 改画为图 3.3。

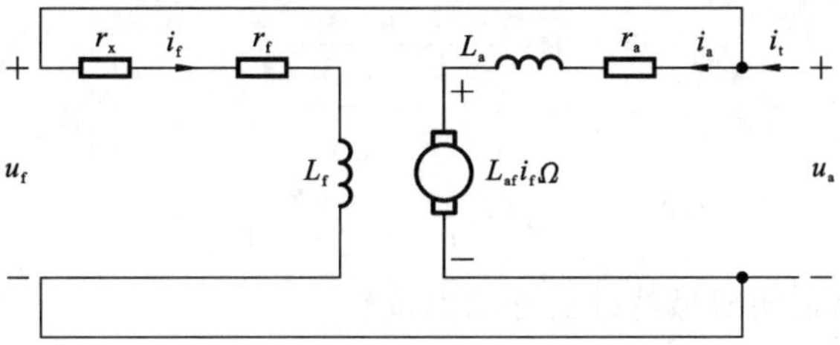

图 3.3 并励直流电机的等效电路

端口运动方程亦与式(3-1)相仿，只需将 u_f 换为 u_a、将 r_f 换为 $R_f(R_f=r_x+r_f)$ 即可，即

$$\begin{bmatrix} u_a \\ u_a \\ -T_L \end{bmatrix}=\begin{bmatrix} r_a & 0 & L_{af}i_f \\ 0 & R_f & 0 \\ -L_{af}i_f & 0 & R_\Omega \end{bmatrix}\begin{bmatrix} i_a \\ i_f \\ \Omega \end{bmatrix}+\begin{bmatrix} L_a & 0 & 0 \\ 0 & L_f & 0 \\ 0 & 0 & J \end{bmatrix}\frac{d}{dt}\begin{bmatrix} i_a \\ i_f \\ \Omega \end{bmatrix} \tag{3-8}$$

因稳态运行时，励磁电流应为

$$I_f=\frac{u_a}{R_f} \tag{3-9}$$

相应地，由图 3.3 可解得电枢电流为

$$I_a=\frac{u_a}{r_a}\left(1-\frac{\Omega L_{af}}{R_f}\right) \tag{3-10}$$

从而稳态电磁转矩为

$$T_e=L_{af}I_fI_a=\frac{L_{af}u_a^2}{r_aR_f}\left(1-\frac{\Omega L_{af}}{R_f}\right) \tag{3-11}$$

这表明磁场恒定时，机械特性亦为下降直线。这与他励电机相仿，但无须单独的励磁电源，结构上明显简单。

3.1.3 串励直流电机

串励时，电机的励磁绕组与电枢绕组串联，仍由单一直流电源统一供电。此时，等效电路依然可直接由图 3.2 改画为图 3.4。

在串励支路中，采用下标 s 替代 f。对应于励磁电流 i_s，互感系数由 L_{af} 改换为 L_{as}。由于串励电流 i_s 就是电枢电流 i_a，故系统独立状态变量个数要减一。当只有一个电端

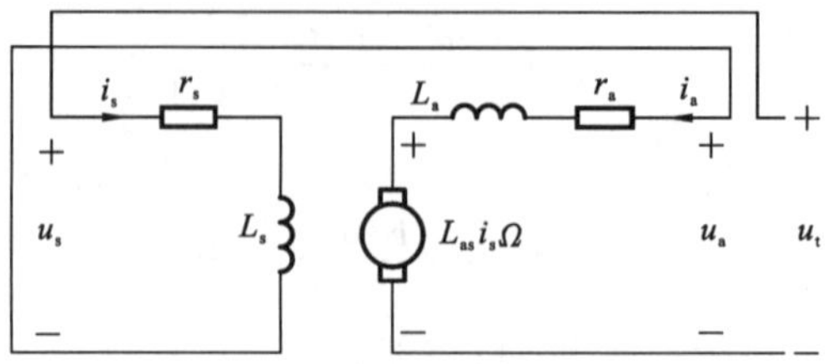

图 3.4 串励直流电机的等效电路

口(端电压为 u_t)和一个机械端口时,数学分析模型为

$$\begin{bmatrix} u_t \\ -T_L \end{bmatrix} = \begin{bmatrix} r_s + r_a & L_{as}i_a \\ -L_{as}i_a & R_\Omega \end{bmatrix} \begin{bmatrix} i_a \\ \Omega \end{bmatrix} + \begin{bmatrix} L_s + L_a & 0 \\ 0 & J \end{bmatrix} \frac{d}{dt} \begin{bmatrix} i_a \\ \Omega \end{bmatrix} \tag{3-12}$$

稳态运行时,电枢电流和串励电流为

$$I_a = \frac{u_t}{r_s + r_a + \Omega L_{as}} \tag{3-13}$$

则稳态电磁转矩

$$T_e = L_{as} I_a^2 = \frac{L_{as} u_t^2}{(r_s + r_a + \Omega L_{as})^2} \tag{3-14}$$

为下降二次曲线,这说明机械特性比并励电机软。

3.1.4 复励直流电机

复励直流电机有两套励磁绕组,一套与电枢绕组串联,另一套经限流电阻 r_x 与串励绕组和电枢绕组并联(“+”极接 A 点,称为长复励)或直接与电枢绕组并联(“+”极接 B 点,称为短复励)。设并励绕组产生的磁动势为正,当串励绕组产生的磁动势与之相加时,称为积复励,反之称为差复励。复励直流电机的等效电路如图 3.5 所示。

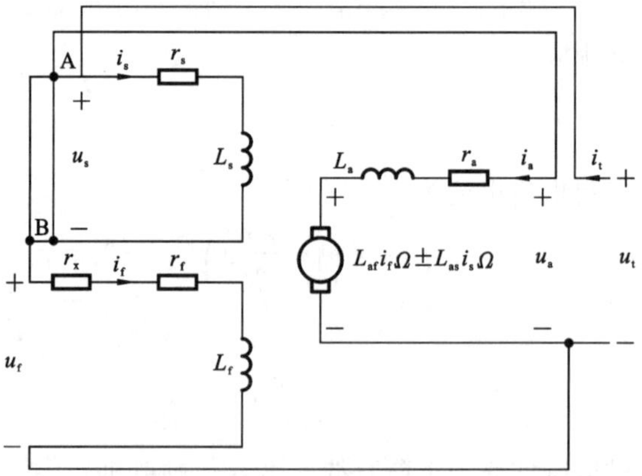

图 3.5 复励直流电机的等效电路

对于图 3.5,长复励时各支路电流关系为

$$\begin{cases} i_t = i_s + i_f \\ i_s = i_a \end{cases} \tag{3-15}$$

短复励时则有

$$\begin{cases} i_t = i_s \\ i_s = i_a + i_f \end{cases} \tag{3-16}$$

统一选状态变量 i_a、i_f 和 Ω，可得长复励直流电机的数学分析模型为

$$\begin{bmatrix} u_t \\ u_t \\ -T_L \end{bmatrix} = \begin{bmatrix} r_s+r_a & 0 & K_v \\ 0 & R_f & 0 \\ -K_v & 0 & R_\Omega \end{bmatrix} \begin{bmatrix} i_a \\ i_f \\ \Omega \end{bmatrix} + \begin{bmatrix} L_s+L_a & 0 & 0 \\ 0 & L_f & 0 \\ 0 & 0 & J \end{bmatrix} \frac{\mathrm{d}}{\mathrm{d}t} \begin{bmatrix} i_a \\ i_f \\ \Omega \end{bmatrix} \tag{3-17}$$

而短复励模型为

$$\begin{bmatrix} u_t \\ u_t \\ -T_L \end{bmatrix} = \begin{bmatrix} r_s+r_a & r_s & K_v \\ r_s & R_f+r_s & 0 \\ -K_v & 0 & R_\Omega \end{bmatrix} \begin{bmatrix} i_a \\ i_f \\ \Omega \end{bmatrix} + \begin{bmatrix} L_s+L_a & L_s & 0 \\ L_s & L_f+L_a & 0 \\ 0 & 0 & J \end{bmatrix} \frac{\mathrm{d}}{\mathrm{d}t} \begin{bmatrix} i_a \\ i_f \\ \Omega \end{bmatrix} \tag{3-18}$$

式中，

$$K_v = L_{af} i_f \pm L_{as} i_s \tag{3-19}$$

其中，i_s 由式(3-15)和式(3-16)定义；"±"取正值为积复励，取负值为差复励，为避免运行时发生不稳定现象，复励电机通常连接成积复励形式，即"±"只取正值。

复励电机为长复励时，其稳态电流值为

$$\begin{cases} I_f = u_t / R_f \\ I_s = I_a = \dfrac{I_f(R_f - \Omega L_{af})}{r_s + r_a + \Omega L_{as}} \end{cases} \tag{3-20}$$

从而有稳态电磁转矩

$$T_e = L_{af} I_f I_a + L_{as} I_a^2 = \frac{u_t^2 (R_f - \Omega L_{af})(L_{af} r_s + L_{af} r_a + L_{as} R_f)}{R_f^2 (r_s + r_a + \Omega L_{as})^2} \tag{3-21}$$

若为短复励，则稳态电磁转矩计算公式为

$$T_e = L_{af} I_f I_a + L_{as} I_s I_a = \frac{u_t^2 (R_f - \Omega L_{af} - \Omega L_{as})(L_{af} r_a + L_{as} R_f + L_{as} r_a)}{(R_f r_s + r_a r_s + r_a R_f - \Omega L_{af} r_s - \Omega L_{as} R_f)^2} \tag{3-22}$$

其机械特性比较复杂，但介于并励电机和串励电机之间，其复杂程度具体取决于串、并励两套绕组的设计，比较灵活。以并励为主时，则与并励电机特性接近；反之，则与串励电机特性接近。

以上介绍了四种基本类型的直流电机，给出了它们的数学分析模型和等效电路，并简要讨论了它们的机械特性。然而，从应用角度看，并励电机的使用最为普遍，故后面的讨论主要结合并励电机进行。但所得结论，如起动过程分析、负载变化影响、速度调节控制规律等，具有普遍意义。

3.2 并励直流电机的状态方程、方块图、标幺值和传递函数

3.2.1 状态方程

由式(3-8)可知，对于并励直流电机，有

$$\boldsymbol{L} = \begin{bmatrix} L_a & 0 & 0 \\ 0 & L_f & 0 \\ 0 & 0 & J \end{bmatrix} \tag{3-23}$$

$$\boldsymbol{R}=\begin{bmatrix} r_a & 0 & L_{af}i_f \\ 0 & R_f & 0 \\ -L_{af}i_f & 0 & R_\Omega \end{bmatrix} \tag{3-24}$$

$\boldsymbol{L}$ 为对角阵,其逆矩阵为

$$\boldsymbol{L}^{-1}=\begin{bmatrix} \frac{1}{L_a} & 0 & 0 \\ 0 & \frac{1}{L_f} & 0 \\ 0 & 0 & \frac{1}{J} \end{bmatrix}=\boldsymbol{B} \tag{3-25}$$

记 $K_v=L_{af}i_f$,有

$$\boldsymbol{A}=-\boldsymbol{L}^{-1}\boldsymbol{R}=\begin{bmatrix} \frac{-r_a}{L_a} & 0 & \frac{-K_v}{L_a} \\ 0 & \frac{-R_f}{L_f} & 0 \\ \frac{K_v}{J} & 0 & \frac{-R_\Omega}{J} \end{bmatrix} \tag{3-26}$$

则并励直流电机的状态方程(仿真模型)为

$$\frac{\mathrm{d}}{\mathrm{d}t}\begin{bmatrix} i_a \\ i_f \\ \Omega \end{bmatrix}=\begin{bmatrix} \frac{-r_a}{L_a} & 0 & \frac{-K_v}{L_a} \\ 0 & \frac{-R_f}{L_f} & 0 \\ \frac{K_v}{J} & 0 & \frac{-R_\Omega}{J} \end{bmatrix}\begin{bmatrix} i_a \\ i_f \\ \Omega \end{bmatrix}+\begin{bmatrix} \frac{1}{L_a} & 0 & 0 \\ 0 & \frac{1}{L_f} & 0 \\ 0 & 0 & \frac{1}{J} \end{bmatrix}\begin{bmatrix} u_a \\ u_a \\ -T_L \end{bmatrix} \tag{3-27}$$

3.2.2 方块图

电机只是实际传动系统的一个组成部分。通常,为了分析方便,构成传动系统的各部分都要求采用方块图方式,以使系统中各物理量之间的作用和相互关系得到更直观的表述。下面就着手建立并励直流电机的方块图。

方块图是以状态方程为描述基础的,实际上是状态方程的图述方式,但表达更为简单明了。为此,首先要求对所有一阶惯性环节的电端口引入时间常数。对于并励直流电机,这些时间常数分别为

电枢回路
$$\tau_a=\frac{L_a}{r_a} \tag{3-28}$$

励磁回路
$$\tau_f=\frac{L_f}{r_f} \tag{3-29}$$

代入式(3-27)按行展开并整理后得

$$\begin{cases} r_a\tau_a p i_a+r_a i_a=u_a-K_v\Omega \\ R_f\tau_f p i_f+R_f i_f=u_a=u_f \\ J p\Omega+R_\Omega\Omega=K_v i_a-T_L \end{cases} \tag{3-30}$$

其规范形式为

$$\begin{cases} i_a = \dfrac{1/r_a}{\tau_a p + 1}(u_a - K_v \Omega) \\ i_f = \dfrac{1/R_f}{\tau_f p + 1} u_a = \dfrac{K_v}{L_{af}} \\ \Omega = \dfrac{1}{Jp + R_\Omega}(K_v i_a - T_L) \end{cases} \tag{3-31}$$

与此对应的方块图如图 3.6 所示。

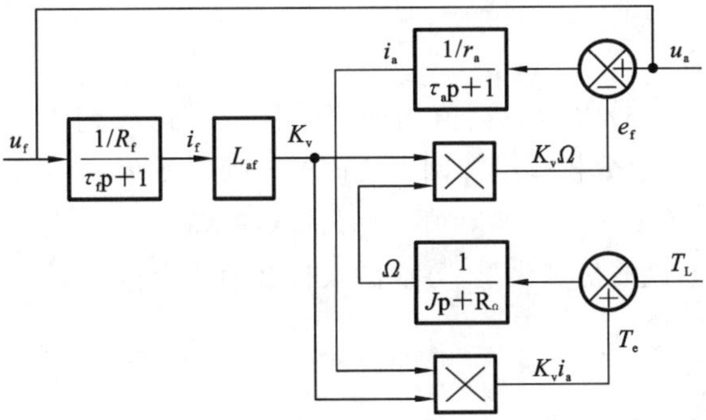

图 3.6　并励直流电机的方块图

3.2.3　标幺值

标幺值系统即无量纲体系。确定标幺值系统的第一步为选取标幺基值，其一般原则就是使标幺化处理后的额定量基本上都能用数值为 1 的无量纲数表示。

对于并励直流电机，各物理量的标幺基值可按表 3.1 选取。

表 3.1　并励直流电机的标幺基值

基　值　名	符号或定义	物 理 含 义
转子转速	Ω_0	理想空载转速
励磁电流	I_{f0}	额定励磁电流
励磁电压	$U_{f0}=R_f I_{f0}$	额定励磁电压
电枢电压	$U_{t0}=L_{af} I_{f0} \Omega_0$	额定电枢电压
电枢电流	$I_{a0}=U_{t0}/r_a$	堵转电枢电流
电磁转矩	$T_0=L_{af} I_{f0} I_{a0}$	堵转电磁转矩
摩擦系数	$R_0=T_0/\Omega_0$	特征机械斜率

需要说明的是，根据 3.1.2 节中对并励支路限流电阻 r_x 标称阻值的定义，表 3.1 中励磁电压和电枢电压的基值是一致的，满足并励电机电端口的并联约束条件。

由上述标幺基值系统对式(3-30)进行标幺化处理，得到的并励电机标幺值分析模型为

$$\begin{cases} \tau_a p i_a^* + i_a^* = u_a^* - i_f^* \Omega^* \\ \tau_f p i_f^* + i_f^* = u_a^* \\ \tau_J p \Omega^* + R_\Omega^* \Omega^* = i_f^* i_a^* - T_L^* \end{cases} \tag{3-32}$$

其规范化状态方程形式为

$$\mathrm{p}\begin{bmatrix} i_a^* \\ i_f^* \\ \Omega^* \end{bmatrix} = \begin{bmatrix} \frac{-1}{\tau_a} & 0 & \frac{-i_f^*}{\tau_a} \\ 0 & \frac{-1}{\tau_f} & 0 \\ \frac{i_f^*}{\tau_J} & 0 & \frac{-R_\Omega^*}{\tau_J} \end{bmatrix} \begin{bmatrix} i_a^* \\ i_f^* \\ \Omega^* \end{bmatrix} + \begin{bmatrix} \frac{1}{\tau_a} & 0 & 0 \\ 0 & \frac{1}{\tau_f} & 0 \\ 0 & 0 & \frac{1}{\tau_J} \end{bmatrix} \begin{bmatrix} u_a^* \\ u_a^* \\ -T_L^* \end{bmatrix} \tag{3-33}$$

式中，

$$\tau_J = J\Omega_0/T_0 = J/R_{\Omega 0} \tag{3-34}$$

为特征机械时间常数。

式(3-32)和式(3-33)中的标幺值均使用上标“*”以区别于实际值。在仿真计算中，一般建议采用标幺值分析模型。两者之间的转换关系为

实际值=标幺值×基值

其他类型直流电机的仿真模型、方块图及标幺值系统可参照并励电机的分析方式。读者可自行推导。

3.2.4 传递函数

通常，假设电枢反应可由合理设计的补偿绕组实现全补偿(电枢电流对励磁磁场毫无影响)，即并励直流电机的励磁回路可以单独求解(用解析法)。特别地，当励磁电压(电机端电压)恒定时，可假设励磁绕组先于电枢绕组通电，并且在电枢绕组通电时已进入稳态，亦即磁场保持恒定，K_v 为常数。在此假设条件下，不但状态方程可降阶，而且是线性的(反电势与转速成正比，电磁转矩与电枢电流成正比)，整个方程可以采用传递函数方法解析求解。为此，将式(3-31)中的第 1 式代入第 3 式，用拉普拉斯算子 s①替代微分算子 p，可导出负载转矩和端电压为输入、转速为输出时的传递函数为

$$\Omega(s) = \frac{(K_v\tau_a\tau_m)^{-1}u_a(s) - J^{-1}(s+\tau_a^{-1})T_L(s)}{s^2+(\tau_a^{-1}+R_\Omega J^{-1})s+\tau_a^{-1}(\tau_m^{-1}+R_\Omega J^{-1})} \tag{3-35}$$

代回式(3-31)的第 1 式，得电流为输出时的传递函数为

$$i_a(s) = \frac{L_a^{-1}(s+R_\Omega J^{-1})u_a(s) + (K_v\tau_a\tau_m)^{-1}T_L(s)}{s^2+(\tau_a^{-1}+R_\Omega J^{-1})s+\tau_a^{-1}(\tau_m^{-1}+R_\Omega J^{-1})} \tag{3-36}$$

式中，

$$\tau_m = \frac{Jr_a}{K_v^2} \tag{3-37}$$

为惯性时间常数。

设系统的特征方程为

$$s^2+2\alpha s+\omega_n^2=0 \tag{3-38}$$

式中，α 为阻尼系数；ω_n 为自然频率。两者的定义式为

$$\begin{cases} \alpha = \dfrac{\tau_a^{-1}+R_\Omega J^{-1}}{2} \\ \omega_n = \sqrt{\tau_a^{-1}(\tau_m^{-1}+R_\Omega J^{-1})} \end{cases} \tag{3-39}$$

则可解得系统的特征根为

① 目前图书中拉普拉斯算子多用 Δ，见《作者编辑常用标准及规范》。

$$s_{1,2}=-\alpha\pm\sqrt{\alpha^2-\omega_n^2} \tag{3-40}$$

于是可由反拉氏变换(反拉普拉斯变换)求得电机转速和电流的时域解析解。

由此可见,当电机满足上述建立传递函数过程中使用的假设线性条件时,分析可以大大简化。换句话说,并励直流电机的动态行为有可能采用传递函数方法进行分析。在控制上,这就意味着电机的速度连续可控,具有优越的均匀(无级)调速性能。

3.3 恒压源供电的并励直流电动机的动态行为

恒压直流电源供电时的静止起动过程和负载变化过程是并励直流电动机的典型动态行为,其分析研究方法具有普遍意义,可推广应用于其他类型直流电动机。

3.3.1 起动过程分析

电动机刚起动时,转速 $\Omega=0$,反电势 $e_f=K_v\Omega=0$,电枢端电压(设为额定值)只能通过电枢电阻和电感上的压降平衡,因而起动电流变化剧烈,数值很大(可达额定值的10～20倍),一般都需要加以限制,使之不超过极限值(多设为额定电流的两倍)。并励直流电动机限制起动电流的方法有两种:一种是采用晶闸管整流电源供电,起动过程中电动机端电压根据电枢电流或转速自动调节,甚至于实现直线加速控制;另一种是在电枢回路中用串电阻(有级或无级)来限制最大电流,然后根据实际情况(电流随速度上升而下降,通常希望不要降到额定值以下,以确保加速转矩,缩短起动过程)逐级手动或自动切除,直至起动过程结束。为突出电磁分析过程,下面主要介绍后一种起动方法。

并励直流电动机串电阻起动电路如图 3.7 所示。设图中分级电阻 $R_i(i=1,2,\cdots,N)$可由最小电流监测信号顺序控制开关 S_i 逐级自动切除。

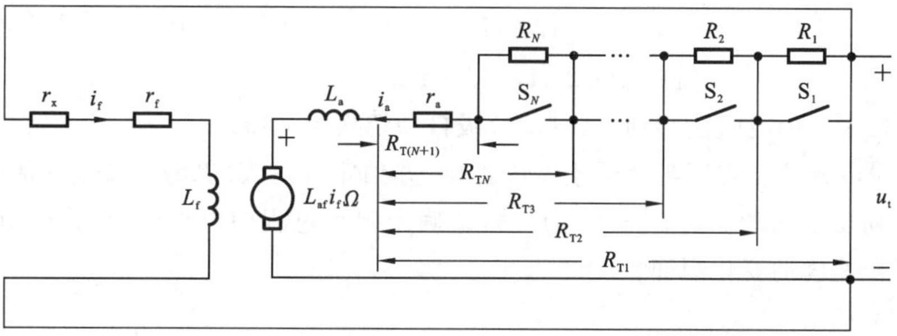

图 3.7 并励直流电动机串电阻起动原理电路

虽然整个起动过程是动态变化的,但各级起动电阻值却可以由稳态方程近似确定。若设起动过程中电枢电流的最大允许值(电流上限)为 I_{max},则静止起动时刻($t=0,\Omega=0$)电枢回路中的串联总电阻值应为

$$R_{T1}=\frac{u_t}{I_{max}} \tag{3-41}$$

实际上,由于电感 L_a 的作用,最大电流只能是接近并略小于 I_{max},而随着转子开始旋转加速,电流还会逐步下降。为简化计算,假设励磁电流已达稳态值,则电枢电流为

$$I_a=\frac{u_t-L_{af}i_f\Omega}{R_{T1}} \quad (0\leqslant t\leqslant t_1) \tag{3-42}$$

设 $t=t_1$ 时刻，电流降至最小允许值(电流下限)I_{min}，即

$$I_a=I_{min}=\frac{u_t-L_{af}i_f\Omega}{R_{T1}}\quad (t=t_1^-) \tag{3-43}$$

则开关 S_1 自动合闸，电阻 R_1 自动切除，电枢回路串联总电阻为 $R_{T2}=R_{T1}-R_1$，电阻值符合下列约束条件要求：

$$I_a=I_{max}=\frac{u_t-L_{af}i_f\Omega}{R_{T2}}\quad (t=t_1^+) \tag{3-44}$$

由于开关切换前(t^-)后(t^+)转速 Ω 不会突变，而 u_t 为恒定值，故综合式(3-43)和式(3-44)有

$$\frac{I_{max}}{I_{min}}=\frac{R_{T1}}{R_{T2}} \tag{3-45}$$

以此类推，重复上述自动切换过程 N 次后，电枢回路串联电阻全部被切除，并最终为 $R_{T(N+1)}=r_a$，而式(3-45)连乘 N 次后亦成为

$$\left(\frac{I_{max}}{I_{min}}\right)^N=\frac{R_{T1}}{r_a} \tag{3-46}$$

从而有

$$N=\frac{\ln\left(\dfrac{R_{T1}}{r_a}\right)}{\ln\left(\dfrac{I_{max}}{I_{min}}\right)} \tag{3-47}$$

以上就是并励直流电动机串联电阻式分级自动切换起动器的一般设计过程。下面结合实例说明其具体应用方法。

【例 3.1】 一台额定电压为 240 V、额定电枢电流为 16.2 A、额定转速为 1220 r/min 的并励直流电动机的参数：

$$R_f=240\ \Omega,\quad L_f=120\ \text{H},\quad L_{af}=1.8\ \text{H},\quad r_a=0.6\ \Omega,$$
$$L_a=0.012\ \text{H},\quad J=1\ \text{kg}\cdot\text{m}^2,\quad R=0$$

(1) 拟采用串电阻法起动，试设计分级自动切换起动器。

(2) 设电机负载转矩与转子速度成正比，并给定 $T_L=0.2287\times\Omega$，采用(1)中设计的分级自动切换起动器自静止状态起动，试确定起动过程中电枢电流、励磁电流、电磁转矩和转子速度的变化规律。

【解】 选定

$$I_{max}=32.4\ \text{A}\ (\text{额定电流的两倍})$$
$$I_{min}=16.2\ \text{A}\ (\text{额定电流})$$

由式(3-41)解得

$$R_{T1}=7.41$$

代入式(3-47)解得

$$N=3.63\quad (\text{取整：}N=4\ \text{或}\ N=3)$$

核算

$N=4$ 时　$I_{max}=30.8$ A，　$R_{T1}=7.8\ \Omega$，　$R_1=3.7\ \Omega$，

$R_2=1.94\ \Omega$，　$R_3=1.02\ \Omega$，　$R_4=0.54\ \Omega$

$N=3$ 时　$I_{max}=36.1$ A，　$R_{T1}=6.64\ \Omega$，　$R_1=3.66\ \Omega$，

$$R_2=1.64\ \Omega,\quad R_3=0.74\ \Omega$$

用实际值计算，将所有已知参数和关系式代入式(3-27)，求解电枢电流、励磁电流、电磁转矩和转子速度变化规律的数值仿真模型为

$$\begin{cases} i_a(0)=0;\quad i_f(0)=0;\quad \Omega(0)=0;\quad T_e(0)=0;\quad n=1 \\ j=1,2,\cdots \\ i_f(j)=1-\exp(-2jh) \\ \dfrac{d}{dt}\begin{bmatrix} i_a \\ \Omega \end{bmatrix}=\begin{bmatrix} -83.3R_T(n) & -150i_f \\ 1.8i_f & -0.2287 \end{bmatrix}\begin{bmatrix} i_a \\ \Omega \end{bmatrix}+\begin{bmatrix} 20000 \\ 0 \end{bmatrix} \\ T_e(j)=1.8i_f(j)i_a(j) \\ \text{若 } i_a(j)<i_a(j-1)\cap i_a(j)<I_{min}\cap n<N+1\text{，则 } n\Leftarrow n+1 \end{cases}$$

仿真过程中，电阻 $R_T(n)$ 由电流下限和开关次数自动控制切换，其数值由

$$R_T(n)=r_a+\sum_{i=n}^{N}R_i$$

预置存放。值得特别说明的是，以上模型中的状态方程已进行降阶处理。励磁电流 i_f 被独立出方程，并以解析解形式给出。降阶状态方程由四阶龙格-库塔算法求解，仿真结果(分 $N=4$ 和 $N=3$ 两种情况)由图 3.8～图 3.11 给出。

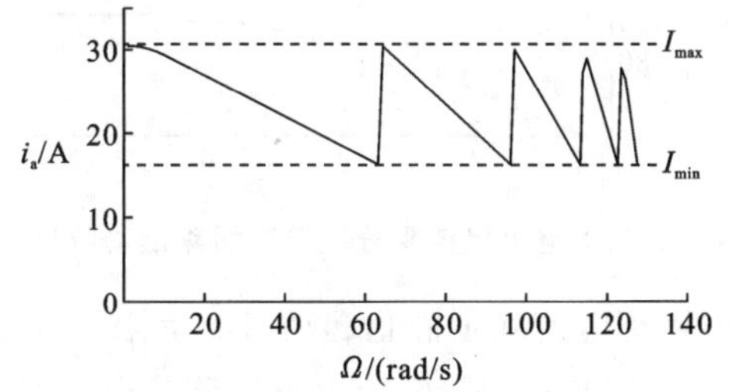

图 3.8　例 3.1 电机串电阻自动起动过程中的电流-速度曲线($N=4$)

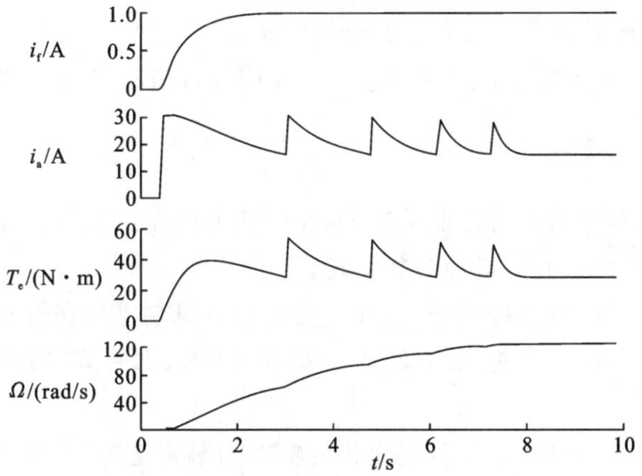

图 3.9　例 3.1 电机串电阻分级自动切除起动特性($N=4$)

与设计核算值相符，$N=3$ 时的最大起动电流比 $N=4$ 时的大，但起动时间变短($N=3$ 时不到 7 s，$N=4$ 时接近 8 s，相差约 1 s)。这就是说，缩短起动过程是以加大起动电流为代价的。在相同励磁条件下，较大电流产生较大转矩，而较大转矩势必使转子获得较大加速度，使转子更快达到稳态转速。因此，实际 N 值可由式(3-47)的理论 N 值取整得到。

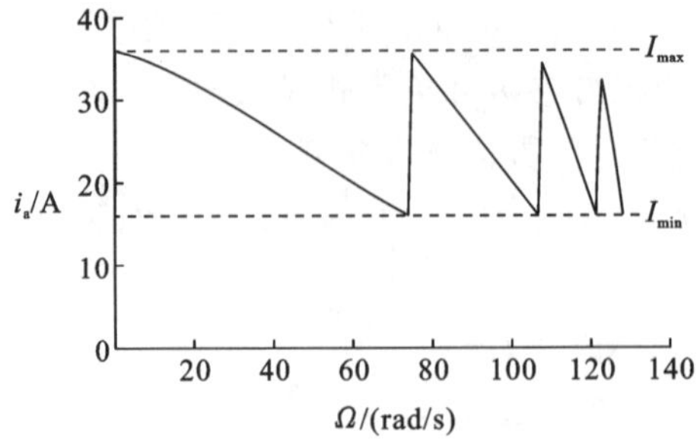

图 3.10 例 3.1 电机串电阻自动起动过程中的电流-速度曲线(N=3)

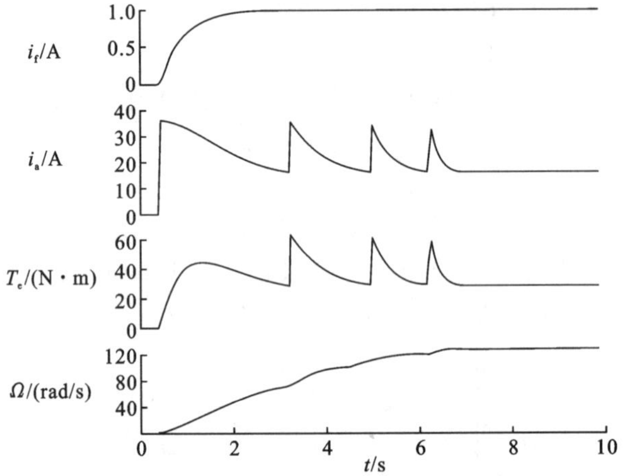

图 3.11 例 3.1 电机串电阻分级自动切除起动特性(N=3)

此外,仿真结果表明,电枢电流除了静止起动时与上限值 I_{max} 比较接近外,其他切换时刻都比 I_{max} 小。这是因为,起动时 $\Omega=0$,而电枢回路的电磁时间常数远小于转子的机械时间常数(本例约为 1/10),即端电压基本上由电阻压降平衡,与估算 I_{max} 的条件一致,故两者接近。而其他时刻转子已处于加速旋转状态,反电势动态增加,与稳态法计算电枢电流的假设不符,故实际电流小于 I_{max}。这说明设计方法是可靠的,留有余地。

3.3.2 转矩阶跃响应

考察负载变化对电机运行性能的影响,比较典型的做法就是假设负载转矩突变,由此求解电机方程的阶跃响应,进而分析讨论。

因负载转矩突变前电机处于稳态,而突变前后电机端电压保持不变(恒压源),故励磁回路不出现暂态过程。于是,负载转矩突变可采用 3.2.4 节中建立的并励电机传递函数模型进行分析。

仍结合例 3.1 进行讨论。设负载变化的幅度为额定值的 50%,求电枢电流和电机转速的变化规律。首先确定有关参数。

励磁回路恒定,有

$$i_f=1\ \text{A},\quad K_v=1.8$$

电机额定负载转矩为

$$T_N=29.16\ \text{N}\cdot\text{m}$$

电机额定负载运行时,有

$$i_a = 16.2\ \text{A}, \quad \Omega = 127.93\ \text{rad/s}$$

电枢回路时间常数为

$$\tau_a = 0.02$$

转子惯性时间常数为

$$\tau_m = 0.185$$

负载转矩突变幅度为

$$K = 50\% \times T_N = 14.58\ \text{N} \cdot \text{m}$$

只考虑负载转矩 $T_L = K$ 的阶跃响应，故代入式(3-35)和式(3-36)后有

$$\Omega(s) = \frac{\mp(s+50)K}{s(s^2+50s+270)}$$

$$i_a(s) = \frac{\pm 150K}{s(s^2+50s+270)}$$

即

$$\begin{cases} \alpha = 25 \\ \omega_n = \sqrt{270} \end{cases}$$

特征根为

$$s_{1,2} = -\alpha \pm \sqrt{\alpha^2 - \omega_n^2} = \begin{cases} -6.16 \\ -43.84 \end{cases}$$

从而最后解得

$$\Omega(t) = 127.93 \mp 0.54(5 - 5.1e^{-6.16t} + 0.1e^{-43.84t})$$

$$i_a(t) = 16.2 \pm 8.1(1 - 1.163e^{-6.16t} + 0.163e^{-43.84t})$$

绘成曲线如图 3.12 和图 3.13 所示。

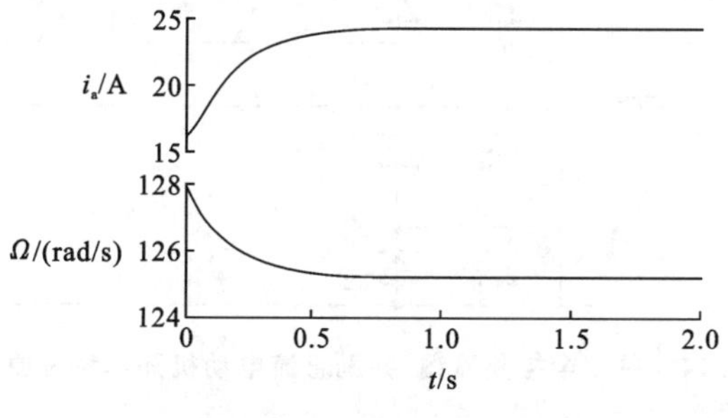

图3.12 负载转矩突变(加载 50%)对速度和电流的影响

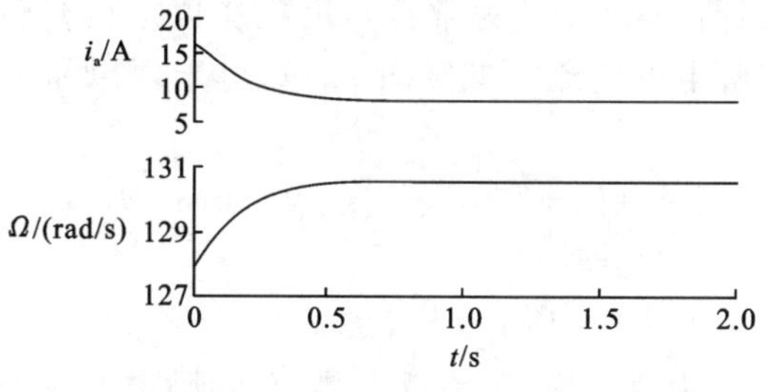

图 3.13 负载转矩突变(减载 50%)对速度和电流的影响

令 $t \to \infty$，则可得稳态后速度和电流的相应变化率为

$$\Delta\Omega = \mp \frac{2.7}{127.93} \times 100\% = \mp 2.1\%$$

$$\Delta i_a = \pm \frac{8.1}{16.2} \times 100\% = \pm 50\%$$

速度变化规律相反(加载减速,减载加速),变化率仅约为 2%;而电流变化率与负载转矩变化规律相同,变化率亦为 50%。这说明电机的机械特性很硬。这实际上也是恒压源供电的并励直流电动机的基本特点。

3.4　整流电源供电的并励直流电动机

虽然晶闸管直流传动系统通常都采用闭环控制方式,但习惯上仍将开环系统作为分析讨论的基础。本节主要讨论单相和三相整流电源供电的直流电动机开环系统。

3.4.1　单相全控整流器-并励直流电动机开环系统

单相全控整流器-并励直流电动机开环系统如图 3.14 所示。图中,e_g、i_g 为交流电源的电压和电流;l_c、L_c 分别为电源与电枢回路、电源与励磁回路之间的换流电感。电枢回路整流电源是全可控的,励磁回路整流电源是不控的。整流电源供电时,电枢回路中的电压和电流一般都会发生脉动和畸变。特别地,当电机轻载时,由于电枢回路的电感值较小,电枢电流还有可能不连续。不过,励磁回路情况例外。因 L_f 较大,电流波形不会发生严重畸变,实际纹波也很小,以至于在分析中可作为恒定值处理。

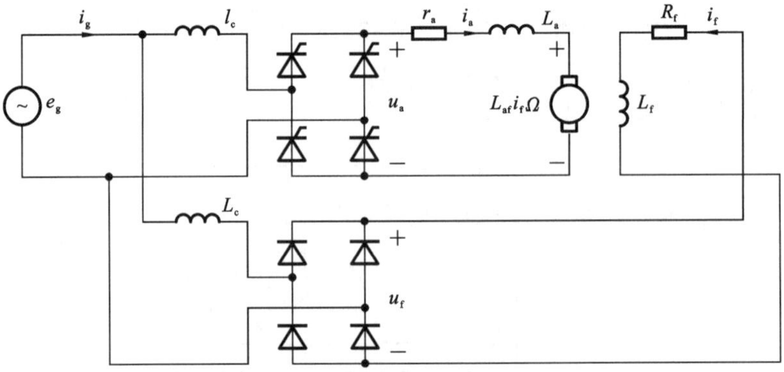

图 3.14　单相全控整流器-并励直流电动机开环系统原理图

电动机由整流电源供电时,其运行特性的分析多结合电流和电压的波形分析。为简化讨论,设励磁回路为稳态(I_f 为常数),电机在恒定负载转矩下稳定运行(Ω 为常数)。因而,只需求解电枢电流。参照图 3.14,对于理想晶闸管元件,电枢回路方程为

$$\begin{cases}(L_a + l_c)\mathrm{p}i_a + r_a i_a = U_m \sin\alpha - E \\ \alpha = \omega t \\ E = L_{af} I_f \Omega = K_v \Omega\end{cases} \tag{3-48}$$

式中,U_m 为电压幅值;ω 为角频率;E 为反电势;I_f 为励磁电流平均值;Ω 为转速;p 为微分算子 d/dt。

由于单相整流电路波形的变化周期为 π,故式(3-48)的通解形式为

$$i_a(\alpha) = \frac{1}{r_a}\left[U_T \sin(\alpha - \gamma) - E + K\mathrm{e}^{-(\alpha-\alpha_0)/\beta}\right] \quad (\alpha_0 \leqslant \alpha \leqslant \pi + \alpha_0) \tag{3-49}$$

式中，$U_T=U_m/\sqrt{1+\beta^2}$；$\gamma=\arctan\beta$；$\beta=\omega\tau_a$，$\tau_a=(L_a+l_c)/r_a$；α_0 为导通角或触发角；K 为待定积分常数；E 为待定反电势。

式(3-49)可用于电枢电流波形的描绘。然而，根据电流连续情况，至少需要确定 α_0、K、E 三个或更多的待定参数。为此，下面对电流不连续和连续两种情况进行讨论。

1. 电流不连续

当电枢回路电感值较小时，电流快速衰减过零将导致晶闸管自关断，从而出现电流波形不连续现象。设整流器工作于自然换流状态，电流不连续，导通角为 α_0，截止角为 α_1，负载转矩恒定，电源和电枢电压、电流波形的数学描述及计算过程为

$$\begin{cases}\alpha=\pi;s=-1\\ j=0,1,2,\cdots\\ u_g=U_m\sin(j\omega h)\\ i_f=\text{sign}(u_g)I_f=\text{sign}(u_g)\dfrac{2U_m}{\pi R_f}\\ i_a=\begin{cases}\dfrac{1}{r_a}[U_T\sin(\alpha-\gamma)-E+Ke^{-(\alpha-\alpha_0)/\beta}] & (\alpha_0\leqslant\alpha\leqslant\alpha_1)\\ 0 & (\alpha>\alpha_1)\end{cases}\\ i_g=i_f+si_a\\ u_a=\begin{cases}|u_g|-l_c\dfrac{di_a}{dt} & (i_a\neq 0)\\ E & (i_a=0)\end{cases}\\ \alpha\Leftarrow\alpha+\omega h\\ \text{若 }\alpha>\pi+\alpha_0\text{，则 }\alpha\Leftarrow\alpha-\pi,\ s=-s\end{cases}$$

以上公式中，s 是电枢电流变换到交流电源侧的符号系数，参照图 3.14，当电枢电流与电源电流假定正方向一致时(称为正向导通)，s 取正号，反之取负号。因 $t=0^-$ 时 $u_g<0$，对应于反向导通，故 s 的初值为 -1。此外，由于式(3-49)的域定义为$(\alpha_0,\pi+\alpha_0)$，而为了利用周期型条件直接应用电流通解，故 α 的初值取为 π。

上述计算公式表明，因电流不连续，待定系数个数上升为 4 个(增加了截止角 α_1)。为确定这些系数，需要利用系统的所有已知条件和假设条件。

首先利用理想导通条件 $u_g=E$ 和截止条件 $i_a(\alpha_1)=0$ 可写出

$$U_m\sin\alpha_0=E \tag{3-50}$$

$$U_T\sin(\alpha_1-\gamma)-E+Ke^{-(\alpha_1-\alpha_0)/\beta}=0 \tag{3-51}$$

而由初始条件 $i_a(\alpha_0)=0$ 有

$$U_T\sin(\alpha_0-\gamma)-E+K=0 \tag{3-52}$$

最后利用转矩平衡条件 $T_e=K_vI_a=T_L$，可导出

$$\begin{aligned}I_a&=\frac{T_L}{K_v}=\frac{1}{\pi}\int_{\alpha_0}^{\alpha_1}i_a\mathrm{d}\alpha\\&=\frac{1}{\pi r_a}\{U_T[\cos(\alpha_0-\gamma)-\cos(\alpha_1-\gamma)]-(\alpha_1-\alpha_0)E+K\beta[1-e^{-(\alpha_1-\alpha_0)/\beta}]\}\end{aligned} \tag{3-53}$$

理论上讲，4 个待定参数可由以上 4 个方程唯一确定。然而，式(3-51)和式(3-53)为超越方程，只拟采用数值方法(如牛顿-拉斐逊法)求解。为此，将式(3-50)和式

(3-52)分别代入式(3-51)和式(3-53),并化简整理成为牛顿-拉斐逊法要求的函数形式,即

$$f_1 = U_T \sin(\alpha_1 - \gamma) - U_m \sin\alpha_0 + [U_m \sin\alpha_0 - U_T \sin(\alpha_0 - \gamma)] e^{-(\alpha_1 - \alpha_0)/\beta} \quad (3\text{-}54)$$

$$f_2 = U_m(\alpha_1 - \alpha_0)\sin\alpha_0 + U_m(\cos\alpha_1 - \cos\alpha_0) + \pi r_a T_L / K_v \quad (3\text{-}55)$$

给定初值 $\alpha_{00}=0$,$\alpha_{10}=\pi$,用牛顿-拉斐逊法联立求解式(3-54)和式(3-55),即可解得 α_0 和 α_1。再代回式(3-50)和式(3-52),便能解出 K 和 E,并由 $\Omega=E/K_v$ 求得转速。

图 3.15 所示的是例 3.1 电机额定转矩($T_L=29.16$ N·m)下的波形分析结果。设 $U_m=400$ V,频率为 50 Hz,$l_c=3$ mH,电机参数不变,但维持 $I_f\approx1$ A,R_f增至 252 Ω。解得 $\alpha_0=38.8°$,$\alpha_1=192.3°$,$K=285.9$,$E=250.9$ V, $\Omega=137.9$ rad/s。电流不连续区宽度($\pi+\alpha_0-\alpha_1$)为 26.5°。

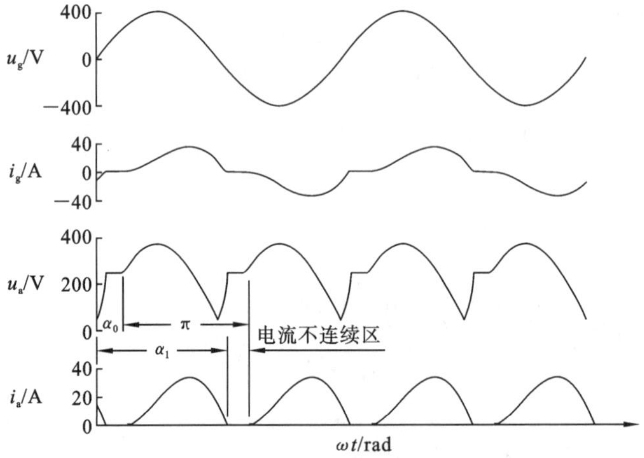

图 3.15 例 3.1 中电机由单相整流电源供电时的电流电压波形

(自然换流,$T_L=29.16$ N·m,电流不连续区宽度 26.5°)

图 3.16 所示的是例 3.1 中的电机加 50%额定负载($T_L=14.58$ N·m)时的波形分析结果。电机和电源参数同前。解得 $\alpha_0=47.4°$,$\alpha_1=174.7°$,$K=323.6$,$E=294.4$ V,$\Omega=$

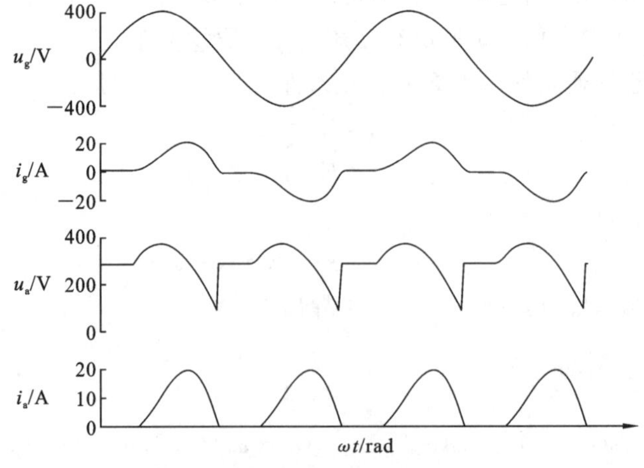

图 3.16 例 3.1 中电机由单相整流电源供电时的电流电压波形

(自然换流,$T_L=14.58$ N·m,电流不连续区宽度 52.7°)

161.9 rad/s。电流不连续区宽度增至 52.7°,不连续情况加剧,电流有效值下降,负载减轻,速度必然攀升。

2. 电流连续

电枢回路电感足够大(或必要时串入大电感),能有效减缓电流衰减过程并最终使电流波形连续,甚至平滑,这是一般整流器-电动机系统设计时所期望的。电流连续时,晶闸管的导通完全由触发角来控制,而电流导通角 α_0 实际上也就是触发角。此时,若仍保持负载转矩恒定,则电源和电枢电压、电流波形的数学描述及计算过程为

$$\begin{cases} \alpha=\pi;s=-1 \\ j=0,1,2,\cdots \\ u_g=U_m\sin(j\omega h) \\ i_f=\mathrm{sign}(u_g)I_f \\ i_a=[U_T\sin(\alpha-\gamma)-E+K\mathrm{e}^{-(\alpha-\alpha_0)/\beta}]/r_a \\ i_g=i_f+si_a \\ u_a=su_g-l_c(\mathrm{d}i_a/\mathrm{d}t) \\ \alpha\Leftarrow\alpha+\omega h \\ \text{若 } \alpha>\pi+\alpha_0,\text{则 } \alpha\Leftarrow\alpha-\pi,s=-s \end{cases}$$

以上电流连续计算公式中,不存在截止角 α_1,α_0 亦为已知触发角,故需求解的待定参数只剩下 K 和 E,确定过程也比电流不连续时的简单。

首先,利用周期性条件 $i_a(\alpha_0)=i_a(\pi+\alpha_0)$,由式(3-49)可导出

$$K=2U_T\sin(\gamma-\alpha_0)/(1-\mathrm{e}^{-\pi/\beta}) \tag{3-56}$$

其次,仿照电流不连续时的做法,利用转矩平衡条件推导并利用式(3-56)化简,最终可得

$$E=\frac{2U_m}{\pi}\cos\alpha_0-\frac{r_aT_L}{K_v} \tag{3-57}$$

这样,待定参数均能由独立公式分别确定,分析明显简化。仍以例 3.1 中的电机为分析对象,系统参数与不连续分析时完全一致,仅假设电枢回路中串入 0.108 H 的理想电感(电阻为零)使总电感达到 0.12 H。轴上机械负载恒为额定转矩(29.16 N·m)。

首先讨论零触发角情况(相当于自然换流)。将已知条件分别代入式(3-56)和式(3-57),解得 $K=260.8$,$E=245.0$ V,$\Omega=134.7$ rad/s,代入波形计算程序,结果如图 3.17 所示。

与图 3.15 相比,波形有显著区别。电枢电压为无畸变全波整流波形,电枢电流连续并基本平滑,说明电枢串入大电感作用是明显的。

保持零触发角时的系统参数不变,但设定触发角为 20°,由此解得 $K=243.7$,$E=229.7$ V,$\Omega=126.3$ rad/s,其波形如图 3.18 所示。

与图 3.17 相比,电枢电流的平滑性明显下降。电枢电压波形有畸变发生,平均值下降,电机转速变慢,从 134.7 rad/s 降至 126.3 rad/s。这也表明,晶闸管整流器-直流电动机系统的触发角控制是实现调速控制的有效途径,故也称晶闸管调压电源为静态调速装置。

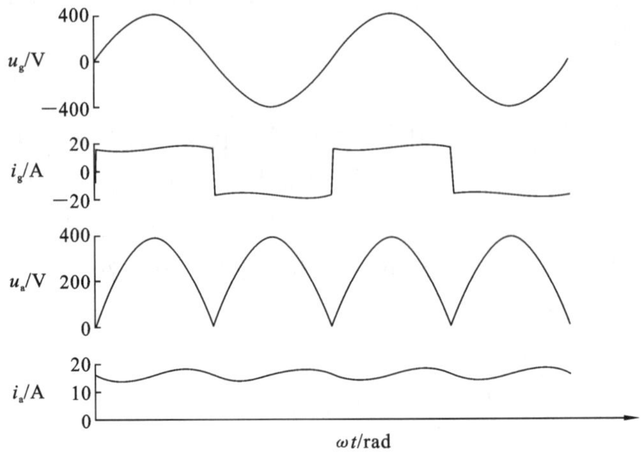

图 3.17 例 3.1 中电机由单相整流电源供电运行的电流电压波形

(T_L=14.58 N·m,L_a=0.12 H,电流连续,触发角 $\alpha_0=0°$)

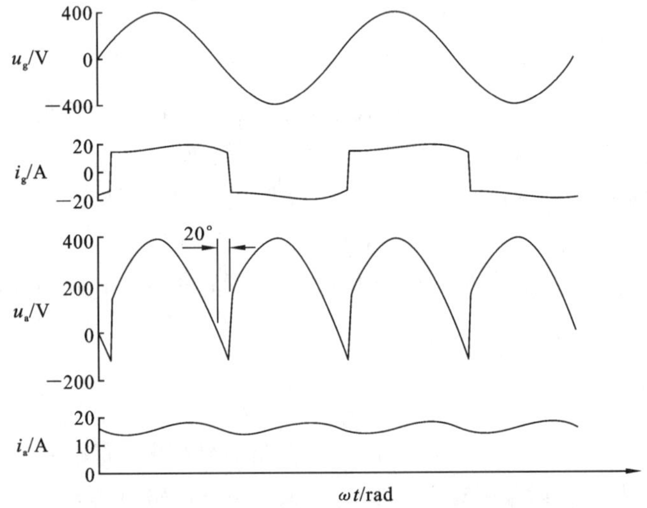

图 3.18 例 3.1 中电机由单相整流电源供电时的电流电压波形

(T_L=14.58 N·m,L_a=0.12 H,电流连续,触发角 $\alpha_0=20°$)

3.4.2 三相全控整流器-并励直流电动机开环系统

三相全控整流器-并励直流电动机开环系统如图 3.19 所示。基于分析中励磁电流做恒定值处理,故图中省略并励支路画法,以他励形式给出。

仍设 I_f 和 Ω 为常数,则三相整流电源供电时求解电枢电流的回路方程为

$$(L_a+2l_c)\frac{\mathrm{d}i_a}{\mathrm{d}t}+r_a i_a=\sqrt{3}U_m\sin\left(\alpha+\frac{\pi}{3}\right)-E \tag{3-58}$$

式中,各物理量定义与单相分析时的相同,但回路电压总和为线电压,自变量 α 的起点选定为自然换流点。由于三相整流电路波形的变化周期为 $\pi/3$,故式(3-58)的通解为

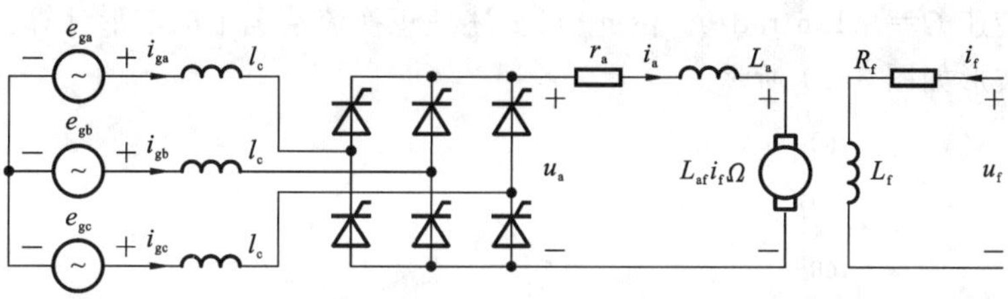

图 3.19 三相全控整流器-并励直流电动机开环系统原理图

$$i_a(\alpha)=\frac{1}{r_a}\left[U_T\sin\left(\alpha-\gamma+\frac{\pi}{3}\right)-E+Ke^{-(\alpha-\alpha_0)/\beta}\right]\quad(\alpha_0\leqslant\alpha\leqslant\alpha_0+\pi/3)\tag{3-59}$$

式中，$U_T=\sqrt{3}U_m/\sqrt{1+\beta^2}$；$\gamma=\arctan\beta$，$\beta=\omega\tau_a$，$\tau_a=(L_a+2l_c)/r_a$；$\alpha_0$ 为触发角；K 为待定积分常数；E 为待定反电势。

只讨论电流连续情况。仿照单相分析处理方法，由周期性条件 $i_a(\alpha_0)=i_a(\alpha_0+\pi/3)$ 和转矩平衡条件可得待定参数 K 和 E 的计算公式为

$$K=\frac{U_T\sin(\gamma-\alpha_0)}{1-e^{-\pi/(3\beta)}}\tag{3-60}$$

$$E=\frac{3\sqrt{3}U_m}{\pi}\cos\alpha_0-\frac{r_aT_L}{K_v}\tag{3-61}$$

下面对理想换流过程(功率元件触发导通与相电流切换瞬间完成)和实际换流过程(关断相和导通相之间的电流切换速率与参数有关)进行分析比较。

1. 理想换流过程

忽略励磁电流，a 相电源和电枢电流、电压波形的数学描述及计算过程为

$$\begin{cases}S(1)=S(2)=1, S(4)=S(5)=-1, S(3)=S(6)=0\\ \alpha=\pi/6; N=6\\ j=0,1,2,\cdots\\ u_{ga}=U_m\sin(j\omega h)\\ i_a=\left[U_T\sin\left(\alpha-\gamma+\frac{\pi}{3}\right)-E+Ke^{-(\alpha-\alpha_0)/\beta}\right]/r_a\\ i_{ga}=S(N)i_a\\ u_a=\sqrt{3}U_m\sin\left(\alpha+\frac{\pi}{3}\right)-2l_c\left(\frac{di_a}{dt}\right)\\ \alpha\Leftarrow\alpha+\omega h\\ \text{若 }\alpha>\alpha_0+\pi/3\text{，则 }\alpha\Leftarrow\alpha-\pi/3;\ N\Leftarrow N+1\\ \text{若 }N>6\text{，则 }N\Leftarrow N-6\end{cases}$$

上述计算过程中，数组 S 为 a 相电流的状态函数，N 为六状态循环计数器的状态数。设定 a 相正向和 b 相反向导通时 $N=1$，故 N 的初值取为 6。与此相对应，α 的初值被设定为 $\pi/6$，以保证通断逻辑的相容性。

仍以例 3.1 中的电机为例。设 $U_m=160$ V，$I_f\equiv1$ A($K_v=1.8$)，其他参数与电流连续时的单相系统完全一致。

先考虑触发角 $\alpha_0=0°$的工况。将已知数据代入式(3-60)和式(3-61)解得：

$$K=266.7,\quad E=254.9\ \text{V}$$

并计算得转速 $\Omega=141.6\ \mathrm{rad/s}$。由此,按上述理想换流情况下的波形计算公式,所得的电流电压波形如图 3.20 所示。

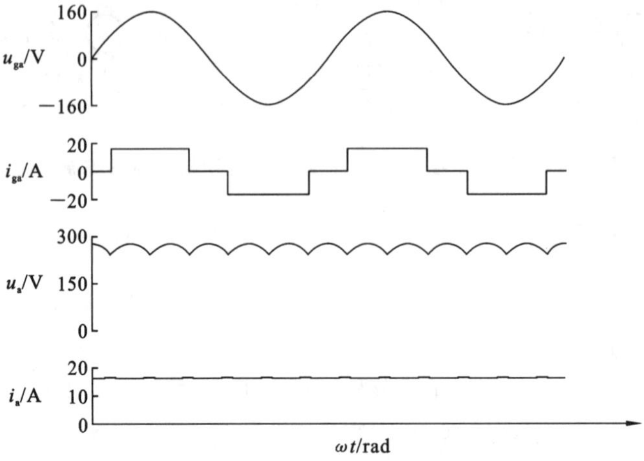

图 3.20　例 3.1 中电机由三相整流电源供电时的电流电压波形

(理想换流,触发角 $\alpha_0=0°$,$T_L=29.16\ \mathrm{N\cdot m}$,$\Omega=141.6\ \mathrm{rad/s}$)

与图 3.17 相比,在串入同样大小电感作用下,三相整流电源供电时的电枢电流和电压波形有显著改善。电流几乎平直,电压纹波(理想换流时)很小(不超过 15%),虽然峰值比单相时小,但平均值反而更大,从而使电机速度上升。

接下来考察触发角不为零的工况。设 $\alpha_0=20°$,计算得 $K=249.2$,$E=239.0\ \mathrm{V}$,并且有 $\Omega=132.8\ \mathrm{rad/s}$。代入波形计算公式,结果如图 3.21 所示。

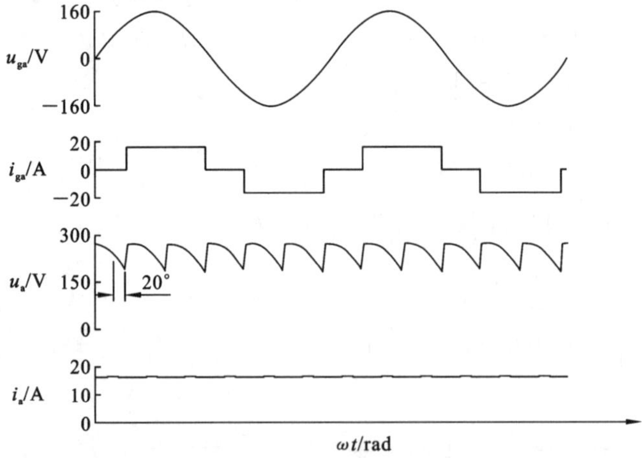

图 3.21　例 3.1 中电机由三相整流电源供电时的电流电压波形

(理想换流,触发角 $\alpha_0=20°$,$T_L=29.16\ \mathrm{N\cdot m}$,$\Omega=132.8\ \mathrm{rad/s}$)

图 3.21 所示的结果表明,触发角不为零后,虽然电流波形变化不大(纹波略有增加),但电压波形明显发生畸变(并会随触发角增大而愈趋显著),平均值下降,速度减慢。情形与单相整流电源供电时基本类似。

2. 实际换流过程

理想换流过程适合于逻辑分析,但实际系统需要考虑参数对关断相和导通相之间电流切换速率，即实际换流过程的影响。此时，由关断相电流和导通相电流之和恒等于电枢电流为约束条件，可导出 a 相电源和电枢电流、电压波形的数学描述及计算过程为

$$
\begin{cases}
S(1)=S(2)=1,\ S(4)=S(5)=-1,\ S(3)=S(6)=0 \\
\alpha=\pi/6;\ N=6 \\
j=0,1,2,\cdots \\
u_{ga}=U_m\sin(j\omega h) \\
i_a=\left[U_T\sin\left(\alpha-\gamma+\dfrac{\pi}{3}\right)-E+Ke^{-(\alpha-\alpha_0)/\beta}\right]/r_a \\
i_{ga}=S(N)\ i_a \\
u_a=\sqrt{3}U_m\sin\left(\alpha+\dfrac{\pi}{3}\right)-2l_c\left(\dfrac{di_a}{dt}\right) \\
i_{on}=0.5\left\{[i_a-i_a(\alpha_0)]-\dfrac{U_m[\cos(\alpha)-\cos(\alpha_0)]}{\omega l_c}\right\} \\
\text{若}(N=1\text{ 或 }3)\text{，且 } i_{on}<i_a\text{，则 } i_{ga}=S(N)\ i_{on} \\
\text{若}(N=4\text{ 或 }6)\text{，且 } i_{on}<i_a\text{，则 } i_{ga}=S(N-1)[i_a(\alpha_0)-i_{on}] \\
\text{若 } i_{on}<i_a\text{，则 } u_a=\sqrt{3}U_m\sin\left(\alpha+\dfrac{\pi}{3}\right)-l_c\left(\dfrac{di_a}{dt}+\dfrac{di_{on}}{dt}\right) \\
\alpha\Leftarrow\alpha+\omega h \\
\text{若 } \alpha>\alpha_0+\pi/3\text{，则 } \alpha\Leftarrow\alpha-\pi/3;\ N\Leftarrow N+1 \\
\text{若 } N>6\text{，则 } N\Leftarrow N-6
\end{cases}
$$

仍只考虑触发角 $\alpha_0=0°$ 和 $\alpha_0=20°$ 两种工况。所有参数与理想换流分析完全相同，计算结果分别如图 3.22 和图 3.23 所示。为简明起见，图中省略了相电压参考波形和电枢电流波形（与理想换流结果一致）。

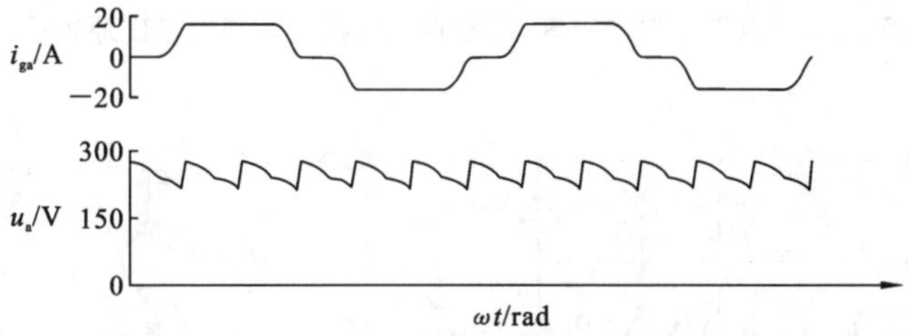

图 3.22 例 3.1 中电机由三相整流电源供电时的 a 相电流和电枢电压波形

（实际换流过程，$\alpha_0=0°$，$T_L=29.16$ N·m，$\Omega=141.6$ rad/s）

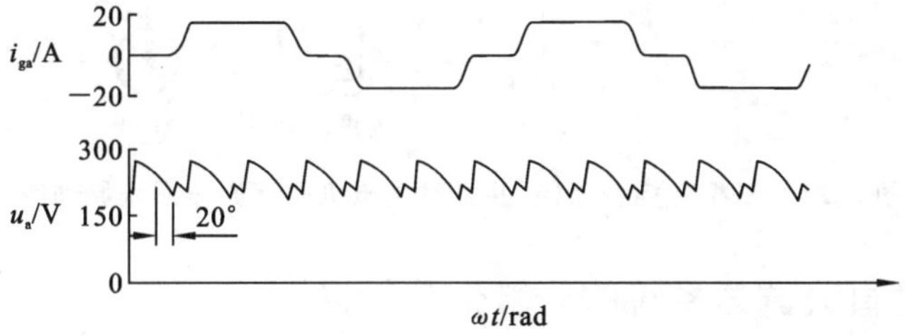

图 3.23 例 3.1 中电机由三相整流电源供电时的 a 相电流和电枢电压波形

（实际换流过程，$\alpha_0=20°$，$T_L=29.16$ N·m，$\Omega=132.8$ rad/s）

计算结果表明,实际换流过程与理想换流过程相比有较大区别,主要表现在相电流波形有一个宽度与换流电感值相关的上升沿和下降沿,并导致电枢电压波形畸变。

3.5 晶闸管直流传动系统分析

本节介绍闭环控制的晶闸管直流传动系统,重点突出建模过程和分析方法,分析对象为速度闭环控制系统,电流环和电流/速度双闭环系统从略。

3.5.1 晶闸管直流电机闭环调速系统

单相和三相全控整流器-并励直流电机闭环调速系统如图 3.24 和图 3.25 所示。图中,速度调节器为比例积分(PI)型。调节器输出误差控制量 ε_c 经触发控制电路对电枢电压实施控制,使误差 ε(速度指令值 Ω_{ref} 与实际转速 Ω 之差)不断减小并最终为零,形成负反馈无静差系统。为分析简便,设励磁回路恒定,并以他励形式画出。

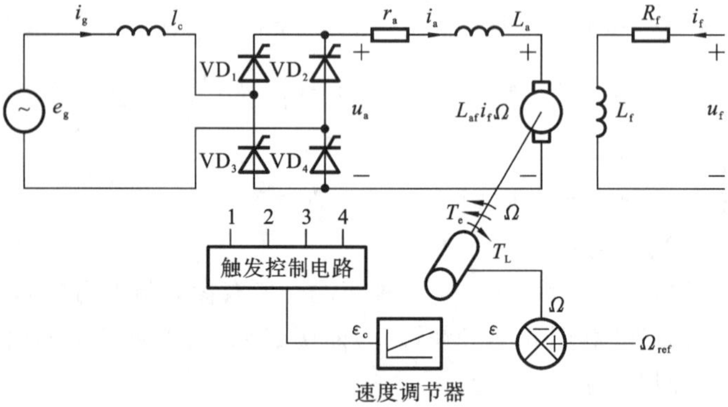

图 3.24 单相全控整流器-并励直流电机闭环调速系统原理图

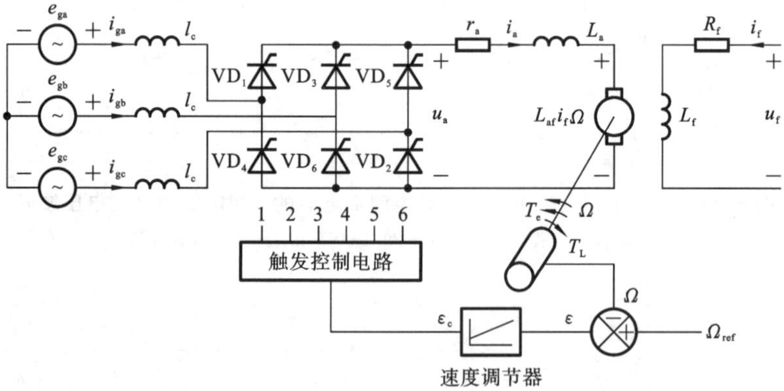

图 3.25 三相全控整流器-并励直流电机闭环调速系统原理图

3.5.2 晶闸管直流调速系统的一般化分析模型

虽然单相和三相桥式整流电路在触发控制和波形分析方面有较大区别,但从电机端口看,其最终行为都是提供一个幅值可调的直流电源,而且幅值调节也都以改变触发角来实现。因此,在建立系统分析模型时,无视两者在控制上的区别,代之以特征参数进行统一处理是可能的。

设电枢电流连续，用等效电阻压降替代整流器换流电感在电枢回路中限制电流变化的作用，则单相或三相整流电源提供的电枢电压可统一表示为

$$u_a = U_{d0}\cos\alpha - r_c i_a \tag{3-62}$$

式中，U_{d0}为触发角 $\alpha=0°$ 时的整流电压平均值；r_c 为等效换流电感(l_c)限流作用的电阻。对于单相电路，它们分别为

$$U_{d0} = \frac{2U_m}{\pi},\quad r_c = \frac{\omega l_c}{\pi} \tag{3-63}$$

而三相电路有

$$U_{d0} = \frac{3\sqrt{3}U_m}{\pi},\quad r_c = \frac{3\omega l_c}{\pi} \tag{3-64}$$

此外，由图 3.24 和图 3.25，有

$$\varepsilon = \Omega_{ref} - \Omega \tag{3-65}$$

$$\varepsilon_c = k_\varepsilon \varepsilon + \frac{1}{\tau_\varepsilon}\int \varepsilon dt \tag{3-66}$$

式中，k_ε 和 τ_ε分别为速度调节器的比例系数和积分时间常数。

触发控制电路具有比较器和余弦函数发生器功能，根据误差控制量 ε_c 的大小以负反馈原理(取$-\varepsilon_c$)调节触发角 α，其定性描述为

$$f(-\varepsilon_c) = \cos\alpha \tag{3-67}$$

该式表示输入量$-\varepsilon_c$与输出量 α 之间具有既定的函数关系(系统设计时确定)。

综上所述，结合 3.1 节和 3.2 节中有关电机的数学模型或仿真模型，即可建立晶闸管直流电机闭环调速系统的分析模型。特别地，综合式(3-31)和式(3-62)、式(3-65)、式(3-66)、式(3-67)，将晶闸管并励直流电机闭环调速系统用方块图表示，如图 3.26 所示，既直观明确地表述了系统内各部分之间的电磁、机械、控制关系，对系统的分析设计也有很大帮助。

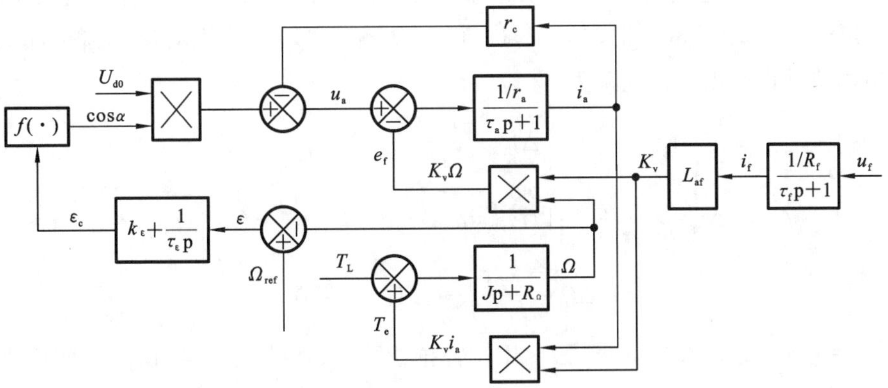

图 3.26 晶闸管并励直流电动机闭环调速系统方块图

以上模型中，式(3-67)所定义的函数关系还是抽象的，需要进一步说明。也就是说，应从数学上建立转速误差与触发角的关系。但这是一个控制决策问题，差异很大。下面以增量控制方法举例。为此，设励磁电流和负载恒定，令式(3-30)中的微分项为零并联立式(3-62)求解，可得速度与触发角的一般关系为

$$\Omega=\frac{K_vU_{d0}\cos\alpha-(r_a+r_c)T_L}{K_v^2+(r_a+r_c)R_\Omega} \tag{3-68}$$

从而可导出

$$\varepsilon=\Omega_{ref}-\Omega=\frac{K_vU_{d0}[\cos\alpha_{ref}-\cos(\alpha_{ref}+\Delta\alpha)]}{K_v^2+(r_a+r_c)R_\Omega}\approx\frac{K_vU_{d0}\sin\alpha_{ref}}{K_v^2+(r_a+r_c)R_\Omega}\Delta\alpha \tag{3-69}$$

根据负反馈原理,比例调节时,有

$$\alpha=\alpha_{ref}-K_\alpha k_\varepsilon\varepsilon \tag{3-70}$$

而比例积分调节时,有

$$\alpha=\alpha_{ref}-K_\alpha\left(k_\varepsilon+\frac{1}{\tau_\varepsilon \mathrm{p}}\right)\varepsilon \tag{3-71}$$

式中,

$$K_\alpha=\frac{K_v^2+(r_a+r_c)R_\Omega}{K_vU_{d0}\sin\alpha_{ref}} \tag{3-72}$$

式(3-70)或式(3-71)是增量控制时触发角调节控制的设计依据。

仿照以上分析处理方法,不难导出电流闭环或电流/速度双闭环系统的分析模型。

3.5.3 晶闸管直流传动系统的线性化分析模型

上述一般分析模型对闭环调速系统各类行为的分析、控制普遍适用,包括较大幅度扰动情况下的动态行为仿真。但分析求解的工作量较大,对小扰动分析不够经济。因此,有必要建立晶闸管直流传动系统的小扰动线性化分析模型,使分析得以简化。

不计参数变化,只考虑机电物理量在稳态值邻近的小值扰动,其统一描述为

$$f_i=f_{i0}+\Delta f_i \tag{3-73}$$

式中,f_i 为可能发生扰动的机电物理量(如 K_v、T_L、T_e、u_a、u_f、α、i_a、Ω);f_{i0}和 Δf_i分别为稳态值和扰动值。

以晶闸管并励直流电动机传动系统为例,将所有待考察的机电物理量均以式(3-73)形式代入式(3-30)和式(3-62)进行联立求解,忽略二阶扰动量(乘积 $\Delta f_1\Delta f_2$),可得小扰动量线性化分析模型为

$$\Delta K_v=\frac{L_{af}/R_f}{\tau_f s+1}\Delta u_f \tag{3-74}$$

$$\Delta i_a=-\frac{1/r_{ac}}{\tau_{ac}s+1}[(U_{d0}\sin\alpha_0)\Delta\alpha+\Omega_0\Delta K_v+K_{v0}\Delta\Omega] \tag{3-75}$$

$$\Delta\Omega=\frac{1}{Js+R_\Omega}(\Delta T_e-\Delta T_L) \tag{3-76}$$

式中,$r_{ac}=r_a+r_c$;$\tau_{ac}=L_a/(r_a+r_c)$。用拉普拉斯算子 s 替代微分算子 p,表明可用拉普拉斯反变换解析求解。

线性化模型用方块图描述,如图 3.27 所示。

3.5.4 晶闸管直流调速系统的数值仿真分析

仍以例 3.1 中的电机为计算示例,只讨论单相桥式电路,但同样分电流不连续和连续两种情况,而每种情况还分变负载恒速和变速恒负载两种控制方式。

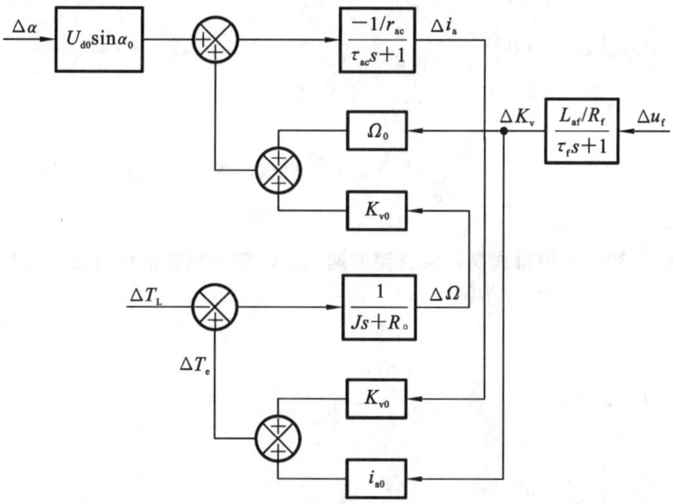

图 3.27 晶闸管并励直流传动系统线性化方程的方块图

1. 电流不连续

保持 3.4 节中电流不连续分析时的所有参数不变，取速度调节器的比例系数 k_ε = 50，积分时间常数 τ_ε = 0.1，仿真结果如图 3.28 和图 3.29 所示。

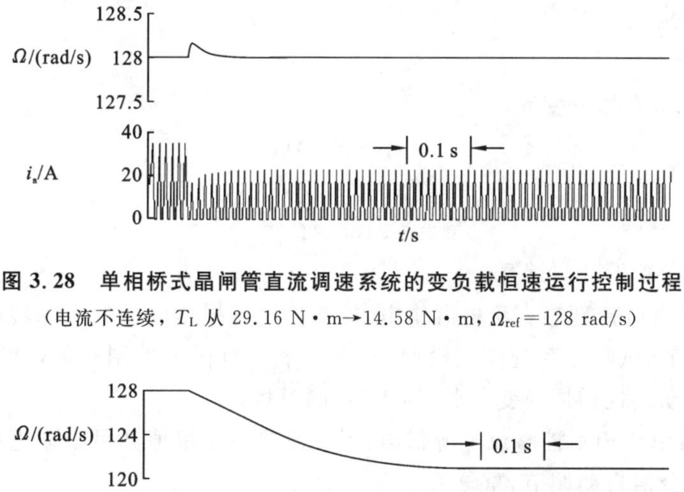

图 3.28 单相桥式晶闸管直流调速系统的变负载恒速运行控制过程

（电流不连续，T_L 从 29.16 N·m→14.58 N·m，Ω_{ref} = 128 rad/s）

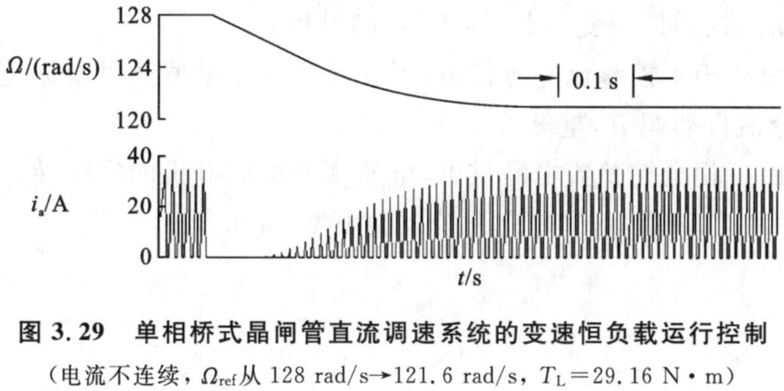

图 3.29 单相桥式晶闸管直流调速系统的变速恒负载运行控制

（电流不连续，Ω_{ref} 从 128 rad/s→121.6 rad/s，T_L = 29.16 N·m）

2. 电流连续

参数仍与 3.4 节中电流连续分析时的一致，但速度调节器的比例系数 k_ε = 20，积分时间常数 τ_ε = 0.2，仿真结果如图 3.30 和图 3.31 所示。与电流不连续的结果相比，因电枢回路串入大电感，电磁时间常数增大，响应变慢，而且超调现象明显。

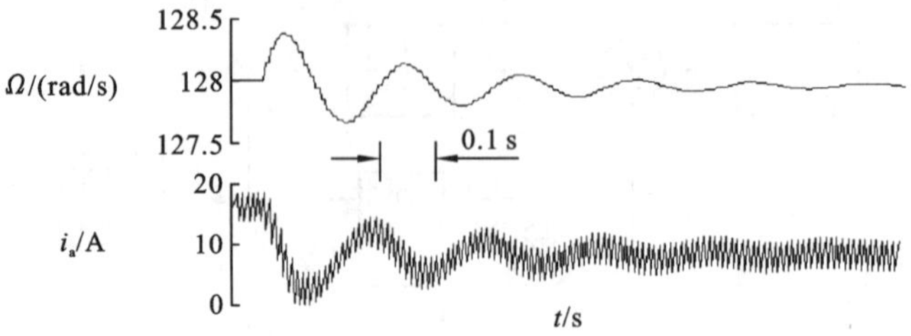

图 3.30 单相桥式晶闸管直流调速系统的变负载恒速运行控制过程

(电流连续，T_L 从 29.16 N·m→14.58 N·m，Ω_{ref}=128 rad/s)

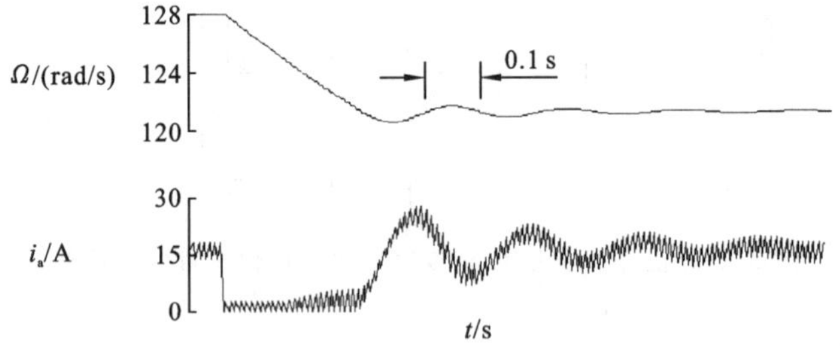

图 3.31 单相桥式晶闸管直流调速系统的变速恒负载运行控制过程

(电流连续，Ω_{ref}从 128 rad/s→121.6 rad/s，T_L=29.16 N·m)

问题与思考

1. 设例 3.1 有如下变动

$$r_1=0.3\ \Omega$$
$$I_{max}=24.3\ \text{A}$$
$$T_L=0.2155\times\Omega\ \text{N}\cdot\text{m}$$

重复例 3.1 中各项设计与计算。

2. 设电机由可控理想直流电源供电，即端电压可根据电机的实际转速和电流控制指令值自动调节，试建立系统控制模型，并以例 3.1 电机为控制对象，计算闭环控制系统的恒转矩起动过程和恒速变负载(转矩)控制过程。

3. 电机改由三相不控整流电源供电，但交流侧电压幅值亦可根据电机的实际转速和电流控制指令值自动调节，重复 2。

4. 设电机由三相全控整流电源供电，电压幅值根据电机的实际转速和电流控制指令值通过触发控制自动调节，试建立系统控制模型，并重复 2。

4

异步电机及系统

异步电机的定、转子绕组通过磁场耦合，并处于相对运动之中，因而绕组之间的电感系数既是电机磁场又是绕组相互位置的函数，分析难度比直流电机的大。即便忽略磁场饱和的影响，绕组之间的相对运动也仍是保证电机实现机电能量转换的前提，电感系数的时变因素总是客观存在的。虽说应用计算机仿真手段，求解此类非线性常微分方程初值问题，在理论上并无障碍，但实施难度、计算速度、收敛特性等方面综合权衡仍不够经济。

2.2 节参照系理论是消除运动耦合电路电磁参数时变因素的有效工具。参照系理论可使异步电机及系统的分析模型得到最大限度的简化，同时也是交流传动系统矢量控制技术的理论基础。而后者是近代电机应用技术发生革命性变化的直接原因，并使功率电子技术和计算机控制技术在交流传动领域得到最广泛、也最富挑战性的应用。

本章首先介绍三相异步电机在 *a-b-c* 静止参照系中的参数和分析模型，在传统分析方法和现代数值方法之间进行必要的沟通。然后应用参照系理论建立 *d-q-n* 参照系中的分析模型，并以此为基础对异步电机的动态行为及矢量控制系统进行讨论。

4.1 *a-b-c* 参照系中的分析模型

4.1.1 理想化异步电机的假设

理想化异步电机的基本假设如下：

(1) 不计定、转子齿槽影响，定子内表面、转子外表面圆滑，气隙均匀；

(2) 不计铁磁材料饱和、磁滞、涡流影响和导电材料趋肤效应，参数线性；

(3) 定子三相对称绕组，每相绕组在气隙中产生正弦分布的 p 对极磁动势和磁场；

(4) 转子多相对称绕组，每相绕组在气隙中产生正弦分布的 p 对极磁动势和磁场。

上述假设条件是为了提供一种能对多种结构类型和多种运行方式进行分析和预测的参数可线性化的异步电机模型。虽然是对真实电机的抽象，但普通三相异步电机经过一百多年的发展，有转子斜槽和定子绕组分布、短距等有效措施保证，加之设计、工艺都很完善，致使实际情况与假设条件已相差无几。因此，利用理想化模型分析预测各类异步电机的瞬态和稳态行为，可获得足够准确的、具有工程所需精度的数值结果。

4.1.2　绕组电感计算

图4.1所示的是理想化三相异步电机示意图。为作图简便，每极每相绕组只象征性地画了一个集中线圈，用于标定相绕组轴线，并设电机为一对极($p=1$)。不过，分析结果同样适合于具有任意极对数的电机，只要在有关公式中出现参数 p 的地方代入实际值即可。此外，为分析简化，设转子侧也是三相对称绕组(多相绕组亦可折算为三相，如鼠笼式转子电机)，而定子参考相(A)和转子参考相(a)轴线之间的夹角为 θ_r。

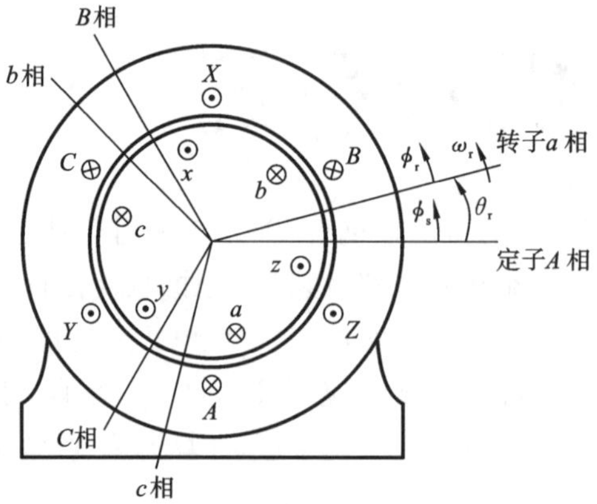

图4.1　理想化三相异步电机示意图

因理想化电机的定、转子绕组会在气隙中产生正弦分布的磁动势，故实际上隐含了每相绕组的导体必须在定、转子表面按正弦规律安放，即满足所谓整距正弦分布绕组假设，如图4.2(a)所示。相应地，所产生的磁动势如图4.2(b)所示。

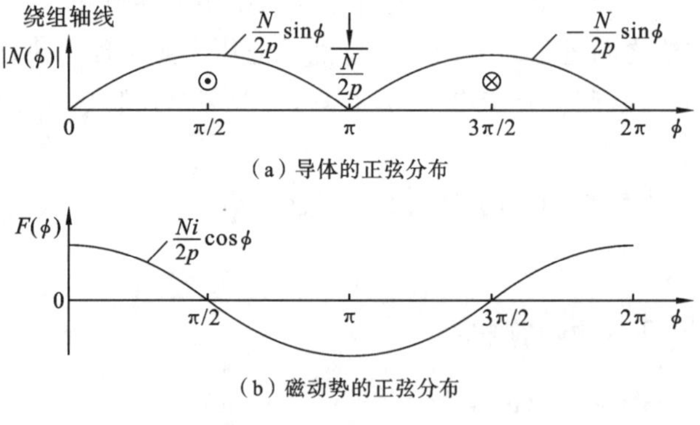

图4.2　正弦分布的绕组及其产生的正弦分布磁动势

由于实际电机中的绕组不可能在气隙空间内呈正弦分布，经传统电机学中的分布、短距折算处理后可视为整距集中绕组，产生的是矩形磁动势波形，且对机电能量转换起决定性作用的只是其基波。因此，有必要在基波磁动势等效前提下，建立正弦分布绕组和整距集中绕组之间的联系。

设导体与相绕组轴线的夹角为 ϕ，若每相串联总匝数为 N(每对极串联匝数为 N/p)，并以绕组分布函数的正负代表电流的方向，则参照图4.2(a)可定义为

$$N(\phi)=\frac{N}{2p}\sin\phi \quad (0\leqslant\phi\leqslant 2\pi) \tag{4-1}$$

相应地，每极磁动势分布函数可直接由绕组分布函数给出，即

$$F(\phi)=\frac{Ni}{2p}\cos\phi \quad (0\leqslant\phi\leqslant 2\pi) \tag{4-2}$$

如图 4.2(b)所示。

而对于每相实际串联匝数为 N_t 的分布式短距绕组，折算为整距集中绕组后产生的是矩形波磁动势，其基波为

$$F_1(\phi)=\frac{K_1N_ti}{2p}\left(\frac{4}{\pi}\int_0^{\pi/2}\cos\phi\mathrm{d}\phi\right)\cos\phi=\frac{4}{\pi}\frac{K_1N_ti}{2p}\cos\phi \quad (0\leqslant\phi\leqslant 2\pi) \tag{4-3}$$

令之与式(4-2)相等，立即有

$$N=\frac{4K_1}{\pi}N_t \tag{4-4}$$

式中，K_1 为电机学中定义的基波绕组系数。而式(4-4)也就是正弦分布绕组与实际电机绕组的一般关系式。

在完成以上准备工作后，就可以着手电感系数的计算了。首先，推导 p 对极电机电感系数的一般计算公式。设 y 相绕组通入电流 i_y 后产生与 x 相绕组交链的磁链 ψ_{xy}，则电感系数 L_{xy} 为

$$\begin{aligned}L_{xy}&=\frac{\psi_{xy}}{i_y}=\frac{p}{i_y}\int_0^{\pi}N_x(\phi_x)\Phi_y(\phi_x-\alpha_{xy})\mathrm{d}\phi_x=\frac{p}{i_y}\int_0^{\pi}N_x(\phi_x)\int_{\pi+\phi_x}^{2\pi+\phi_x}B_y(\xi-\alpha_{xy})\frac{\tau l}{\pi}\mathrm{d}\xi\mathrm{d}\phi_x\\&=\frac{p\tau l}{\pi i_y}\int_0^{\pi}N_x(\phi_x)\int_{\pi+\phi_x}^{2\pi+\phi_x}\frac{\mu_0}{g}F_y(\xi-\alpha_{xy})\mathrm{d}\xi\mathrm{d}\phi_x\end{aligned} \tag{4-5}$$

式中，第二重定积分所选定的上、下限是为了确保被积磁通函数取正值。

将式(4-2)代入式(4-5)二重积分内积分，可得

$$\int_{\pi+\phi_x}^{2\pi+\phi_x}F_y(\xi-\alpha_{xy})\mathrm{d}\xi=\frac{N_yi_y}{p}\sin(\phi_x-\alpha_{xy})=2N_y(\phi_x-\alpha_{xy})\,i_y \tag{4-6}$$

将之代入式(4-5)并结合式(4-1)整理后，得实用计算公式为

$$L_{xy}=\frac{\Lambda_gN_xN_y}{2\pi p}\int_0^{\pi}\sin\phi_x\sin(\phi_x-\alpha_{xy})\mathrm{d}\phi_x=\frac{\Lambda_gN_xN_y}{4p}\cos\alpha_{xy} \tag{4-7}$$

式(4-5)～式(4-7)中，α_{xy} 为 y 相轴线滞后 x 相轴线的角度；Λ_g 为气隙磁导，定义为

$$\Lambda_g=\frac{\mu_0\tau l}{g} \tag{4-8}$$

式中，τ 为极矩 ($\tau=\pi r_0/p$，r_0 为气隙平均半径)；l 为铁心有效长度；g 为气隙有效长度，与电机学中的定义完全一致。

本质上讲，理想化假设的目的，就是能给电机参数设立一个可线性化计算的客观条件，并由式(4-7)实现电感参数的规范化简易计算。

下面将利用式(4-7)计算理想电机的各类电感系数。所用符号沿用电机学分析惯例，但定、转子量在必要时另加下标 s 和 r 予以区别。

1. 定子相绕组自感

由式(4-4)，设定子等效正弦分布绕组每相串联匝数为

$$N_s=\frac{4K_{s1}}{\pi}N_{st} \tag{4-9}$$

仿照式(4-1)，各相绕组的分布函数按导体与 A 相绕组轴线的夹角 ϕ_s 展开(见图 4.1)为

$$\begin{cases} N_{\mathrm{A}}(\phi_{\mathrm{s}})=\dfrac{N_{\mathrm{s}}}{2p}\sin\phi_{\mathrm{s}} \\ N_{\mathrm{B}}(\phi_{\mathrm{s}})=\dfrac{N_{\mathrm{s}}}{2p}\sin\left(\phi_{\mathrm{s}}-\dfrac{2\pi}{3}\right) \\ N_{\mathrm{C}}(\phi_{\mathrm{s}})=\dfrac{N_{\mathrm{s}}}{2p}\sin\left(\phi_{\mathrm{s}}+\dfrac{2\pi}{3}\right) \end{cases} \tag{4-10}$$

参照 1.2 节中定义,绕组自感为漏电感和主电感之和(见式(1-20))。在电机中,漏电感与绕组端部漏磁、槽漏磁、谐波漏磁等漏磁通有关,可由经验公式估算或用试验方法测定,不做讨论,而主电感可直接由式(4-7)计算。对称绕组主电感相等,只计算一相即可。为简单起见,选择 A 相计算。于是,将式(4-10)中的第一个分式代入式(4-7)后,有

$$L_{\mathrm{AA}} = \frac{\Lambda_{\mathrm{g}} N_{\mathrm{s}}^2}{2\pi p}\int_0^{\pi}\sin^2\phi_{\mathrm{s}}\,\mathrm{d}\phi_{\mathrm{s}} = \frac{\Lambda_{\mathrm{g}} N_{\mathrm{s}}^2}{4p} = L_{\mathrm{ms}} \tag{4-11}$$

式中,L_{AA} 为 A 相绕组主自感;L_{ms} 为对称定子相绕组主电感。

若将式(4-4)和式(4-8)代入式(4-11),会发现所得结果与传统分析结果完全一致,这说明上述分析方法是正确的,但过程比传统方法简单。

综上所述,记定子每相绕组漏电感为 L_{s},则定子三相绕组自感分别为 L_{A}、L_{B} 和 L_{C},且

$$\begin{cases} L_{\mathrm{A}}=L_{\sigma\mathrm{s}}+L_{\mathrm{ms}} \\ L_{\mathrm{B}}=L_{\sigma\mathrm{s}}+L_{\mathrm{ms}} \\ L_{\mathrm{C}}=L_{\sigma\mathrm{s}}+L_{\mathrm{ms}} \end{cases} \tag{4-12}$$

2. 定子相绕组之间的互感

设 B 相(或 A 相)绕组通入电流,求 A、B 相绕组之间的互感。为此,将式(4-10)中的第 1 分式和第 2 分式代入式(4-7)后有

$$L_{\mathrm{AB}} = L_{\mathrm{BA}} = \frac{\Lambda_{\mathrm{g}} N_{\mathrm{s}}^2}{2\pi p}\int_0^{\pi}\sin\phi_{\mathrm{s}}\sin\left(\phi_{\mathrm{s}}-\frac{2\pi}{3}\right)\mathrm{d}\phi_{\mathrm{s}} = -\frac{\Lambda_{\mathrm{g}} N_{\mathrm{s}}^2}{8p} = -\frac{1}{2}L_{\mathrm{ms}} \tag{4-13}$$

该结果为常数,数值为相绕组主电感的一半,但取负值,表明互感磁场方向(他相通正向电流)与自感磁场方向(本相通正向电流)相反。

同理可得

$$\begin{cases} L_{\mathrm{BC}}=L_{\mathrm{CB}}=\dfrac{-L_{\mathrm{ms}}}{2} \\ L_{\mathrm{CA}}=L_{\mathrm{AC}}=\dfrac{-L_{\mathrm{ms}}}{2} \end{cases} \tag{4-14}$$

3. 转子相绕组自感

设转子等效正弦分布绕组每相串联匝数为

$$N_{\mathrm{r}}=\frac{4K_{\mathrm{r1}}}{\pi}N_{\mathrm{rt}} \tag{4-15}$$

绕组分布函数按导体与转子 a 相绕组轴线的夹角 ϕ_{r} 或定子 A 相绕组轴线的夹角 ϕ_{s} 展开(见图 4.1)为

$$\begin{cases} N_{\mathrm{a}}(\phi_{\mathrm{r}})=\dfrac{N_{\mathrm{r}}}{2p}\sin\phi_{\mathrm{r}}=\dfrac{N_{\mathrm{r}}}{2p}\sin(\phi_{\mathrm{s}}-\theta_{\mathrm{r}})=N_{\mathrm{a}}(\phi_{\mathrm{s}}-\theta_{\mathrm{r}}) \\ N_{\mathrm{b}}(\phi_{\mathrm{r}})=\dfrac{N_{\mathrm{r}}}{2p}\sin\left(\phi_{\mathrm{r}}-\dfrac{2\pi}{3}\right)=\dfrac{N_{\mathrm{r}}}{2p}\sin\left(\phi_{\mathrm{s}}-\theta_{\mathrm{r}}-\dfrac{2\pi}{3}\right)=N_{\mathrm{b}}(\phi_{\mathrm{s}}-\theta_{\mathrm{r}}) \\ N_{\mathrm{c}}(\phi_{\mathrm{r}})=\dfrac{N_{\mathrm{r}}}{2p}\sin\left(\phi_{\mathrm{r}}+\dfrac{2\pi}{3}\right)=\dfrac{N_{\mathrm{r}}}{2p}\sin\left(\phi_{\mathrm{s}}-\theta_{\mathrm{r}}+\dfrac{2\pi}{3}\right)=N_{\mathrm{c}}(\phi_{\mathrm{s}}-\theta_{\mathrm{r}}) \end{cases} \tag{4-16}$$

仿照定子处理方法，将 a 相绕组分布函数代入式(4-7)积分，得转子绕组主电感为

$$L_{aa}=\frac{\Lambda_g N_r^2}{2\pi p}\int_0^{\pi}\sin^2\phi_r d\phi_r=\frac{\Lambda_g N_r^2}{4p}=L_{mr} \tag{4-17}$$

式中，L_{aa} 为 a 相绕组主自感；L_{mr} 为对称转子相绕组主电感。

同理，记转子每相绕组漏电感为 L_r，则转子三相绕组自感分别为 L_a、L_b 和 L_c，且

$$\begin{cases}L_a=L_{\sigma r}+L_{mr}\\L_b=L_{\sigma r}+L_{mr}\\L_c=L_{\sigma r}+L_{mr}\end{cases} \tag{4-18}$$

4. 转子相绕组之间的互感

同定子处理过程，设 b 相(或 a 相)绕组通入电流，求 a、b 相绕组之间的互感。将式(4-16)中的第 1 分式和第 2 分式代入式(4-7)积分，得

$$L_{ab}=L_{ba}=\frac{\Lambda_g N_r^2}{2\pi p}\int_0^{\pi}\sin\phi_r\sin\left(\phi_r-\frac{2\pi}{3}\right)d\phi_r=-\frac{\Lambda_g N_r^2}{8p}=-\frac{1}{2}L_{mr} \tag{4-19}$$

同理有

$$\begin{cases}L_{bc}=L_{cb}=\dfrac{-L_{mr}}{2}\\L_{ca}=L_{ac}=\dfrac{-L_{mr}}{2}\end{cases} \tag{4-20}$$

5. 定、转子相绕组之间的互感

先计算定子 A 相和转子 a 相绕组(同名相)之间的互感。为此，将式(4-10)中的第 1 分式和式(4-16)中的第 1 分式右端的表达式代入式(4-7)，得

$$L_{Aa}=L_{aA}=\frac{\Lambda_g N_s N_r}{2\pi p}\int_0^{\pi}\sin\phi_s\sin(\phi_s-\theta_r)d\phi_s=\frac{\Lambda_g N_s N_r}{4p}\cos\theta_r \tag{4-21}$$

为书写简化，令

$$L_{sr}=\frac{\Lambda_g N_s N_r}{4p} \tag{4-22}$$

由于各相定、转子的相对位置相同，故定、转子同名相绕组之间的互感为

$$\begin{cases}L_{Aa}=L_{aA}=L_{sr}\cos\theta_r\\L_{Bb}=L_{bB}=L_{sr}\cos\theta_r\\L_{Cc}=L_{cC}=L_{sr}\cos\theta_r\end{cases} \tag{4-23}$$

同理，约定以定子轴线为参照，则定子绕组与滞后其轴线 2π/3 的转子绕组之间的互感为

$$\begin{cases}L_{Ab}=L_{bA}=L_{sr}\cos\left(\theta_r+\dfrac{2\pi}{3}\right)\\L_{Bc}=L_{cB}=L_{sr}\cos\left(\theta_r+\dfrac{2\pi}{3}\right)\\L_{Ca}=L_{aC}=L_{sr}\cos\left(\theta_r+\dfrac{2\pi}{3}\right)\end{cases} \tag{4-24}$$

而定子绕组与超前其轴线 2π/3 的转子绕组之间的互感为

$$\begin{cases} L_{\mathrm{Ac}}=L_{\mathrm{cA}}=L_{\mathrm{sr}}\cos\left(\theta_{\mathrm{r}}-\dfrac{2\pi}{3}\right) \\ L_{\mathrm{Ba}}=L_{\mathrm{aB}}=L_{\mathrm{sr}}\cos\left(\theta_{\mathrm{r}}-\dfrac{2\pi}{3}\right) \\ L_{\mathrm{Cb}}=L_{\mathrm{bC}}=L_{\mathrm{sr}}\cos\left(\theta_{\mathrm{r}}-\dfrac{2\pi}{3}\right) \end{cases} \tag{4-25}$$

至此，三相静止参照系 a-b-c 中的所有电感参数均得以定义，下面就可以着手建立相应的分析模型。为便于数学处理和建立计算机仿真模型，主要采用矩阵描述方式。

4.1.3 分析模型

所有方程按电动机惯例假定正方向列写。

1. 磁链方程

在电动机惯例的假定正方向体系中，理想电机的磁链方程为

$$\begin{bmatrix} \boldsymbol{\Psi}_{\mathrm{abcs}} \\ \boldsymbol{\Psi}_{\mathrm{abcr}} \end{bmatrix}=\begin{bmatrix} \boldsymbol{L}_{\mathrm{s}} & \boldsymbol{L}_{\mathrm{sr}} \\ \boldsymbol{L}_{\mathrm{sr}}^{\mathrm{T}} & \boldsymbol{L}_{\mathrm{r}} \end{bmatrix}\begin{bmatrix} \boldsymbol{I}_{\mathrm{abcs}} \\ \boldsymbol{I}_{\mathrm{abcr}} \end{bmatrix} \tag{4-26}$$

式中，

$$\boldsymbol{\Psi}_{\mathrm{abcs}}=[\psi_{\mathrm{A}} \quad \psi_{\mathrm{B}} \quad \psi_{\mathrm{C}}]^{\mathrm{T}} \tag{4-27}$$

$$\boldsymbol{\Psi}_{\mathrm{abcr}}=[\psi_{\mathrm{a}} \quad \psi_{\mathrm{b}} \quad \psi_{\mathrm{c}}]^{\mathrm{T}} \tag{4-28}$$

$$\boldsymbol{I}_{\mathrm{abcs}}=[i_{\mathrm{A}} \quad i_{\mathrm{B}} \quad i_{\mathrm{C}}]^{\mathrm{T}} \tag{4-29}$$

$$\boldsymbol{I}_{\mathrm{abcr}}=[i_{\mathrm{a}} \quad i_{\mathrm{b}} \quad i_{\mathrm{c}}]^{\mathrm{T}} \tag{4-30}$$

$$\boldsymbol{L}_{\mathrm{s}}=\begin{bmatrix} L_{\mathrm{A}} & L_{\mathrm{AB}} & L_{\mathrm{AC}} \\ L_{\mathrm{BA}} & L_{\mathrm{B}} & L_{\mathrm{BC}} \\ L_{\mathrm{CA}} & L_{\mathrm{CB}} & L_{\mathrm{C}} \end{bmatrix}=\begin{bmatrix} L_{\sigma\mathrm{s}}+L_{\mathrm{ms}} & -\dfrac{L_{\mathrm{ms}}}{2} & -\dfrac{L_{\mathrm{ms}}}{2} \\ -\dfrac{L_{\mathrm{ms}}}{2} & L_{\sigma\mathrm{s}}+L_{\mathrm{ms}} & -\dfrac{L_{\mathrm{ms}}}{2} \\ -\dfrac{L_{\mathrm{ms}}}{2} & -\dfrac{L_{\mathrm{ms}}}{2} & L_{\sigma\mathrm{s}}+L_{\mathrm{ms}} \end{bmatrix} \tag{4-31}$$

$$\boldsymbol{L}_{\mathrm{sr}}=\begin{bmatrix} L_{\mathrm{Aa}} & L_{\mathrm{Ab}} & L_{\mathrm{Ac}} \\ L_{\mathrm{Ba}} & L_{\mathrm{Bb}} & L_{\mathrm{Bc}} \\ L_{\mathrm{Ca}} & L_{\mathrm{Cb}} & L_{\mathrm{Cc}} \end{bmatrix}=L_{\mathrm{sr}}\begin{bmatrix} \cos\theta_{\mathrm{r1}} & \cos\theta_{\mathrm{r3}} & \cos\theta_{\mathrm{r2}} \\ \cos\theta_{\mathrm{r2}} & \cos\theta_{\mathrm{r1}} & \cos\theta_{\mathrm{r3}} \\ \cos\theta_{\mathrm{r3}} & \cos\theta_{\mathrm{r2}} & \cos\theta_{\mathrm{r1}} \end{bmatrix}$$

$$(\theta_{\mathrm{r1}}=\theta_{\mathrm{r}};\theta_{\mathrm{r2}}=\theta_{\mathrm{r}}-2\pi/3;\theta_{\mathrm{r3}}=\theta_{\mathrm{r}}+2\pi/3) \tag{4-32}$$

$$\boldsymbol{L}_{\mathrm{r}}=\begin{bmatrix} L_{\mathrm{a}} & L_{\mathrm{ab}} & L_{\mathrm{ac}} \\ L_{\mathrm{ba}} & L_{\mathrm{b}} & L_{\mathrm{bc}} \\ L_{\mathrm{ca}} & L_{\mathrm{cb}} & L_{\mathrm{c}} \end{bmatrix}=\begin{bmatrix} L_{\sigma\mathrm{r}}+L_{\mathrm{mr}} & -\dfrac{L_{\mathrm{mr}}}{2} & -\dfrac{L_{\mathrm{mr}}}{2} \\ -\dfrac{L_{\mathrm{mr}}}{2} & L_{\sigma\mathrm{r}}+L_{\mathrm{mr}} & -\dfrac{L_{\mathrm{mr}}}{2} \\ -\dfrac{L_{\mathrm{mr}}}{2} & -\dfrac{L_{\mathrm{mr}}}{2} & L_{\sigma\mathrm{r}}+L_{\mathrm{mr}} \end{bmatrix} \tag{4-33}$$

2. 电压方程

在磁链方程基础上，电压方程可用电流、磁链混合变量和单电流变量两种形式表示，即

$$\begin{bmatrix} \boldsymbol{U}_{\mathrm{abcs}} \\ \boldsymbol{U}_{\mathrm{abcr}} \end{bmatrix}=\begin{bmatrix} \boldsymbol{R}_{\mathrm{s}} & 0 \\ 0 & \boldsymbol{R}_{\mathrm{r}} \end{bmatrix}\begin{bmatrix} \boldsymbol{I}_{\mathrm{abcs}} \\ \boldsymbol{I}_{\mathrm{abcr}} \end{bmatrix}+\mathrm{p}\begin{bmatrix} \boldsymbol{\Psi}_{\mathrm{abcs}} \\ \boldsymbol{\Psi}_{\mathrm{abcr}} \end{bmatrix}=\left(\begin{bmatrix} \boldsymbol{R}_{\mathrm{s}} & 0 \\ 0 & \boldsymbol{R}_{\mathrm{r}} \end{bmatrix}+\mathrm{p}\begin{bmatrix} \boldsymbol{L}_{\mathrm{s}} & \boldsymbol{L}_{\mathrm{sr}} \\ \boldsymbol{L}_{\mathrm{sr}}^{\mathrm{T}} & \boldsymbol{L}_{\mathrm{r}} \end{bmatrix}\right)\begin{bmatrix} \boldsymbol{I}_{\mathrm{abcs}} \\ \boldsymbol{I}_{\mathrm{abcr}} \end{bmatrix}$$

$$=\begin{bmatrix} \boldsymbol{R}_s+p\boldsymbol{L}_s & p\boldsymbol{L}_{sr} \\ p\boldsymbol{L}_{sr}^T & \boldsymbol{R}_r+p\boldsymbol{L}_r \end{bmatrix}\begin{bmatrix} \boldsymbol{I}_{abcs} \\ \boldsymbol{I}_{abcr} \end{bmatrix} \tag{4-34}$$

式中，

$$\boldsymbol{U}_{abcs}=[u_A \quad u_B \quad u_C]^T \tag{4-35}$$

$$\boldsymbol{U}_{abcr}=[u_a \quad u_b \quad u_c]^T \tag{4-36}$$

$$\boldsymbol{R}_s=\begin{bmatrix} r_s & 0 & 0 \\ 0 & r_s & 0 \\ 0 & 0 & r_s \end{bmatrix} \tag{4-37}$$

$$\boldsymbol{R}_r=\begin{bmatrix} r_r & 0 & 0 \\ 0 & r_r & 0 \\ 0 & 0 & r_r \end{bmatrix} \tag{4-38}$$

其中，r_s、r_r 分别为定、转子相绕组的电阻。

3. 折算处理

由于定、转子每相绕组匝数不等会给分析带来不便，因而需要采用 1.2 节中对变压器进行折算处理的相同做法，将电机转子侧的所有参数和物理量都折算到定子侧（假想一个相绕组匝数与定子相绕组匝数相等的转子替代现转子）。具体折算分基本物理量和参数两大类。

基本物理量的折算关系为

$$\boldsymbol{I}'_{abcr}=\frac{\boldsymbol{I}_{abcr}}{k} \quad \left(k=\frac{N_s}{N_r}\right) \tag{4-39}$$

$$\boldsymbol{U}'_{abcr}=k\boldsymbol{U}_{abcr} \tag{4-40}$$

$$\boldsymbol{\Psi}'_{abcr}=k\boldsymbol{\Psi}_{abcr} \tag{4-41}$$

参数的折算关系为

$$\boldsymbol{R}'_r=k^2\boldsymbol{R}_r \tag{4-42}$$

$$\boldsymbol{L}'_{sr}=k\boldsymbol{L}_{sr}=L_{ms}\begin{bmatrix} \cos\theta_{r1} & \cos\theta_{r3} & \cos\theta_{r2} \\ \cos\theta_{r2} & \cos\theta_{r1} & \cos\theta_{r3} \\ \cos\theta_{r3} & \cos\theta_{r2} & \cos\theta_{r1} \end{bmatrix} \tag{4-43}$$

$$\boldsymbol{L}'_r=k^2\boldsymbol{L}_r=\begin{bmatrix} L'_{\sigma r}+L_{ms} & -\frac{L_{ms}}{2} & -\frac{L_{ms}}{2} \\ -\frac{L_{ms}}{2} & L'_{\sigma r}+L_{ms} & -\frac{L_{ms}}{2} \\ -\frac{L_{ms}}{2} & -\frac{L_{ms}}{2} & L'_{\sigma r}+L_{ms} \end{bmatrix} \tag{4-44}$$

式中，式(4-43)和式(4-44)中隐含的电感系数的基本折算关系为

$$L_{ms}=kL_{sr}=k^2L_{mr} \tag{4-45}$$

$$L'_{\sigma r}=k^2L_{\sigma r} \tag{4-46}$$

综上所述，折算后的磁链和电压方程分别为

$$\begin{bmatrix} \boldsymbol{\Psi}_{abcs} \\ \boldsymbol{\Psi}'_{abcr} \end{bmatrix}=\begin{bmatrix} \boldsymbol{L}_s & \boldsymbol{L}'_{sr} \\ (\boldsymbol{L}'_{sr})^T & \boldsymbol{L}'_r \end{bmatrix}\begin{bmatrix} \boldsymbol{I}_{abcs} \\ \boldsymbol{I}'_{abcr} \end{bmatrix} \tag{4-47}$$

$$\begin{bmatrix} \boldsymbol{U}_{\mathrm{abcs}} \\ \boldsymbol{U}'_{\mathrm{abcr}} \end{bmatrix} = \begin{bmatrix} \boldsymbol{R}_{\mathrm{s}} & \boldsymbol{0} \\ \boldsymbol{0} & \boldsymbol{R}'_{\mathrm{r}} \end{bmatrix} \begin{bmatrix} \boldsymbol{I}_{\mathrm{abcs}} \\ \boldsymbol{I}'_{\mathrm{abcr}} \end{bmatrix} + \mathrm{p} \begin{bmatrix} \boldsymbol{\Psi}_{\mathrm{abcs}} \\ \boldsymbol{\Psi}'_{\mathrm{abcr}} \end{bmatrix} = \left(\begin{bmatrix} \boldsymbol{R}_{\mathrm{s}} & \boldsymbol{0} \\ \boldsymbol{0} & \boldsymbol{R}'_{\mathrm{r}} \end{bmatrix} + \mathrm{p} \begin{bmatrix} \boldsymbol{L}_{\mathrm{s}} & \boldsymbol{L}'_{\mathrm{sr}} \\ (\boldsymbol{L}'_{\mathrm{sr}})^{\mathrm{T}} & \boldsymbol{L}'_{\mathrm{r}} \end{bmatrix} \right) \begin{bmatrix} \boldsymbol{I}_{\mathrm{abcs}} \\ \boldsymbol{I}'_{\mathrm{abcr}} \end{bmatrix}$$

$$= \begin{bmatrix} \boldsymbol{R}_{\mathrm{s}} + \mathrm{p}\boldsymbol{L}_{\mathrm{s}} & \mathrm{p}\boldsymbol{L}'_{\mathrm{sr}} \\ \mathrm{p}(\boldsymbol{L}'_{\mathrm{sr}})^{\mathrm{T}} & \boldsymbol{R}'_{\mathrm{r}} + \mathrm{p}\boldsymbol{L}'_{\mathrm{r}} \end{bmatrix} \begin{bmatrix} \boldsymbol{I}_{\mathrm{abcs}} \\ \boldsymbol{I}'_{\mathrm{abcr}} \end{bmatrix} \tag{4-48}$$

观察折算后的电机参数,最重要的变化就是所有互感系数都归化到了定子侧,并统一用定子相间互感表示,这无疑使分析得到简化。

在后面的分析讨论中,如不进行特别说明,总是假定电机转子侧是经过折算处理的,因此,不再在右上角加撇号"′"标明折算量。

4. 电磁转矩和转子运动方程

由式(2-4),可写出异步电机电磁转矩的一般计算公式为

$$T_{\mathrm{e}} = \frac{1}{2} \begin{bmatrix} \boldsymbol{I}_{\mathrm{abcs}}^{\mathrm{T}} & \boldsymbol{I}_{\mathrm{abcr}}^{\mathrm{T}} \end{bmatrix} \frac{\partial}{\partial \theta} \begin{bmatrix} \boldsymbol{L}_{\mathrm{s}} & \boldsymbol{L}_{\mathrm{sr}} \\ \boldsymbol{L}_{\mathrm{sr}}^{\mathrm{T}} & \boldsymbol{L}_{\mathrm{r}} \end{bmatrix} \begin{bmatrix} \boldsymbol{I}_{\mathrm{abcs}} \\ \boldsymbol{I}_{\mathrm{abcr}} \end{bmatrix} \tag{4-49}$$

式中,θ 为机械角位移,其与电感矩阵中的转子电角位移变量 θ_{r} 的关系为

$$\theta_{\mathrm{r}} = p\theta \tag{4-50}$$

电感矩阵中仅定、转子互感子阵 $\boldsymbol{L}_{\mathrm{sr}}$ 是 θ_{r} 的函数,而电磁转矩为标量。综合利用这些基本关系和性质,按子阵展开式(4-49),可得

$$T_{\mathrm{e}} = p\left[\boldsymbol{I}_{\mathrm{abcs}}^{\mathrm{T}} \frac{\partial}{\partial \theta_{\mathrm{r}}} (\boldsymbol{L}_{\mathrm{sr}}) \boldsymbol{I}_{\mathrm{abcr}} \right] \tag{4-51}$$

进一步按状态变量展开,即

$$T_{\mathrm{e}} = -pL_{\mathrm{ms}} \left\{ \left[i_{\mathrm{A}} \left(\frac{i_{\mathrm{a}} - i_{\mathrm{b}}}{2} - \frac{i_{\mathrm{c}}}{2} \right) + i_{\mathrm{B}} \left(\frac{i_{\mathrm{b}} - i_{\mathrm{c}}}{2} - \frac{i_{\mathrm{a}}}{2} \right) + i_{\mathrm{C}} \left(\frac{i_{\mathrm{c}} - i_{\mathrm{a}}}{2} - \frac{i_{\mathrm{b}}}{2} \right) \right] \sin\theta_{\mathrm{r}} \right.$$

$$\left. + \frac{\sqrt{3}}{2} [i_{\mathrm{A}}(i_{\mathrm{b}} - i_{\mathrm{c}}) + i_{\mathrm{B}}(i_{\mathrm{c}} - i_{\mathrm{a}}) + i_{\mathrm{C}}(i_{\mathrm{a}} - i_{\mathrm{b}})] \cos\theta_{\mathrm{r}} \right\} \tag{4-52}$$

这就是三相静止参照系中直接由定、转子电流计算电机瞬时电磁转矩的一般公式。

从而,忽略摩擦阻尼转矩(令 $R_{\Omega}=0$),电机的转子运动方程为

$$J\frac{\mathrm{d}\Omega}{\mathrm{d}t} = T_{\mathrm{e}} - T_{\mathrm{L}} \tag{4-53}$$

式中,Ω 为转子旋转的机械角速度,其与电角速度 ω_{r} 的关系为

$$\omega_{\mathrm{r}} = p\Omega \tag{4-54}$$

将之代入式(4-53),即

$$\frac{J}{p}\frac{\mathrm{d}\omega_{\mathrm{r}}}{\mathrm{d}t} = T_{\mathrm{e}} - T_{\mathrm{L}} \tag{4-55}$$

4.2 *d-q-n* 参照系中的分析模型

4.2.1 定、转子变量的变换方程

应用第 2 章中关于静止三相对称耦合电路和两组相对运动的三相对称耦合电路的分析结论,参照图 4.3,定子侧变量从 *a-b-c* 静止参照系到 *d-q-n* 任意参照系的变换矩阵与式(2-50)相同(自变量 θ 被定义为定子 A 相相轴与 d 轴的夹角),但转子侧变量变换

时，变换矩阵中的自变量将为 β($\beta=\theta-\theta_r$，即转子 a 相相轴与 d 轴的夹角)。具体变换关系为

$$\begin{bmatrix} u_{ds} & i_{ds} & \psi_{ds} \\ u_{qs} & i_{qs} & \psi_{qs} \\ u_{ns} & i_{ns} & \psi_{ns} \end{bmatrix}=\frac{2}{3}\begin{bmatrix} \cos\theta_1 & \cos\theta_2 & \cos\theta_3 \\ -\sin\theta_1 & -\sin\theta_2 & -\sin\theta_3 \\ \frac{1}{2} & \frac{1}{2} & \frac{1}{2} \end{bmatrix}\begin{bmatrix} u_A & i_A & \psi_A \\ u_B & i_B & \psi_B \\ u_C & i_C & \psi_C \end{bmatrix}$$

$$\left(\theta_1=\theta;\theta_2=\theta-\frac{2\pi}{3};\theta_3=\theta+\frac{2\pi}{3}\right) \tag{4-56}$$

$$\begin{bmatrix} u_{dr} & i_{dr} & \psi_{dr} \\ u_{qr} & i_{qr} & \psi_{qr} \\ u_{nr} & i_{nr} & \psi_{nr} \end{bmatrix}=\frac{2}{3}\begin{bmatrix} \cos\beta_1 & \cos\beta_2 & \cos\beta_3 \\ -\sin\beta_1 & -\sin\beta_2 & -\sin\beta_3 \\ \frac{1}{2} & \frac{1}{2} & \frac{1}{2} \end{bmatrix}\begin{bmatrix} u_a & i_a & \psi_a \\ u_b & i_b & \psi_b \\ u_c & i_c & \psi_c \end{bmatrix}$$

$$\left(\beta_1=\beta;\beta_2=\beta-\frac{2\pi}{3};\beta_3=\beta+\frac{2\pi}{3}\right) \tag{4-57}$$

式中，

$$\beta=\theta-\theta_r \tag{4-58}$$

$$\theta_r=\theta_r(0)+\int_0^t \omega_r(\zeta)\mathrm{d}\zeta \tag{4-59}$$

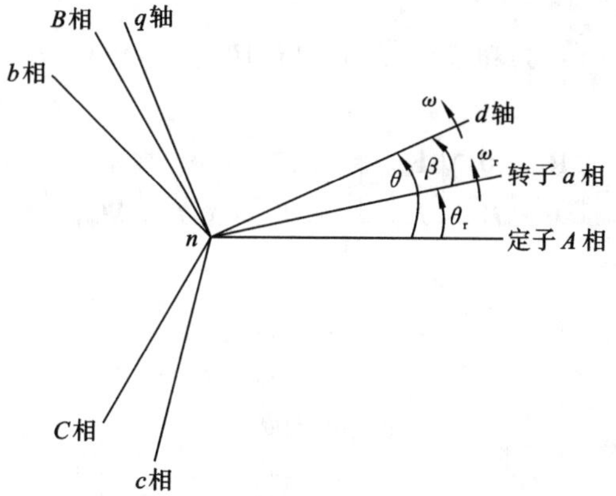

图 4.3 定子 *A*-*B*-*C* 和转子 *a*-*b*-*c* 轴系与 *d*-*q*-*n* 参照系的关系

4.2.2 *d*-*q*-*n* 参照系中的磁链方程和电感系数

综合式(4-47)、式(4-56)和式(4-57)可得 d-q-n 参照系中的磁链方程为

$$\begin{bmatrix} \boldsymbol{\Psi}_{dqns} \\ \boldsymbol{\Psi}_{dqnr} \end{bmatrix}=\begin{bmatrix} \boldsymbol{K}(\theta)\boldsymbol{L}_s\boldsymbol{K}^{-1}(\theta) & \boldsymbol{K}(\theta)\boldsymbol{L}_{sr}\boldsymbol{K}^{-1}(\beta) \\ \boldsymbol{K}(\beta)\boldsymbol{L}_{sr}^{T}\boldsymbol{K}^{-1}(\theta) & \boldsymbol{K}(\beta)\boldsymbol{L}_r\boldsymbol{K}^{-1}(\beta) \end{bmatrix}\begin{bmatrix} \boldsymbol{I}_{dqns} \\ \boldsymbol{I}_{dqnr} \end{bmatrix}=\begin{bmatrix} \boldsymbol{L}_{11} & \boldsymbol{L}_{12} \\ \boldsymbol{L}_{21} & \boldsymbol{L}_{22} \end{bmatrix}\begin{bmatrix} \boldsymbol{I}_{dqns} \\ \boldsymbol{I}_{dqnr} \end{bmatrix} \tag{4-60}$$

对应的电感系数矩阵导出为

$$\boldsymbol{L}_{11}=\boldsymbol{K}(\theta)\boldsymbol{L}_s\boldsymbol{K}^{-1}(\theta)=\begin{bmatrix} L_{\sigma s}+L_m & 0 & 0 \\ 0 & L_{\sigma s}+L_m & 0 \\ 0 & 0 & L_{\sigma s} \end{bmatrix}=\begin{bmatrix} L_s & 0 & 0 \\ 0 & L_s & 0 \\ 0 & 0 & L_{\sigma s} \end{bmatrix} \tag{4-61}$$

$$\boldsymbol{L}_{22}=\boldsymbol{K}(\beta)\boldsymbol{L}_r\boldsymbol{K}^{-1}(\beta)=\begin{bmatrix} L_{\sigma r}+L_m & 0 & 0 \\ 0 & L_{\sigma r}+L_m & 0 \\ 0 & 0 & L_{\sigma r} \end{bmatrix}=\begin{bmatrix} L_r & 0 & 0 \\ 0 & L_r & 0 \\ 0 & 0 & L_{\sigma r} \end{bmatrix} \tag{4-62}$$

$$\boldsymbol{L}_{12}=\boldsymbol{K}(\theta)\boldsymbol{L}_{sr}\boldsymbol{K}^{-1}(\beta)=\begin{bmatrix}L_m & 0 & 0\\0 & L_m & 0\\0 & 0 & 0\end{bmatrix}=\boldsymbol{K}(\beta)\boldsymbol{L}_{sr}^{T}\boldsymbol{K}^{-1}(\theta)=\boldsymbol{L}_{21} \tag{4-63}$$

式(4-60)～式(4-63)中,有

$$\boldsymbol{\Psi}_{dqns}=[\psi_{ds}\quad \psi_{qs}\quad \psi_{ns}]^{T} \tag{4-64}$$

$$\boldsymbol{\Psi}_{dqnr}=[\psi_{dr}\quad \psi_{qr}\quad \psi_{nr}]^{T} \tag{4-65}$$

$$\boldsymbol{I}_{dqns}=[i_{ds}\quad i_{qs}\quad i_{ns}]^{T} \tag{4-66}$$

$$\boldsymbol{I}_{dqnr}=[i_{dr}\quad i_{qr}\quad i_{nr}]^{T} \tag{4-67}$$

$$L_s=L_{\sigma s}+L_m \tag{4-68}$$

$$L_r=L_{\sigma r}+L_m \tag{4-69}$$

$$L_m=\frac{3}{2}L_{ms} \tag{4-70}$$

通常称 L_m 为电机的激磁电感,物理上与三相合成磁动势产生的磁场相对应,故数值为定子相绕组主电感的 1.5 倍。

以上磁链方程与 a-b-c 轴系中的原方程相比发生了质的变化,电感系数的时变因素全部消除了。参照系变换的意义和必要性可见一斑。

4.2.3 d-q-n 参照系中的电压方程

综合式(4-48)、式(4-56)和式(4-57),可仿照式(3-40)写出 d-q-n 参照系中的电压方程,即

$$\begin{bmatrix}\boldsymbol{U}_{dqns}\\\boldsymbol{U}_{dqnr}\end{bmatrix}=\begin{bmatrix}\boldsymbol{R}_s & \boldsymbol{0}\\\boldsymbol{0} & \boldsymbol{R}_r\end{bmatrix}\begin{bmatrix}\boldsymbol{I}_{dqns}\\\boldsymbol{I}_{dqnr}\end{bmatrix}+\begin{bmatrix}\omega\boldsymbol{\Gamma} & \boldsymbol{0}\\\boldsymbol{0} & \Delta\omega\boldsymbol{\Gamma}\end{bmatrix}\begin{bmatrix}\boldsymbol{\Psi}_{dqns}\\\boldsymbol{\Psi}_{dqnr}\end{bmatrix}+\mathrm{p}\begin{bmatrix}\boldsymbol{\Psi}_{dqns}\\\boldsymbol{\Psi}_{dqnr}\end{bmatrix} \tag{4-71}$$

式中,

$$\boldsymbol{U}_{dqns}=[u_{ds}\quad u_{qs}\quad u_{ns}]^{T} \tag{4-72}$$

$$\boldsymbol{U}_{dqnr}=[u_{dr}\quad u_{qr}\quad u_{nr}]^{T} \tag{4-73}$$

$$\omega=\mathrm{p}\theta \tag{4-74}$$

$$\omega_r=\mathrm{p}\theta_r \tag{4-75}$$

$$\Delta\omega=\omega-\omega_r \tag{4-76}$$

$$\boldsymbol{\Gamma}=\begin{bmatrix}0 & -1 & 0\\1 & 0 & 0\\0 & 0 & 0\end{bmatrix} \tag{4-77}$$

若单一选定电流为状态变量,则电压方程为

$$\begin{aligned}\begin{bmatrix}\boldsymbol{U}_{dqns}\\\boldsymbol{U}_{dqnr}\end{bmatrix}&=\begin{bmatrix}\boldsymbol{R}_{11} & \boldsymbol{R}_{12}\\\boldsymbol{R}_{21} & \boldsymbol{R}_{22}\end{bmatrix}\begin{bmatrix}\boldsymbol{I}_{dqns}\\\boldsymbol{I}_{dqnr}\end{bmatrix}+\mathrm{p}\begin{bmatrix}\boldsymbol{L}_{11} & \boldsymbol{L}_{12}\\\boldsymbol{L}_{21} & \boldsymbol{L}_{22}\end{bmatrix}\begin{bmatrix}\boldsymbol{I}_{dqns}\\\boldsymbol{I}_{dqnr}\end{bmatrix}\\&=\begin{bmatrix}\boldsymbol{R}_{11}+\mathrm{p}\boldsymbol{L}_{11} & \boldsymbol{R}_{12}+\mathrm{p}\boldsymbol{L}_{12}\\\boldsymbol{R}_{21}+\mathrm{p}\boldsymbol{L}_{21} & \boldsymbol{R}_{22}+\mathrm{p}\boldsymbol{L}_{22}\end{bmatrix}\begin{bmatrix}\boldsymbol{I}_{dqns}\\\boldsymbol{I}_{dqnr}\end{bmatrix}\left\{\begin{aligned}&\boldsymbol{R}_{11}=\boldsymbol{R}_s+\omega L_s\boldsymbol{\Gamma}\\&\boldsymbol{R}_{12}=\omega L_m\boldsymbol{\Gamma}\\&\boldsymbol{R}_{21}=\Delta\omega L_m\boldsymbol{\Gamma}\\&\boldsymbol{R}_{22}=\boldsymbol{R}_r+\Delta\omega L_r\boldsymbol{\Gamma}\end{aligned}\right.\end{aligned} \tag{4-78}$$

这将更便于用介绍的规范变换,得到机电动力系统状态方程的标准形式,并使采用等效电路方式直观描述电机的电磁关系成为可能(见图 4.4)。

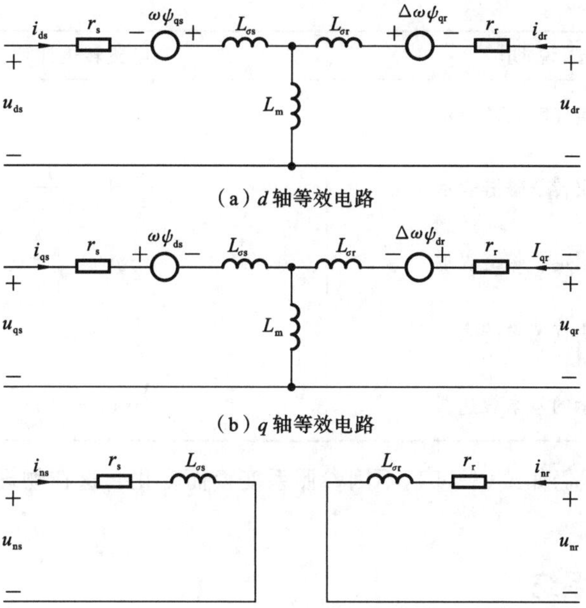

（a）d 轴等效电路

（b）q 轴等效电路

（c）n 轴等效电路

图 4.4 三相异步电机在 d-q-n 参照系中的等效电路

4.2.4 d-q-n 参照系中的电磁转矩和转子运动方程

将式(4-56)和式(4-57)中定、转子电流的变换关系代入式(4-51)，可得

$$T_e = p\{\boldsymbol{I}_{dqns}^{T}[\boldsymbol{K}^{-1}(\theta)]^{T}\frac{\partial}{\partial\theta_r}(\boldsymbol{L}_{sr})\boldsymbol{K}^{-1}(\beta)\boldsymbol{I}_{dqnr}\} \tag{4-79}$$

而

$$[\boldsymbol{K}^{-1}(\theta)]^{T}\frac{\partial}{\partial\theta_r}(\boldsymbol{L}_{sr})\boldsymbol{K}^{-1}(\beta) = \frac{3}{2}L_m\boldsymbol{\Gamma} \tag{4-80}$$

代入式(4-79)得 d-q-n 参照系中电磁转矩的计算公式为

$$T_e = \frac{3}{2}pL_m(i_{qs}i_{dr} - i_{ds}i_{qr}) \tag{4-81}$$

除形如式(4-81)外，电磁转矩还可以根据磁链方程改写成其他多种形式，从而为分析和应用提供便利。公式的具体推导从略，结果列于表 4.1 中。

表 4.1 中，引用了气隙磁链 d、q 轴分量的概念，其定义为

$$\psi_{dg} = L_m(i_{ds} + i_{dr}) \tag{4-82}$$

$$\psi_{qg} = L_m(i_{qs} + i_{qr}) \tag{4-83}$$

表 4.1 d-q-n 参照系中电磁转矩的不同表达式

简 要 说 明	电磁转矩计算公式
用电流表示的基本表达式	$\frac{3}{2}pL_m(i_{qs}i_{dr} - i_{ds}i_{qr})$
定子电流用定子磁链表示	$\frac{3}{2}pL_m\frac{\psi_{qs}i_{dr} - \psi_{ds}i_{qr}}{L_s}$
定子电流用转子磁链表示	$\frac{3}{2}p(\psi_{qr}i_{dr} - \psi_{dr}i_{qr})$

续表

简要说明	电磁转矩计算公式
定子电流用气隙磁链表示	$\frac{3}{2}p(\psi_{qg}i_{dr}-\psi_{dg}i_{qr})$
转子电流用转子磁链表示	$\frac{3}{2}pL_m\frac{\psi_{dr}i_{qs}-\psi_{qr}i_{ds}}{L_r}$
转子电流用定子磁链表示	$\frac{3}{2}p(\psi_{ds}i_{qs}-\psi_{qs}i_{ds})$
转子电流用气隙磁链表示	$\frac{3}{2}p(\psi_{dg}i_{qs}-\psi_{qg}i_{ds})$
用磁链表示的基本表达式	$\frac{3}{2}pL_m\frac{\psi_{qs}\psi_{dr}-\psi_{ds}\psi_{qr}}{L_sL_r-L_m^2}$

转子运动方程仍如式(4-55),不因参照系变换而变化。这在物理上是显而易见的,不进行讨论。

4.2.5 标幺值系统

标幺基值分基本量和导出量两大类。三相异步电机标幺基值的基本量选取如下。

电压基值为

$$U_{B(abc)}=\frac{U_{m\varphi}}{\sqrt{2}}\quad(相电压有效值,V)$$

$$U_{B(dqn)}=U_{m\varphi}\quad(相电压幅值,V)$$

电流基值为

$$I_{B(abc)}=\frac{I_{m\varphi}}{\sqrt{2}}\quad(相电流有效值,A)$$

$$I_{B(dqn)}=I_{m\varphi}\quad(相电流幅值,A)$$

时间基值为

$$t_B=\frac{1}{2\pi f_N}\quad(s;\ f_N为电源额定频率,Hz)$$

由此,可得如下导出量。

功率基值为

$$P_B=3U_{B(abc)}I_{B(abc)}=\frac{3}{2}U_{B(dqn)}I_{B(dqn)}=\frac{3}{2}U_{m\varphi}I_{m\varphi}\quad(V\cdot A)$$

速度基值为

$$\omega_B=\frac{1}{t_B}\quad(rad/s)$$

阻抗基值为

$$Z_B=\frac{U_B}{I_B}\quad(\Omega)$$

电感基值为

$$L_B=\frac{Z_B}{\omega_B}\quad(H)$$

磁链基值为

$$\Psi_B = L_B I_B \quad (\text{Wb})$$

转矩基值为

$$T_B = \frac{pP_B}{\omega_B} \quad (\text{N}\cdot\text{m})$$

时间基值为

$$t_B = \frac{1}{\omega_B} \quad (\text{s})$$

并可定义

惯性常数为

$$H = J\omega_B \times \omega_B/(pT_B)$$

上述标幺值系统既适合于 a-b-c 参照系，亦适合于 d-q-n 参照系，区别只在于前者相电流和相电压的基值为有效值，而后者为幅值，但正因为如此，才使得功率基值相同而最终使两者得以统一。

应用标幺值系统对磁链、电压方程进行标幺化处理，所得结果与式(4-60)和式(4-71)或式(4-78)在形式上完全一致，只是所有物理量变成了无量纲量(通常加上标"*"以示区别)，故不重写。

电磁转矩方程的标幺值形式与原方程有差别。以式(4-81)为例，标幺值形式为

$$T_e^* = L_m^*(i_{qs}^* i_{dr}^* - i_{ds}^* i_{qr}^*) \tag{4-84}$$

系数 $3p/2$ 不再出现。同理可对表 4.1 中的其他形式的转矩公式进行标幺化处理。

由于定义了惯性常数 H，标幺值形式的转子运动方程为

$$H\frac{\mathrm{d}\omega_r^*}{\mathrm{d}t^*} = T_e^* - T_L^* \tag{4-85}$$

在异步电机的分析特别是数值仿真计算中，优先采用标幺值系统。因此，以后使用标幺值时均省略掉上标"*"，只在必要时加以说明。但对于初学者，必须注意标幺值，尤其是电磁转矩方程与实际值方程的区别。

4.2.6 常用参照系中的标幺化状态方程

通常，异步电机使用静止(α-β-0)、转子速(d-q-0)、同步速(d_c-q_c-0)三种形式的 d-q-n 参照系。下面将分别给出这些实用参照系中的标幺化状态方程分析模型。

为便于建立统一格式，规定电路方程单选电流为状态变量。而为了简化推导过程，只讨论对称三相电源系统或三相无中线系统(无中轴分量，电压方程从六阶降为四阶)。

首先将电压方程变换为标准状态方程形式。为此，将式(4-78)改写为

$$\begin{bmatrix} u_{ds} \\ u_{qs} \\ u_{dr} \\ u_{qr} \end{bmatrix} = \begin{bmatrix} r_s & -\omega L_s & 0 & -\omega L_m \\ \omega L_s & r_s & \omega L_m & 0 \\ 0 & -\Delta\omega L_m & r_r & -\Delta\omega L_r \\ \Delta\omega L_m & 0 & \Delta\omega L_r & r_r \end{bmatrix} \begin{bmatrix} i_{ds} \\ i_{qs} \\ i_{dr} \\ i_{qr} \end{bmatrix} + \begin{bmatrix} L_s & 0 & L_m & 0 \\ 0 & L_s & 0 & L_m \\ L_m & 0 & L_r & 0 \\ 0 & L_m & 0 & L_r \end{bmatrix} \mathrm{p} \begin{bmatrix} i_{ds} \\ i_{qs} \\ i_{dr} \\ i_{qr} \end{bmatrix} \tag{4-86}$$

这就是无中轴分量时 d-q-n 参照系中电压方程的一般形式。式中，四阶稀疏电感矩阵的逆矩阵为

$$\begin{bmatrix} L_s & 0 & L_m & 0 \\ 0 & L_s & 0 & L_m \\ L_m & 0 & L_r & 0 \\ 0 & L_m & 0 & L_r \end{bmatrix}^{-1} = \frac{1}{\Lambda}\begin{bmatrix} L_r & 0 & -L_m & 0 \\ 0 & L_r & 0 & -L_m \\ -L_m & 0 & L_s & 0 \\ 0 & -L_m & 0 & L_s \end{bmatrix} \tag{4-87}$$

而式(4-87)中 Λ 的定义为

$$\Lambda = L_s L_r - L_m^2$$

从而,据式(2-79),d-q-n 参照系中状态方程的一般形式为

$$\mathrm{p}\begin{bmatrix} i_{ds} \\ i_{qs} \\ i_{dr} \\ i_{qr} \end{bmatrix} = -\frac{1}{\Lambda}\begin{bmatrix} L_r r_s & -G_1(\omega) & -L_m r_r & -G_2 \\ G_1(\omega) & L_r r_s & G_2 & -L_m r_r \\ -L_m r_s & G_3 & L_s r_r & G_4(\omega) \\ -G_3 & -L_m r_s & -G_4(\omega) & L_s r_r \end{bmatrix}\begin{bmatrix} i_{ds} \\ i_{qs} \\ i_{dr} \\ i_{qr} \end{bmatrix} + \frac{1}{\Lambda}\begin{bmatrix} L_r & 0 & -L_m & 0 \\ 0 & L_r & 0 & -L_m \\ -L_m & 0 & L_s & 0 \\ 0 & -L_m & 0 & L_s \end{bmatrix}\begin{bmatrix} u_{ds} \\ u_{qs} \\ u_{dr} \\ u_{qr} \end{bmatrix} \tag{4-88}$$

式中,

$$\begin{cases} G_1(\omega) = \omega_r L_m^2 + \omega\Lambda \\ G_2 = \omega_r L_r L_m \\ G_3 = \omega_r L_s L_m \\ G_4(\omega) = \omega_r L_s L_r - \omega\Lambda \end{cases}$$

由此,可得常用参照系中的状态方程分析模型如下。

(1) 静止参照系($\omega=0$,若进而令 $\theta(0)=0$ 就是传统的 α-β-0 参照系)。

$$\mathrm{p}\begin{bmatrix} i_{ds} \\ i_{qs} \\ i_{dr} \\ i_{qr} \end{bmatrix} = -\frac{1}{\Lambda}\begin{bmatrix} L_r r_s & -G_1(0) & -L_m r_r & -G_2 \\ G_1(0) & L_r r_s & G_2 & -L_m r_r \\ -L_m r_s & G_3 & L_s r_r & G_4(0) \\ -G_3 & -L_m r_s & -G_4(0) & L_s r_r \end{bmatrix}\begin{bmatrix} i_{ds} \\ i_{qs} \\ i_{dr} \\ i_{qr} \end{bmatrix} + \frac{1}{\Lambda}\begin{bmatrix} L_r & 0 & -L_m & 0 \\ 0 & L_r & 0 & -L_m \\ -L_m & 0 & L_s & 0 \\ 0 & -L_m & 0 & L_s \end{bmatrix}\begin{bmatrix} u_{ds} \\ u_{qs} \\ u_{dr} \\ u_{qr} \end{bmatrix} \tag{4-89}$$

$$\frac{d\omega_r}{dt} = \frac{L_m}{H}(i_{qs} i_{dr} - i_{ds} i_{qr}) - \frac{T_L}{H} \tag{4-90}$$

(2) 转子速参照系($\omega=\omega_r$,若进而令 $\theta(0)=\theta_r(0)$ 就是传统的 d-q-0 参照系)。

$$\mathrm{p}\begin{bmatrix} i_{ds} \\ i_{qs} \\ i_{dr} \\ i_{qr} \end{bmatrix} = -\frac{1}{\Lambda}\begin{bmatrix} L_r r_s & -G_4(0) & -L_m r_r & -G_2 \\ G_4(0) & L_r r_s & G_2 & -L_m r_r \\ -L_m r_s & G_3 & L_s r_r & G_1(0) \\ -G_3 & -L_m r_s & -G_1(0) & L_s r_r \end{bmatrix}\begin{bmatrix} i_{ds} \\ i_{qs} \\ i_{dr} \\ i_{qr} \end{bmatrix} + \frac{1}{\Lambda}\begin{bmatrix} L_r & 0 & -L_m & 0 \\ 0 & L_r & 0 & -L_m \\ -L_m & 0 & L_s & 0 \\ 0 & -L_m & 0 & L_s \end{bmatrix}\begin{bmatrix} u_{ds} \\ u_{qs} \\ u_{dr} \\ u_{qr} \end{bmatrix} \tag{4-91}$$

转子运动方程同式(4-90),从略。

(3) 同步速参照系($\omega=\omega_B=1.0$,即传统的与磁场同步旋转的 d_c-q_c-0 参照系)。

$$p\begin{bmatrix}i_{ds}\\i_{qs}\\i_{dr}\\i_{qr}\end{bmatrix}=-\frac{1}{\Lambda}\begin{bmatrix}L_r r_s & -G_1(1.0) & -L_m r_r & -G_2\\G_1(1.0) & L_r r_s & G_2 & -L_m r_r\\-L_m r_s & G_3 & L_s r_r & G_4(1.0)\\-G_3 & -L_m r_s & -G_4(1.0) & L_s r_r\end{bmatrix}\begin{bmatrix}i_{ds}\\i_{qs}\\i_{dr}\\i_{qr}\end{bmatrix}+\frac{1}{\Lambda}\begin{bmatrix}L_r & 0 & -L_m & 0\\0 & L_r & 0 & -L_m\\-L_m & 0 & L_s & 0\\0 & -L_m & 0 & L_s\end{bmatrix}\begin{bmatrix}u_{ds}\\u_{qs}\\u_{dr}\\u_{qr}\end{bmatrix}\tag{4-92}$$

式中,

$$G_1(1.0)=L_sL_r-sL_m^2\tag{4-93}$$

$$G_4(1.0)=L_m^2-sL_sL_r\tag{4-94}$$

而

$$s=1-\omega_r\tag{4-95}$$

即电机学中的转差率。

转子运动方程仍同式(4-90),从略。

需要说明的是,以上介绍的不同参照系中的标幺化状态方程分析模型,反映了参照系旋转速度变化对系数矩阵的影响,而未反映同样会受到影响的端口激励量,即电压 u_{ds}、u_{qs}、u_{dr}、u_{qr} 的变化。由于不同参照系中端电压的表达式有较大区别,而且与参照系初始位置角的选取紧密相关,因此,其详细讨论将在 4.3 节中结合具体问题进行分析,并且还将介绍初值的确定方法。

4.3 正弦电压源供电的异步电机的动态行为

不失一般性,本节将讨论异步电机的动态行为,其包括额定电压情况下的理想空载起动过程(或称为自由加速过程)、负载突加和突减过程,以及电机端口三相突然短路并延时自行恢复正常运行的过程。分析对象选定为正弦电压源供电的三相鼠笼式异步电机。

4.3.1 端电压条件和初始条件

1. 电压表达式

首先确定不同参照系中的端电压表达式。虽然分析对象被限定于鼠笼式电机,但基本方法对各类交流电机普遍适用。

对于鼠笼式电机,因转子侧有

$$u_a=u_b=u_c=0\tag{4-96}$$

的恒定约束,所以,无论选取什么旋转速度的 d-q-n 参照系,转子侧电压各分量始终为0,因此有

$$\begin{bmatrix}u_{dr}\\u_{qr}\\u_{nr}\end{bmatrix}=\frac{2}{3}\begin{bmatrix}\cos\beta_1 & \cos\beta_2 & \cos\beta_3\\-\sin\beta_1 & -\sin\beta_2 & -\sin\beta_3\\1/2 & 1/2 & 1/2\end{bmatrix}\begin{bmatrix}u_a\\u_b\\u_c\end{bmatrix}=\begin{bmatrix}0\\0\\0\end{bmatrix}\tag{4-97}$$

在定子侧,若选定时轴与定子 A 相相轴重合($t=0$ 时刻,A 相电压为正向峰值),则对称三相端电压可表示为

$$\begin{cases} u_{\mathrm{A}}=U_{\mathrm{m}}\cos(\omega_1 t) \\ u_{\mathrm{B}}=U_{\mathrm{m}}\cos\left(\omega_1 t-\dfrac{2\pi}{3}\right) \\ u_{\mathrm{C}}=U_{\mathrm{m}}\cos\left(\omega_1 t+\dfrac{2\pi}{3}\right) \end{cases} \tag{4-98}$$

式中,U_{m} 为相电压幅值;ω_1 为电源角速度。将之变换到 d-q-n 参照系就是

$$\begin{aligned} \begin{bmatrix} u_{\mathrm{ds}} \\ u_{\mathrm{qs}} \\ u_{\mathrm{n0}} \end{bmatrix} &= \frac{2}{3}\begin{bmatrix} \cos\theta_1 & \cos\theta_2 & \cos\theta_3 \\ -\sin\theta_1 & -\sin\theta_2 & -\sin\theta_3 \\ \dfrac{1}{2} & \dfrac{1}{2} & \dfrac{1}{2} \end{bmatrix}\begin{bmatrix} u_{\mathrm{A}} \\ u_{\mathrm{B}} \\ u_{\mathrm{C}} \end{bmatrix} \\ &= U_{\mathrm{m}}\begin{bmatrix} \cos[(\omega-\omega_1)t+\theta(0)] \\ -\sin[(\omega-\omega_1)t+\theta(0)] \\ 0 \end{bmatrix} \end{aligned} \tag{4-99}$$

其不出现中轴分量。这是由三相对称电压直接导出的结果。对于三相无中线系统,中轴分量为零由电流约束条件间接导出

$$i_{\mathrm{A}}(t)+i_{\mathrm{B}}(t)+i_{\mathrm{C}}(t)\equiv 0 \tag{4-100}$$

也就是说,此时电压可以不对称。

为简化电压表达式,可令 $\theta(0)=0$(初始时刻 d 轴与 A 相相轴重合),由此可得

$$\begin{cases} u_{\mathrm{ds}}=U_{\mathrm{m}}\cos(\omega-\omega_1)t \\ u_{\mathrm{qs}}=-U_{\mathrm{m}}\sin(\omega-\omega_1)t \end{cases} \tag{4-101}$$

这就是 d-q-n 参照系中定子侧电压的一般表达式。不同参照系的表达式分别如下。

静止参照系

$$\begin{cases} u_{\mathrm{ds}}=U_{\mathrm{m}}\cos(\omega_1 t) \\ u_{\mathrm{qs}}=U_{\mathrm{m}}\sin(\omega_1 t) \end{cases} \tag{4-102}$$

转子参照系

$$\begin{cases} u_{\mathrm{ds}}=U_{\mathrm{m}}\cos(s\omega_1 t) \\ u_{\mathrm{qs}}=U_{\mathrm{m}}\sin(s\omega_1 t) \end{cases} \tag{4-103}$$

同步参照系

$$\begin{cases} u_{\mathrm{ds}}=U_{\mathrm{m}} \\ u_{\mathrm{qs}}=0 \end{cases} \tag{4-104}$$

相比之下,同步参照系中的表达式最简单,稳态交流量变成了恒定直流量,极大地简化了异步电机的分析难度,还有可能使异步电机获得与直流电机相类比的控制性能。这也是同步参照系在异步电机分析中应用最为普遍的根本原因。

2. 初始条件

具体结合将要研究的三种动态过程进行讨论,但分析处理方法同样具有普遍意义。

1) 理想空载起动

这是一个典型的零初值问题(电路的零状态响应),电机起动前为静态,即

$$i_{\mathrm{ds}}(0)=i_{\mathrm{qs}}(0)=i_{\mathrm{dr}}(0)=i_{\mathrm{qr}}(0)=\omega_{\mathrm{r}}(0)=0 \tag{4-105}$$

2）负载转矩突变

设转矩变化前电机已进入稳态。因稳态交流量在同步参照系内为恒定直流量，故为简化计算，讨论仅在同步参照系内进行（$\omega=\omega_1=1.0, \Delta\omega=\omega-\omega_r=\omega_1-\omega_r=s$），而初始条件可由式(4-85)和式(4-86)令微分项为零后解得。结合式(4-97)和式(4-101)，也就是要在负载转矩已知条件下，联立求解标幺值方程组

$$\begin{bmatrix} r_s & -L_s & 0 & -L_m \\ L_s & r_s & L_m & 0 \\ 0 & -sL_m & r_r & -sL_r \\ sL_m & 0 & sL_r & r_r \end{bmatrix}\begin{bmatrix} i_{ds}(0) \\ i_{qs}(0) \\ i_{dr}(0) \\ i_{qr}(0) \end{bmatrix}=\begin{bmatrix} U_m \\ 0 \\ 0 \\ 0 \end{bmatrix} \tag{4-106}$$

$$i_{qs}(0)i_{dr}(0)-i_{ds}(0)i_{qr}(0)=\frac{T_L}{L_m} \tag{4-107}$$

理论上讲，五个方程，五个变量（i_{ds}、i_{qs}、i_{dr}、i_{qr}、ω_r），解是唯一的。但上述方程组是非线性的，无法求出解析通解，只能数值求解（见 2.3 节）。这是异步电机的特定问题，但本节不讨论该方程组的数值解法，因实际分析时，总是可以认为电机的速度是能够给出的，即 $\omega_r(0)=1.0-s$ 已知。在此前提下，可单独由式(4-106)求出另外四个变量的解：

$$\begin{cases} i_{ds}(0)=\dfrac{acU_m}{a^2+b^2} \\ i_{qs}(0)=\dfrac{bcU_m}{a^2+b^2} \\ i_{dr}(0)=-\dfrac{sL_m}{c}[sL_r i_{ds}(0)-r_r i_{qs}(0)] \\ i_{qr}(0)=-\dfrac{sL_m}{c}[r_r i_{ds}(0)+sL_r i_{qs}(0)] \end{cases} \tag{4-108}$$

式中，

$$\begin{cases} a=cr_s+sL_m^2 r_r \\ b=s^2L_rL_m^2-cL_s \\ c=s^2L_r^2+r_r^2 \end{cases} \tag{4-109}$$

式(4-108)即在速度给定的情况下，电机稳定运行时，某固定时刻的电流标幺值（对应于 $u_{qs}=0$ 时刻）。假设负载在该时刻突变，这也就是所要求的电流初始条件。

上述结果是在同步参照系内得到的（利用了恒定直流量的导数为零的概念），但同样适合于其他参照系，只要使 $t=0$ 时刻两轴系的 d 轴重合即可。

特别地，设电机在负载突变前为理想空载运行，即 $\omega_r(0)=1.0, s=0$，端电压为额定值（$U_m=1.0$），则电流初始条件可简化为

$$\begin{cases} i_{ds}(0)=\dfrac{r_s}{L_s^2+r_s^2} \\ i_{qs}(0)=-\dfrac{L_s}{L_s^2+r_s^2} \\ i_{dr}(0)=0 \\ i_{qr}(0)=0 \end{cases} \tag{4-110}$$

式(4-110)在异步电机动态行为的数值仿真中有广泛应用。但其为标幺值形式，应

用时要注意转换。

3) 电机端部三相突然短路

同理,假设短路前电机为稳态运行状态,则转速和电流初始条件的确定可仿照上述负载突变情况中的做法。特别地,也可以假设短路前电机运行于理想空载状态,使分析简化。

需要特别说明的是,以上介绍的只是确定异步电机非零初值条件(稳态运行)的直接方式,而间接方式在实用中也是有效的。间接方式通常有两种,一种就是 2.3 节中介绍的先数值求解稳态运行约束条件下的零状态响应,再选定一组稳态值作为初值的方式;另一种就是依据电机学原理进行稳态分析,然后将结果变换到对应的 *d-q-n* 参照系的方式。

4.3.2 理想空载起动过程

1. 数值仿真模型

理想空载即 $T_L=0$。其数值仿真模型可综合式(4-88)、式(4-90)、式(4-97)、式(4-101)和式(4-105)得到。设 *d-q-n* 参照系的旋转速度由函数 $f(t)$决定,端电压 U_m已知,则具体仿真过程为

$$
\begin{cases}
i_{ds}(0)=i_{qs}(0)=i_{dr}(0)=i_{qr}(0)=\omega_r(0)=0;\ T_L=0 \\
j=0,1,2,\cdots \\
t=jh;\ \omega=f(t) \\
p\begin{bmatrix} i_{ds} \\ i_{qs} \\ i_{dr} \\ i_{qr} \end{bmatrix}=-\dfrac{1}{\Lambda}\begin{bmatrix} L_r r_s & -G_1(\omega) & -L_m r_r & -G_2 \\ G_1(\omega) & L_r r_s & G_2 & -L_m r_r \\ -L_m r_s & G_3 & L_s r_r & G_4(\omega) \\ -G_3 & -L_m r_s & -G_4(\omega) & L_s r_r \end{bmatrix}\begin{bmatrix} i_{ds} \\ i_{qs} \\ i_{dr} \\ i_{qr} \end{bmatrix} \\
\qquad +\dfrac{U_m}{\Lambda}\begin{bmatrix} L_r & 0 & -L_m & 0 \\ 0 & L_r & 0 & -L_m \\ -L_m & 0 & L_s & 0 \\ 0 & -L_m & 0 & L_s \end{bmatrix}\begin{bmatrix} \cos(\omega-\omega_1)t \\ \sin(\omega_1-\omega)t \\ 0 \\ 0 \end{bmatrix} \\
p\omega_r=\dfrac{L_m}{H}(i_{qs}i_{dr}-i_{ds}i_{qr})-\dfrac{T_L}{H}
\end{cases}
$$

2. 数值仿真结果

数值仿真计算结合实例进行。结果分为起动特性探讨和不同参照系比较两部分。

【例 4.1】 一台四极、2.2 kW、380 V、50 Hz、$\eta=0.88$ 的三相鼠笼式异步电动机,定子 Y 连接,$r_s=2.68\ \Omega$,$r_r=2.85\ \Omega$,$L_s=L_r=0.265$ H,$L_m=0.253$ H,$J=0.02\ \text{kg}\cdot\text{m}^2$,计算额定电压下的理想起动过程。

(1) 探讨转动惯量 J 的取值大小对起动性能的影响;

(2) 比较起动过程在不同参照系中的观测结果。

【解】 首先完成标幺化处理。标幺基值如下。

功率

$$P_B=\frac{2200}{0.88}\ \text{W}=2500\ \text{V}\cdot\text{A}$$

电压

$$U_B=\sqrt{2}\times\frac{380}{\sqrt{3}}\ \text{V}=310.2687\ \text{V}$$

速度

$$\omega_B=2\pi\times50\ \text{Hz}=314.1593\ \text{rad/s}$$

电流

$$I_B=\frac{2P_B}{3U_B}=5.3717\ \text{A}$$

阻抗

$$Z_B=\frac{U_B}{I_B}=57.76\ \Omega$$

电感

$$L_B=\frac{Z_B}{\omega_B}=0.1839\ \text{H}$$

转矩

$$T_B=\frac{pP_B}{\omega_B}=15.9155\ \text{N}\cdot\text{m}$$

时间

$$t_B=\frac{1}{\omega_B}=0.003183\ \text{s}$$

电机在额定电压下起动，故标幺化后有

$$U_m=1.0,\quad \omega_1=1.0,\quad r_s=0.04640,\quad r_r=0.04934,$$
$$L_s=L_r=1.4410,\quad L_m=1.3757$$

而当 $J=0.02\ \text{kg}\cdot\text{m}^2$ 时，惯性常数为

$$H=J\omega_B\times\frac{\omega_B}{pT_B}=62.0126$$

完成以上准备工作后，就可以采用前面给出的仿真模型来进行仿真计算了。计算中，固定时间步长 h 的标幺值为 $\pi/100$，而常用参照系中旋转速度函数 $\omega=f(t)$ 分别定义如下。

静止参照系

$$f(t)=0$$

转子参照系

$$f(t)=\omega_r$$

同步参照系

$$f(t)=1.0$$

计算结果分图 4.5～图 4.9 和图 4.10～图 4.14 两组给出。前者反映转动惯量 J 对起动性能的影响，后者则比较不同参照系中的定、转子电流电压波形(因定、转子为相对运动的耦合电路，而波形亦由数值仿真计算求得，故意义上不同于第 2 章中曾比较过的静止无耦合电路的解析结果)。

1) 转动惯量 J 对起动性能的影响

从物理上讲，对电机起动速率产生直接影响的是电机的机械时间常数，更具体的，

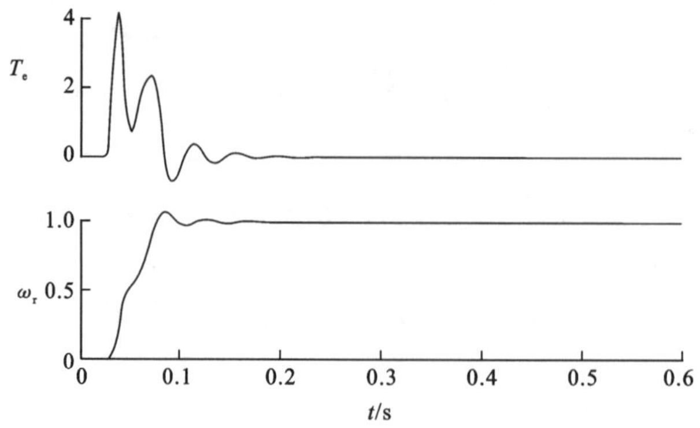

图 4.5　理想空载起动的转矩和转速波形

($J=0.01\ \mathrm{kg\cdot m^2}$)

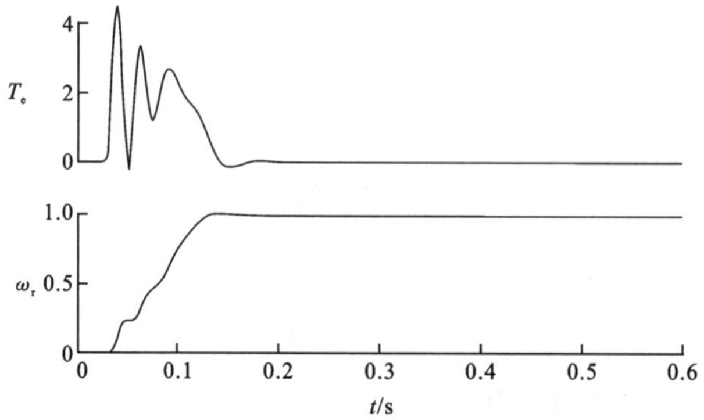

图 4.6　理想空载起动的转矩和转速波形

($J=0.02\ \mathrm{kg\cdot m^2}$)

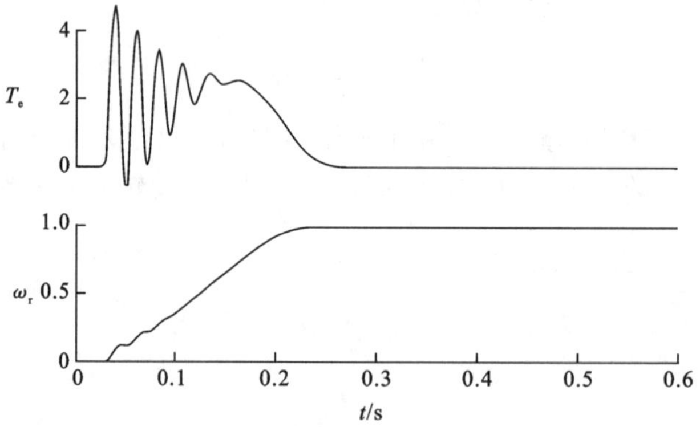

图 4.7　理想空载起动的转矩和转速波形

($J=0.04\ \mathrm{kg\cdot m^2}$)

就是电机的转动惯量。为定量研究转动惯量与起动特性的关系,设电机的转动惯量可连续变化(从实际值的 0.5 倍到 4 倍)。图 4.5～图 4.8 所示的是仿真结果(图中 T_e 和 ω_r 都为标幺值)表明,电机的起动时间基本上与转动惯量呈正比,小惯量(0.5 倍)电机在起动速度上有优势,起动转矩倍数也比较小,但速度会出现明显的超调。随着惯量增加(2 倍),超调量衰减为零,但起动速率几乎线性下降,起动转矩倍数也稍有增大。

为提供更直观的比较,仿照电机学中的做法,图 4.9 将不同转动惯量时的起动转矩

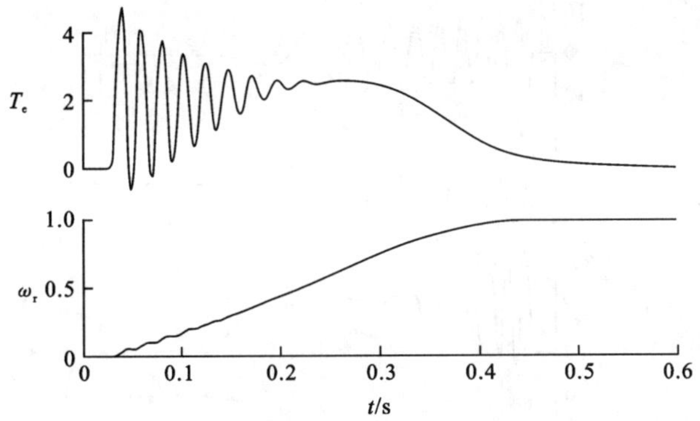

图 4.8 理想空载起动的转矩和转速波形

（$J=0.08\ \text{kg}\cdot\text{m}^2$）

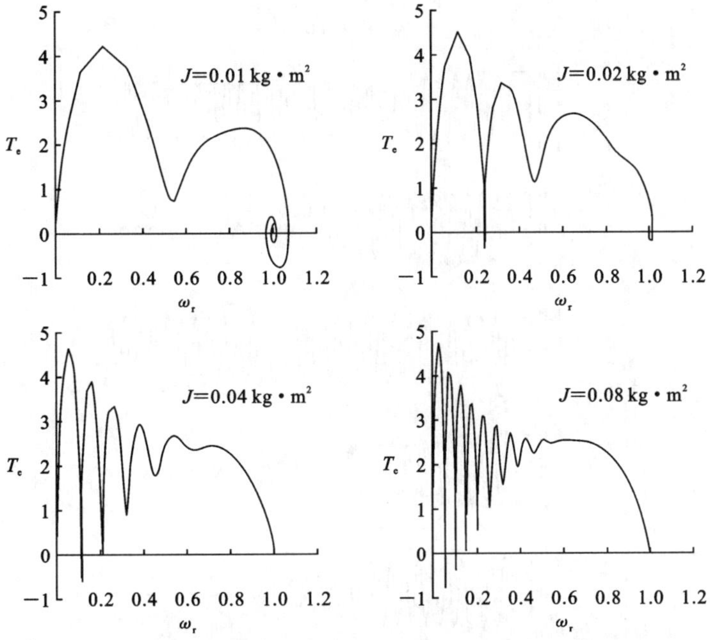

图 4.9 不同转动惯量时理想空载起动转矩-转速曲线的比较

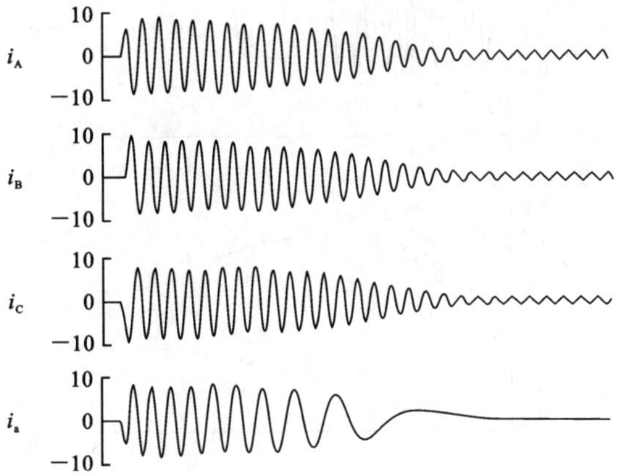

图 4.10 理想空载起动过程中的变量波形

（*a-b-c* 参照系，$J=0.08\ \text{kg}\cdot\text{m}^2$）

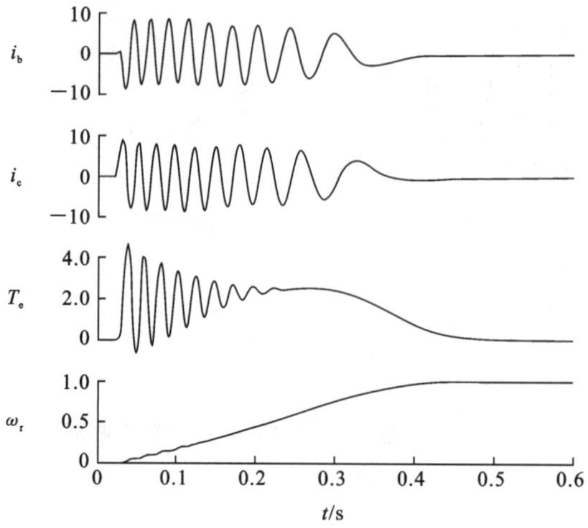

续图 4.10

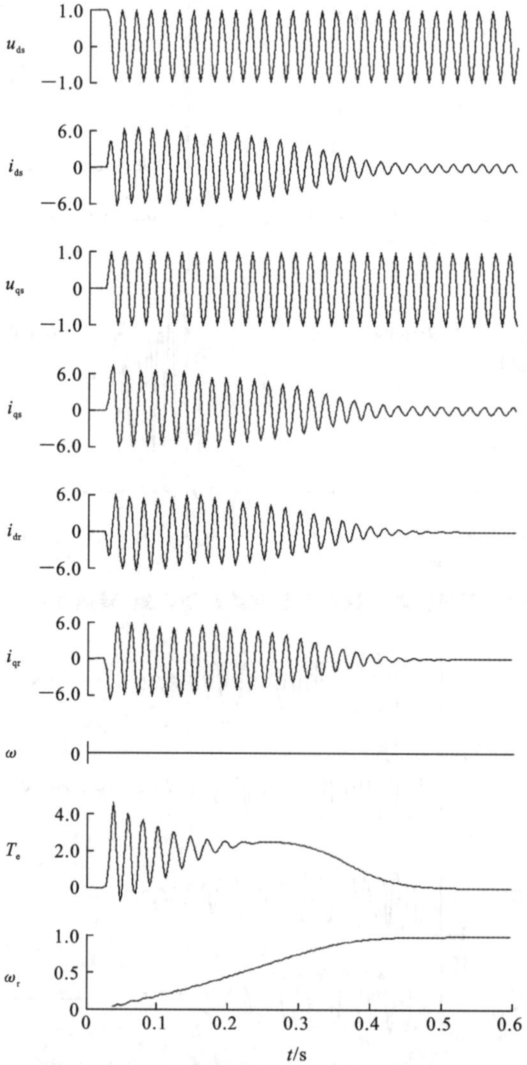

图 4.11 理想空载起动过程中的变量波形

(静止参照系,$J=0.08\ \mathrm{kg\cdot m^2}$)

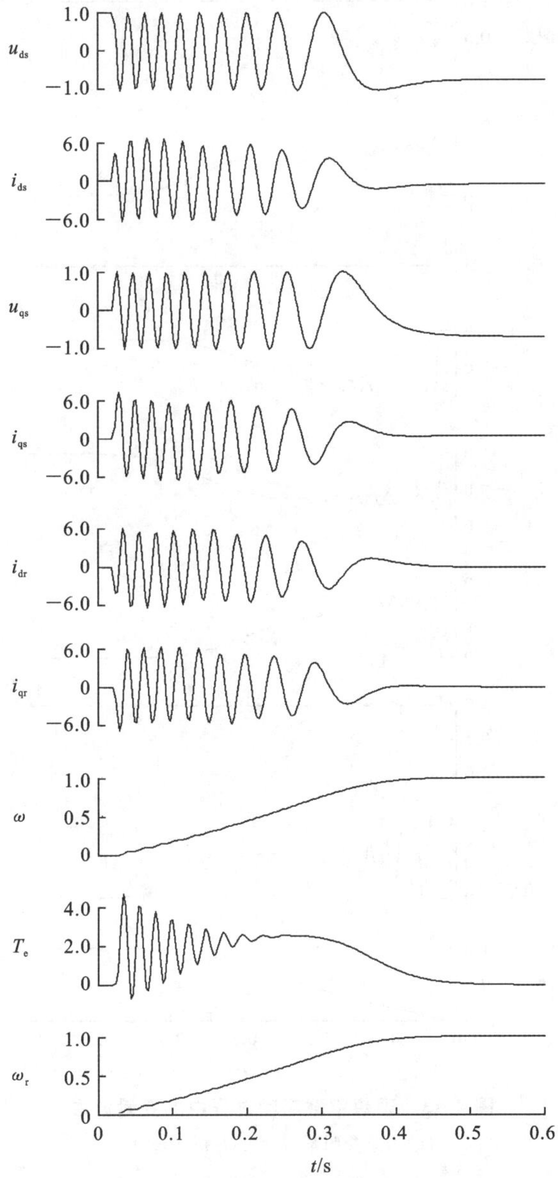

图 4.12 理想空载起动过程中的变量波形

（转子速参照系，$J=0.08\ \mathrm{kg\cdot m^2}$）

和转速波形综合画成参数曲线形式。曲线在同步速附近出现回线，说明速度有超调发生，而从起点到同步速点之间的波动次数多少，直接表明起动时间的长短。所有曲线与电机学中从稳态电路得出的转矩-转速曲线截然不同，说明电机学的分析结果是非常近似的，不适合于动态情况的分析。从曲线外形看，在速度大于 0.5 后，大惯量（4 倍）电机的结果与电机学分析结果比较接近，而图 4.8 所示的是转矩和转速波形也的确显示出较平缓的变化趋势。因此，在稍后讨论不同参照系中的波形时，为提高曲线光滑度，转动惯量统一取为实际值的 4 倍。

2）起动过程在不同参照系中的观测结果

图 4.14 中采用变速参照系，但含义与起动过程中的转子速参照系不同。变速参照

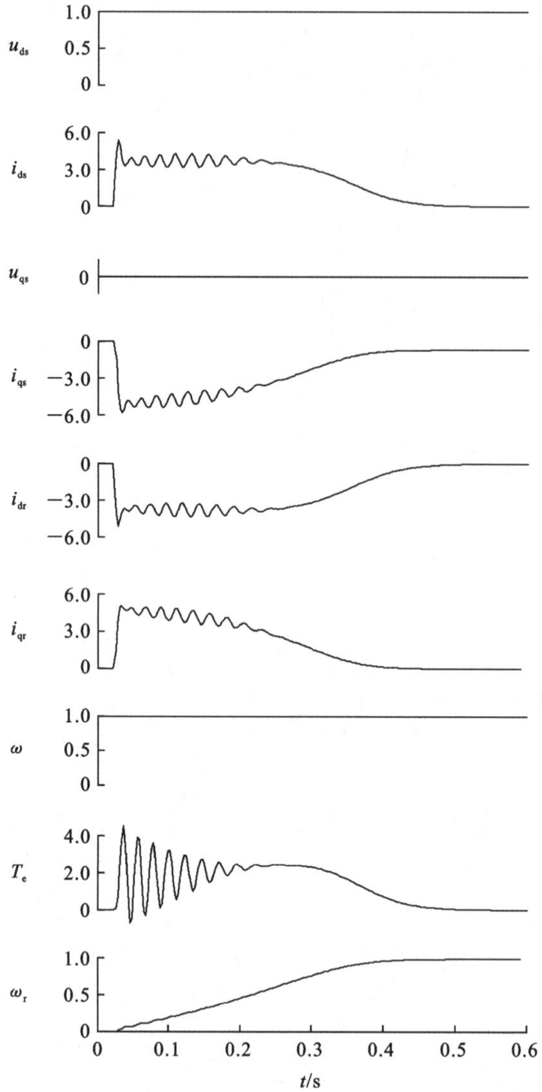

图 4.13 理想空载起动过程中的变量波形

(同步速参照系,$J=0.08\ \mathrm{kg\cdot m^2}$)

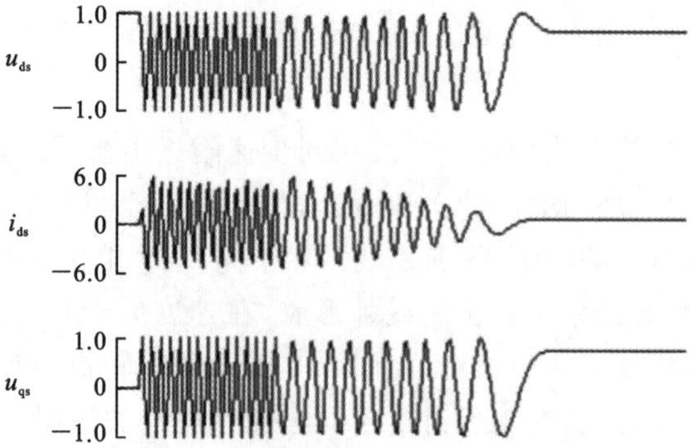

图 4.14 理想空载起动过程中的变量波形

(变速参照系,$J=0.08\ \mathrm{kg\cdot m^2}$)

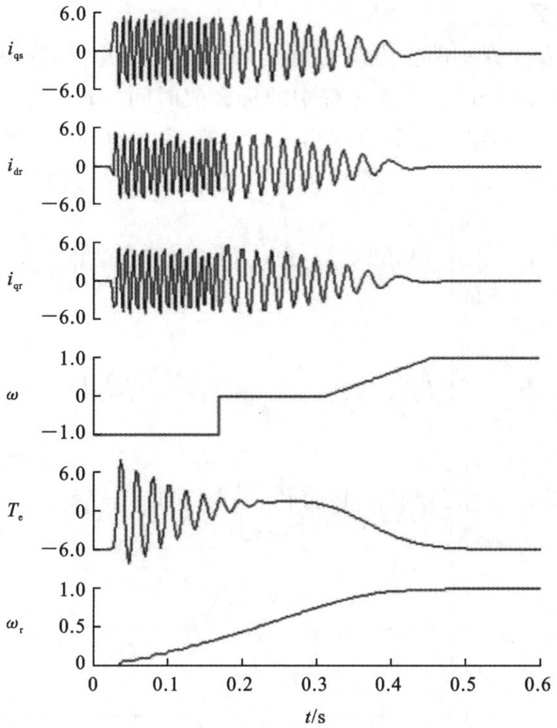

续图 4.14

系的速度变化规律是预定的，而转子速参照系在起动过程中的速度只能在计算中确定。

比较图 4.10～图 4.14 的数值结果可发现：

(1) 转子电流以转差频率交变的物理特征只有在 *a*-*b*-*c* 参照系中明显可见；

(2) 同步速参照系中观测到的变量波形变化最平缓，在动态情况下亦如此。

4.3.3 负载转矩的突加和突减过程

1. 数值仿真模型

设电机端电压保持为额定值($U_m=1$)，而负载突变前电机运行于理想空载状态。因此，初始条件可由式(4-110)确定。若假定负载转矩突加和突减的幅度相同(取为标幺值 1)，即突加和突减过程结束后电机依然回到理想空载运行状态，则综合式(4-88)、式(4-90)、式(4-97)、式(4-101)和式(4-110)即得该过程的数值仿真模型。预定加、减载时刻 t_1、t_2，具体仿真过程为

$$
\begin{cases}
i_{ds}(0)=\dfrac{r_s}{L_s^2+r_s^2} \\
i_{qs}(0)=\dfrac{-L_s}{L_s^2+r_s^2} \\
i_{dr}(0)=i_{qr}(0)=\omega_r(0)=0;\ U_m=1.0 \\
j=0,1,2,\cdots \\
t=jh;\omega=f(t);T_L=\begin{cases} 0 & (0\leqslant t<t_1) \\ 1.0 & (t_1\leqslant t<t_2) \\ 0 & (t_2\leqslant t) \end{cases} \\
\text{解状态方程(同理想空载起动过程)}
\end{cases}
$$

2. 数值仿真结果

依然以例 4.1 为计算实例。为使数值结果更具典型意义,转动惯量取值为实际值的两倍,即 $J=0.04\ \mathrm{kg\cdot m^2}$。计算过程中的标幺值时间步长 h 仍为 $\pi/100$。虽然参照系旋转速度函数 $f(t)$ 的定义不同可得出不同参照系中的变量波形,但为节约篇幅,只给出物理意义最直观的 a-b-c 参照系中的一组结果(见图 4.15)。

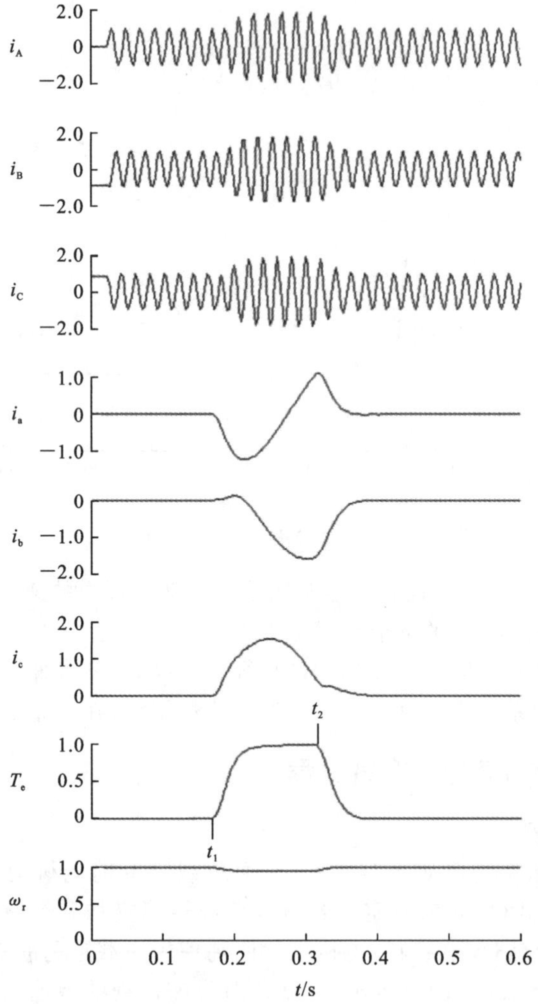

图 4.15 负载转矩突变过程中的变量波形

(a-b-c 参照系,$J=0.04\ \mathrm{kg\cdot m^2}$)

数值结果表明,虽然突加和突减负载转矩的幅度并不小(标幺值为 1,实际值比额定转矩略大),但电机电流的冲击并不大(幅值的标幺值约 2,有效值约 1.5 倍),远小于空载起动时的电流冲击值(幅值标幺值接近 10,见图 4.10),转矩的跟踪能力也比较好(尽管转动惯量增加了 1 倍),并且转速能很快达到稳定值,下降幅度极小(约 5%),无往复波动。之所以如此,主要是因为负载转矩突变前,电机已处于稳定运行状态,其电磁储能和机械储能使之足以承受一定的负载波动而不至于发生显著的电磁变化。若不然,电流冲击值肯定会比空载起动时的数值大。其次异步电机硬的机械特性也对冲击幅值起到了有效抑制作用。由此,可对异步电机稳定性好、抗扰动能力强的特点有更直观的认识。

4.3.4 端部三相突然短路过程

1. 数值仿真模型

仿照负载突变分析，设电机端电压恒为额定值($U_m=1$)，短路前电机运行于理想空载状态。因此，初始条件仍由式(4-110)确定。假设短路故障经适当延时后自行清除，即电机最终回到理想空载状态，则预定短路故障发生和清除时刻为 t_1、t_2，综合式(4-88)、式(4-90)、式(4-97)、式(4-101)和式(4-110)，可得数值仿真模型为

$$\begin{cases} i_{ds}(0)=\dfrac{r_s}{L_s^2+r_s^2} \\ i_{qs}(0)=\dfrac{L_s}{L_s^2+r_s^2} \\ i_{dr}(0)=i_{qr}(0)=0 \\ \omega_r(0)=0 \\ T_L=0 \\ j=0,1,2,\cdots \\ t=jh \\ \omega=f(t) \\ U_m=\begin{cases}1.0 & (0\leqslant t<t_1) \\ 0 & (t_1\leqslant t<t_2) \\ 1.0 & (t_2\leqslant t)\end{cases} \\ \text{解状态方程(同理想空载起动过程)} \end{cases}$$

2. 数值仿真结果

依然以例 4.1 为计算实例。与负载突变同理，转动惯量取值为 $J=0.04\ \mathrm{kg\cdot m^2}$。计算过程中的标幺值时间步长 h 仍保持为 $\pi/100$。变量波形依然只给出 a-b-c 参照系中的一组结果(见图 4.16)。

仿真结果表明，三相短路和重投入过程中的电磁冲击是非常显著的。电流冲击幅度与起动过程相近。对于实际电机，端部短路后速度会很快降至零，但图 4.16 所示的速度波形竟然在短路后稳定在一个非零速度上。这是因为在列写异步电机转子运动方程时，忽略了摩擦阻尼系数 R_Ω(视之为零)，系统自然就成了无损保守系统。只要电磁转矩非零期间转子速度未降至零，则电磁转矩为零后，转子就保持该非零速度运行。由

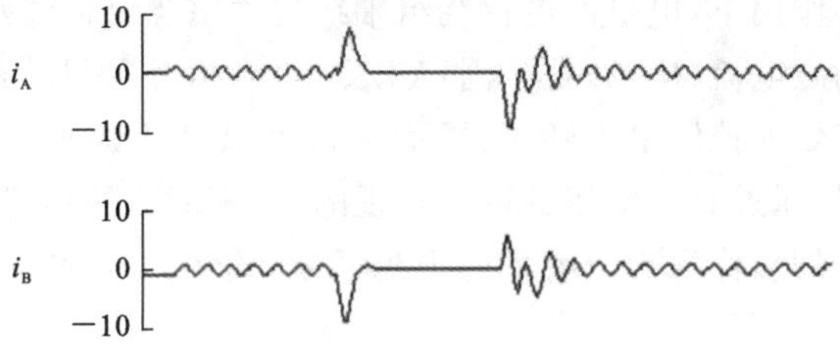

图 4.16 端部三相突然短路过程中的变量波形

(a-b-c 参照系，$J=0.04\ \mathrm{kg\cdot m^2}$)

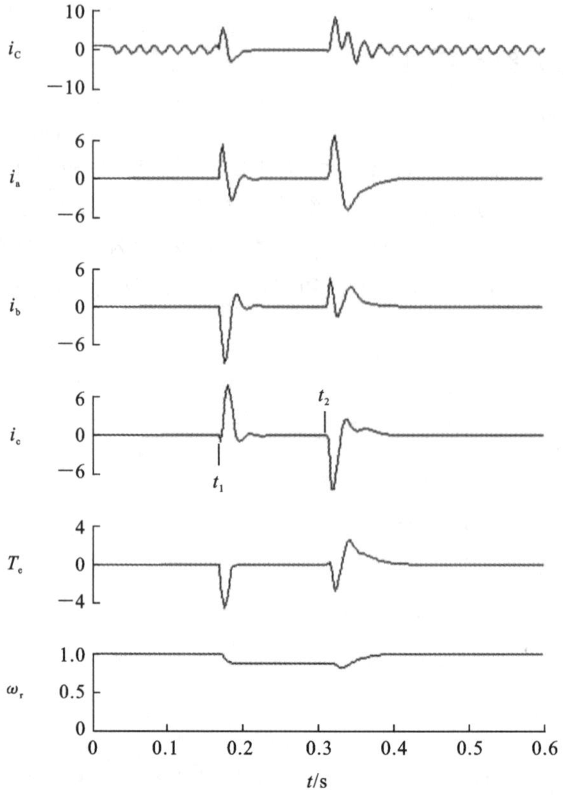

续图 4.16

此可见,忽略摩擦阻尼系数是有条件的。若考察目的是认识实际系统的真实特性,则不宜忽略。

4.4 鼠笼式异步电机矢量控制变频调速系统

4.4.1 交流电机矢量控制原理

电机的速度控制归根结底是对电磁转矩的控制。对于直流电机,由式(3-2)和式(3-3)有

$$T_e = L_{af} I_f I_a = C_T \Phi_0 I_a \quad (C_T = pN_a/(\pi a)) \tag{4-111}$$

这表明在机械换向器作用下,电机的电枢绕组轴线与励磁绕组轴线始终保持垂直状态,电枢电流(磁场)和励磁电流(磁场)处于固定正交位置,两者之间没有耦合关系,单独控制任意一方都可以有效地控制电磁转矩,因而电机可以灵活调速。无论是控制电枢电流还是励磁电流,都是通过直流电压的调节实现的,而直流量的描述和控制也只有有效值这个唯一的参数,因此,作为自行解耦的电磁系统,直流电机的理论分析和调速控制都比较简单。

相比之下,交流电机的情况就要复杂很多。首先,描述和控制一个交流量需要三个基本参数:幅值、频率和相位。显然,这就要比直流量的描述和控制困难得多。其次,交流电机为强耦合系统,其电磁转矩就是相互耦合的定、转子电流及由其共同建立的气隙

磁场相互作用产生的。以异步电机为例，转矩公式(式(4-52))之复杂自不多论，即便是三相对称系统的最简公式

$$T_e = C'_T \Phi_0 I_2 \cos\varphi_2 \tag{4-112}$$

从实施控制的角度来看亦绝非易事。因为转子功率因数 φ_2、转子电流 I_2，以及由定、转子电流共同建立的气隙磁场 Φ_0 本身，都是转速的非线性函数，由此控制转矩进而调节转速，难度之大，可以想象。实际上，如果不采取特殊措施对电机中的变量进行解耦处理，并设法使处理后的转矩公式可表达成与直流电机相同的形式，异步电机的转矩控制就难以实现。

所幸的是，若使用 *d-q-n* 参照系，则实现变量解耦并不困难。首先，相互垂直的 d、q 轴本身就没有耦合关系，转矩的一般公式已简化为(选定表 4.1 中的第 1 式和第 4 式)

$$T_e = 1.5pL_m(i_{qs}i_{dr} - i_{ds}i_{qr}) = 1.5p(\psi_{qg}i_{dr} - \psi_{dg}i_{qr}) \tag{4-113}$$

而即便是任选 d 轴(见图 4.17)，亦可变换为与式(4-111)相近的表达式，即

$$T_e = 1.5pL_m I_s I_r \sin\alpha = 1.5p\Psi_g I_r \sin\beta \tag{4-114}$$

式中，I_s、I_r 和 Ψ_g 分别为定子电流、转子电流和气隙磁链综合矢量的瞬时幅值(α、β 定义见图 4.17)，任意速情况下是交变的，而且与参考轴之间存在着相对运动(4.3 节中不同参照系的变量波形)，仅当参照系以同步速旋转，才与参考轴保持相对静止。特别地，若选定 d 轴(参考轴)与某被控综合矢量重合(如图 4.17 所示的定子电流和气隙磁链综合矢量)，才真正有可能使转矩表达式简化成为与直流电机完全相同的形式。

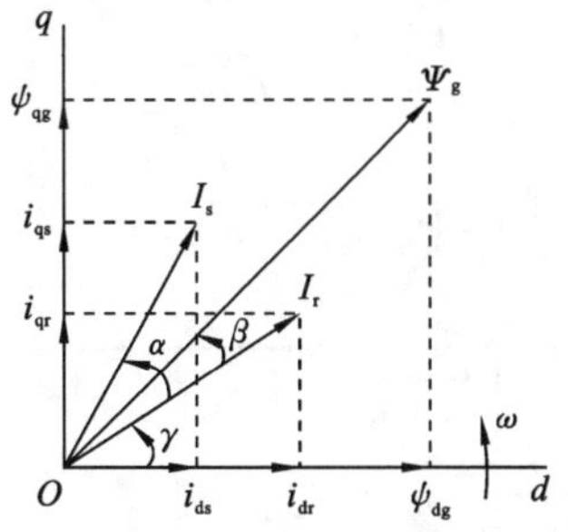

图 4.17 *d-q-n* 参照系中定、转子电流和气隙磁场关系示意图

以 d 轴与定子电流综合矢量重合为例，其含义为

$$i_{ds} \equiv I_s, \quad i_{qs} \equiv 0 \tag{4-115}$$

代入式(4-113)，可得

$$T_e = -1.5pL_m i_{ds} i_{qr} = -1.5pL_m I_s i_{qr} \tag{4-116}$$

同理，选定 d 轴与气隙磁链综合矢量重合，有

$$\psi_{dg} \equiv \Psi_g, \quad \psi_{qg} \equiv 0 \tag{4-117}$$

代入式(4-113)，即

$$T_e = -1.5p\psi_{dg} i_{qr} = -1.5p\Psi_g i_{qr} \tag{4-118}$$

在同步速参照系内根据不同被控综合矢量选定 d 轴，都可得到一系列与式(4-116)和式(4-118)类似的转矩表达式，其不仅在形式上与式(4-111)的直流电机公式相同，而且在物理意义上也完全一致。由此可见，以恰当的 *d-q-n* 参照系作为转换平台实现交流电机的解耦控制，使之具有与直流电机相类似的调速性能在理论上是可行的。这就是交流电机矢量变换控制(也称为磁场定向控制，field-oriented control，通常简称为矢量控制)的基本原理。对异步电机来说，这个恰当的 *d-q-n* 参照系就是同步速参照系。

交流电机矢量控制的核心是变量解耦，理论基础是坐标变换(参照系理论)。虽然

在选定参照系内电机的转矩公式与直流电机一致，但控制目标却是大小和方向可变的综合矢量，且最终控制对象还是产生这些综合矢量的三相交流电源的幅值、相位和频率。换句话说，控制手段是丰富了，但控制难度也增加了。这一点是需要特别说明的。

交流电机矢量变换(transvector)控制思想自 1971 年由德国西门子公司的 Blaschke首次提出，已在交流传动控制领域内掀起了一场延续了 50 多年的革命，并且仍与电力电子技术和计算机控制技术的不断进步同步发展，相互促进，活力不减。

4.4.2 鼠笼式异步电机的矢量控制模型

如上所述，参照系理论是矢量控制的理论基础，其建模关键就是要在同步速参照系内选定恰当的 d 轴位置(与被控综合矢量重合)，并赋予被控综合矢量(磁链、电压或电流)以合适的控制指令值，由此导出表征电机电磁关系和调节控制规律的数学表达式。为突出物理意义，本节公式将全部采用实际值推导，分析对象选定为三相鼠笼式异步电机。

首先确定 d 轴，亦即确定被控综合矢量。虽然矢量控制技术对被控综合矢量的选择并无具体限制，但在建立矢量控制模型时，恰当的选择却是建模者控制思想(策略)的具体体现，与模型数学描述和控制实施的难易程度密切相关。对异步电机来说，随着 d 轴位置选取的不同可有很多种矢量控制模型(仅表 4.1 中的转矩公式就可能派生出 5 种不同选择)，但最简单、最能体现矢量控制解耦控制思想、应用最普遍的还是将 d 轴选定在转子合成磁场轴线上，亦即与转子合成磁链矢量重合(见图 4.18)。

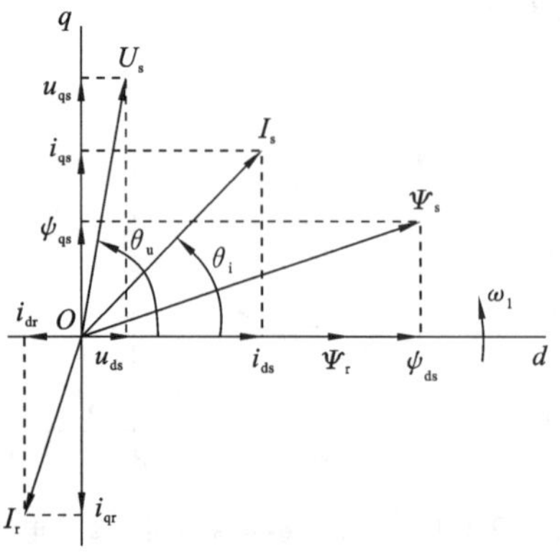

图 4.18　d 轴与转子合成磁链重合时变量关系示意图

设转子合成磁链为 Ψ_r，则 d 轴与转子合成磁链重合隐含的约束条件为

$$\begin{cases}\psi_{dr}=\Psi_r\\ \psi_{qr}=0\end{cases} \tag{4-119}$$

在控制系统中，被控量必须赋予控制指令值，而作为电机中的磁链，控制指令值最好为常数，以保证电机运行过程中的磁场饱和状况基本维持不变，借以创造电机参数的线性化或准线性化条件。从磁路设计角度看，电机在额定电压和额定频率下，空载运行时的定子电流所产生的磁场，实际上就是电机磁路的额定工作点。若选此额定点作为设定电机转子磁链控制指令值的依据，显然是比较合理的。

$$\Psi_r=L_m I_{m0}=\text{常数} \tag{4-120}$$

简称为转子恒磁链约束。

式(4-120)中，I_{m0} 为电机在额定电压 (U_N)、额定频率 (ω_N) 下进行理想空载运行时的定子电流幅值，其数值为

$$I_{m0}=\frac{\sqrt{2}U_N}{\sqrt{r_s^2+(\omega_N L_s)^2}}=\frac{U_{mN}}{\sqrt{r_s^2+(\omega_N L_s)^2}} \tag{4-121}$$

这与式(4-108)的标幺值结果是一致的。

至此，综合式(4-119)和式(4-120)，有

$$\begin{cases} p\psi_{dr}=0 \\ p\psi_{qr}=0 \end{cases} \tag{4-122}$$

而将式(4-97)、式(4-119)、式(4-120)、式(4-122)代入式(4-60)和式(4-71)后,展开得

$$r_s i_{ds}-\omega_1\psi_{qs}+p\psi_{ds}=u_{ds} \tag{4-123}$$

$$r_s i_{qs}+\omega_1\psi_{ds}+p\psi_{qs}=u_{qs} \tag{4-124}$$

$$r_r i_{dr}=0 \tag{4-125}$$

$$r_r i_{qr}+(\omega_1-\omega_r)\Psi_r=r_r i_{qr}+(\omega_1-\omega_r)L_m I_{m0}=0 \tag{4-126}$$

$$L_s i_{ds}+L_m i_{dr}=\psi_{ds} \tag{4-127}$$

$$L_s i_{qs}+L_m i_{qr}=\psi_{qs} \tag{4-128}$$

$$L_m i_{ds}+L_r i_{dr}=\Psi_r=L_m I_{m0} \tag{4-129}$$

$$L_m i_{qs}+L_r i_{qr}=0 \tag{4-130}$$

由式(4-125)、式(4-126)、式(4-129)、式(4-130)联立,解得

$$i_{ds}=I_{m0} \tag{4-131}$$

$$i_{qs}=\frac{(\omega_1-\omega_r)L_r I_{m0}}{r_r} \tag{4-132}$$

$$i_{dr}=0 \tag{4-133}$$

$$i_{qr}=\frac{-(\omega_1-\omega_r)\Psi_r}{r_r} \tag{4-134}$$

代入式(4-127)、式(4-128)和式(4-83)后,有

$$\psi_{ds}=L_s I_{m0} \tag{4-135}$$

$$\psi_{qs}=\frac{(\omega_1-\omega_r)\Lambda I_{m0}}{r_r} \tag{4-136}$$

$$T_e=-1.5pL_m i_{ds}i_{qr}=\frac{1.5p(\omega_1-\omega_r)\Psi_r^2}{r_r} \tag{4-137}$$

由式(4-135)和式(4-136)可得

$$p\psi_{ds}=0 \tag{4-138}$$

$$p\psi_{qs}=-\left(\frac{\Lambda I_{m0}}{r_r}\right)p\omega_r \tag{4-139}$$

而将式(4-137)代入式(4-55),有

$$(\tau_m p+1)\omega_r=\omega_1-\frac{p}{J}\tau_m T_L \quad \left(\tau_m=\frac{2r_r J}{3p^2\Psi_r^2}\right) \tag{4-140}$$

最后将相关算式一并代入式(4-123)和式(4-124),得

$$u_{ds}=\left[\frac{r_s-\omega_1(\omega_1-\omega_r)\Lambda}{r_r}\right]I_{m0} \tag{4-141}$$

$$u_{qs}=[C_J T_L+\omega_1 L_s+(\omega_1-\omega_r)L_e]I_{m0} \tag{4-142}$$

式中,

$$\begin{cases} C_J=\dfrac{\Lambda p}{J r_r} \\ L_e=\dfrac{L_r r_s-\Lambda/\tau_m}{r_r} \end{cases} \tag{4-143}$$

综上所述,在转子恒磁链约束条件下,电机的电磁关系得到了很大程度的简化。d 轴电流为零(转子)或常数(定子),q 轴电流互成比例($L_m i_{qs}=-L_r i_{qr}$),除实际转速仍由

一阶常微分方程式(4-140)描述外(可解析求解),所有变量(转矩、端电压、q 轴电流)均直接由电源频率和转差频率表示(用方块图可表述为图 4.19)。特别地,电磁转矩为转差频率的线性函数。这实际上反证了转子恒磁链约束条件提法的合理性。

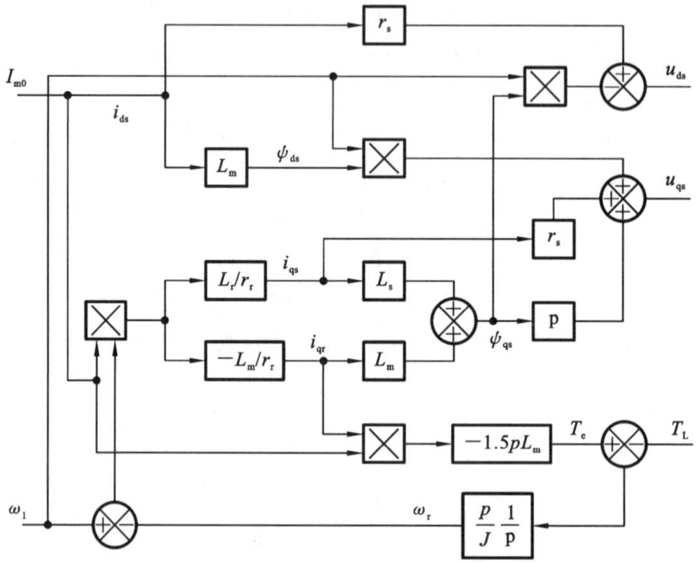

图 4.19 鼠笼式电机转子恒磁链控制模型的方块图

在设计鼠笼式电机变频调速系统时,转速指令值 ω^* 是给定的,而电源基波频率由速度调节器给出。不过,对已知负载,亦可令式(4-137)等于 T_L 解出,即指令值为

$$\omega_1^* = \omega^* + \frac{\mathrm{p}}{J}\tau_m T_L \tag{4-144}$$

于是,当电机由电压源逆变器(voltage source inverter,VSI)供电时,其电压基波幅值和相角(定义见图 4.18)的控制指令分别为

$$U_s(T_L, \omega_1^*, \omega_r) = \sqrt{u_{ds}^2 + u_{qs}^2} \tag{4-145}$$

$$\theta_u(T_L, \omega_1^*, \omega_r) = \arctan\frac{u_{qs}}{u_{ds}} \tag{4-146}$$

式中,u_{ds}、u_{qs} 由式(4-141)和式(4-142)定义;ω_r 为实际转速,由位置传感器给出。系统的原理框图如图 4.20 所示,其中,电压和速度调节器可设计成比例(P)型或比例积分(PI)型。

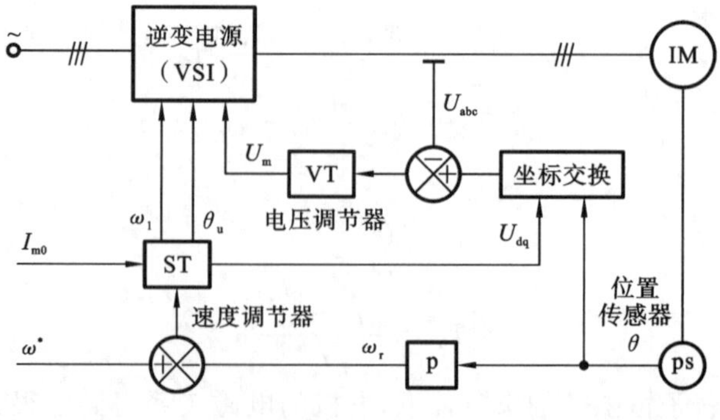

图 4.20 鼠笼式异步电机矢量控制变频调速系统原理框图(电压型)

若由电流源逆变器(current source inverter,CSI)供电,则电流基波幅值和相角(定义见图 4.18)的控制指令分别为

$$I_s(\omega_1^*, \omega_r) = \sqrt{I_{m0}^2 + i_{qs}^2} \tag{4-147}$$

$$\theta_i(\omega_1^*, \omega_r) = \arctan \frac{i_{qs}}{I_{m0}} \tag{4-148}$$

式中,i_{qs}由式(4-132)定义。

控制系统的原理框图如图 4.21 所示,其中,电流调节器可为比例(P)型或比例积分(PI)型。

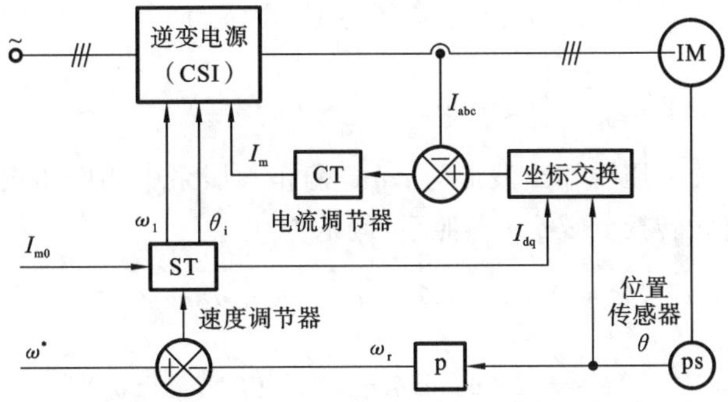

图 4.21 鼠笼式异步电机矢量控制变频调速系统原理框图(电流型)

4.4.3 非正弦电源转换及 PWM 波形的谐波消除技术

三相逆变器提供的是非正弦电源,而对交流变频调速系统起主要作用的是基波。因此,要对非正弦电源供电时系统的动态行为进行数值仿真。首先,要解决波形的描述问题,即如何将三相桥式开关电源(逆变器)的输出波形转换为三相无中线系统的相供电波形。其次,就是波形的质量问题,简单地说,就是如何使基波成分尽量大,而有害谐波成分尽量小。

1. 三相桥式开关电源波形与相供电波形的转换

三相桥式开关电源与三相无中线系统的连接关系如图 4.22 所示。逆变器可为电压型,亦可为电流型,工作方式可为 120° 导通型、180° 导通型抑或 PWM 型。

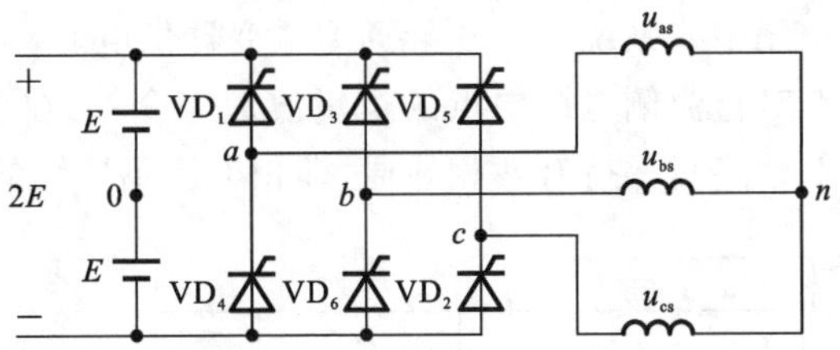

图 4.22 三相逆变器与三相无中线系统的连接关系

下面仅以电压型逆变器为例进行分析。忽略换流影响,可由图 4.22 写出各桥臂中点对直流侧电源中点的电压方程为

$$\begin{cases} u_{a0} = u_{as} + u_{n0} \\ u_{b0} = u_{bs} + u_{n0} \\ u_{c0} = u_{cs} + u_{n0} \end{cases} \tag{4-149}$$

而三相对称系统的约束条件为

$$u_{as}+u_{bs}+u_{cs}=0 \tag{4-150}$$

代入式(4-149),得

$$u_{n0}=\frac{1}{3}(u_{a0}+u_{b0}+u_{c0}) \tag{4-151}$$

综上所述,可解得

$$\begin{cases} u_{as}=\dfrac{2}{3}u_{a0}-\dfrac{1}{3}(u_{b0}+u_{c0}) \\ u_{bs}=\dfrac{2}{3}u_{b0}-\dfrac{1}{3}(u_{c0}+u_{a0}) \\ u_{cs}=\dfrac{2}{3}u_{c0}-\dfrac{1}{3}(u_{a0}+u_{b0}) \end{cases} \tag{4-152}$$

这就是三相桥式开关电压源输出波形与 a-b-c 静止参照系中相电压波形转换的一般关系式。若进一步将之转换到 d-q-n 参照系,就是

$$\begin{cases} u_{ds}=\dfrac{2}{3}(u_{a0}\cos\theta_1+u_{b0}\cos\theta_2+u_{c0}\cos\theta_3) \\ u_{qs}=-\dfrac{2}{3}(u_{a0}\sin\theta_1+u_{b0}\sin\theta_2+u_{c0}\sin\theta_3) \end{cases} \tag{4-153}$$

下面举例说明式(4-152)的应用。首先以 120° 导通型逆变器为例,其各桥臂中点对直流侧电源中点的逻辑波形如图 4.23 所示。

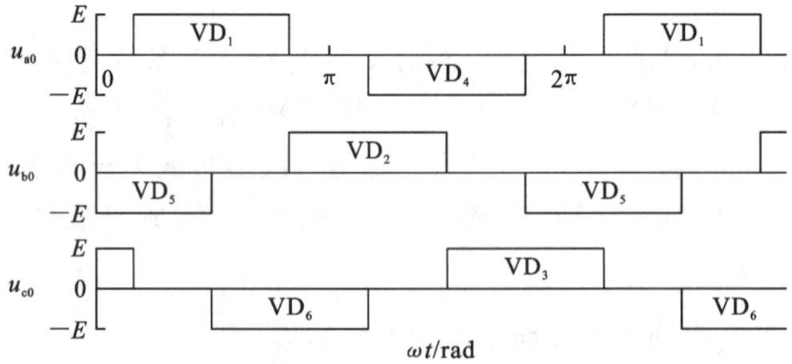

图 4.23　120°导通型逆变器各桥臂中点对直流侧电源中点的逻辑波形

利用式(4-152)对图 4.23 中的波形进行直接计算,即可求得各相电压波形(见图 4.24)。结果表明,三相无中线系统由 120°导通型逆变器供电时,不考虑换流过程,相电压波形与同名桥臂中点对直流侧电源中点的逻辑波形完全一致(幅值和相位亦相同),这是因为系统在逻辑上始终只保持有两相导通,即相电流不连续的缘故。

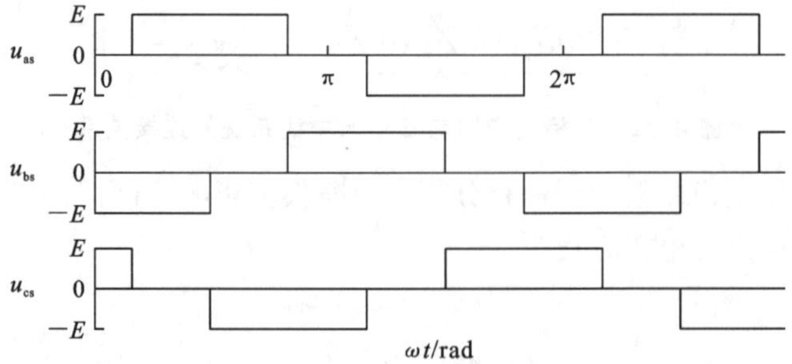

图 4.24　120°导通型逆变器供电时的各相电压波形

相比之下,180°导通型逆变器的情况就不一样了。此时,三相电路始终是导通的,相电流保持连续。其结果是相电压波形与同名桥臂中点对直流侧电源中点的逻辑波形完全不同,只是相位保持对应。为便于比较对应关系,将各桥臂中点对直流侧电源中点的逻辑波形和各相电压波形一起画于图 4.25 中。

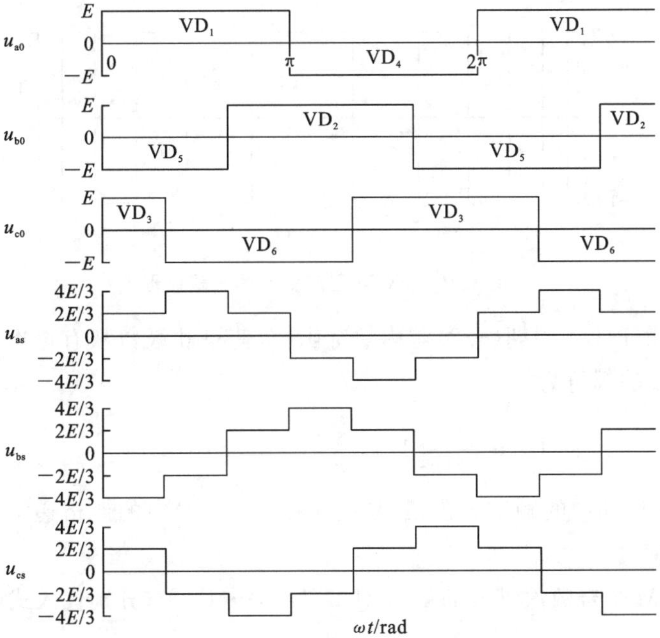

图 4.25 180°导通型逆变器供电时的波形

由傅里叶分析,以上 120°导通型逆变器和 180°导通型逆变器相电压波形的基波幅值分别为

$$\begin{cases}U_{1m}(120°)=2\sqrt{3}E/\pi\approx 1.1E\\U_{1m}(180°)=4E/\pi\approx 1.27E\end{cases}\tag{4-154}$$

$U_{1m}(180°)/U_{1m}(120°)\approx 1.15$,表明 180°导通方式有更高的利用率。进一步分析,还发现其相电压波形的低次谐波分量也较小,故电压型逆变器以 180° 导通方式运行为妥。

首先,无论是 120°导通方式还是 180°导通方式,其波形都是固定不变的,因而,谐波成分也保持不变。换句话说,各次谐波分量不可控。其次,输出基波幅值与直流侧电压的关系也是固定的,要调节基波幅值就必须改变直流侧电压,而直流侧电压的变化又必须通过整流器的控制来实现。这就意味着矢量控制变频调速系统的电源必须包含可控整流器和逆变器两部分,前者实现幅值控制,后者实现相角(和频率)控制。这在控制结构上明显复杂,而且响应速度慢,最终得到的波形质量又不高(谐波不可控),显然,难以满足高性能应用需求。

现代高性能交流变速传动系统中,电源普遍采用 PWM 型逆变器。PWM 型逆变器对基波幅值的控制是通过改变触发角以调节输出脉冲宽度来实现的,与直流侧电压无直接关系,因此,直流侧整流电源可以不控制,而矢量控制所要求的幅值、相角和频率控制均可集于逆变器一身,由触发脉冲序列的调控来实现。特别地,若触发脉冲序列的调控规律是以消除有害谐波为前提而得出的,则表明电源波形的质量还可以通过控制途径予以改善。这就是所谓 PWM 波形的谐波消除技术,简要介绍如下。

2. PWM 波形的谐波消除技术

图 4.26 所示的是 PWM 型逆变器的典型输出波形(可为电压波形,亦可为电流波形,在此进行统一化处理)。为分析简化,假设波形幅值的标幺值为 1。

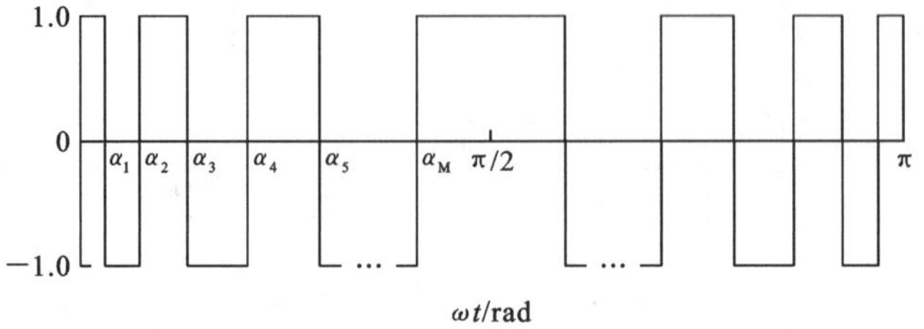

图 4.26 PWM 型逆变器的一般波形

这是一个关于 1/4 周期($\pi/2$)对称的奇函数,傅里叶级数只有奇次谐波分量,且第 n_i 个奇数次谐波的幅值为

$$U_{n_i}=\frac{4}{n_i\pi}\left[1+2\sum_{k=1}^{M}(-1)^k\cos(n_i\alpha_k)\right] \tag{4-155}$$

式中,M 为 1/4 周期内的触发次数;α_k 是定义在(0, $\pi/2$)内的严格递增序列($\alpha_k>\alpha_{k-1}$, $k=2, 3, \cdots, M$)。

给定一组 M 个奇数次谐波的幅值 ($U_{n_1}, U_{n_2}, \cdots, U_{n_M}$),分别代入式(4-155)后,有

$$\begin{cases} U_{n_1}=\dfrac{4}{n_1\pi}\left[1+2\displaystyle\sum_{k=1}^{M}(-1)^k\cos(n_1\alpha_k)\right] \\ U_{n_2}=\dfrac{4}{n_2\pi}\left[1+2\displaystyle\sum_{k=1}^{M}(-1)^k\cos(n_2\alpha_k)\right] \\ \qquad\vdots \\ U_{n_M}=\dfrac{4}{n_M\pi}\left[1+2\displaystyle\sum_{k=1}^{M}(-1)^k\cos(n_M\alpha_k)\right] \end{cases} \tag{4-156}$$

这是一个 M 阶方程组,有 M 个未知数($\alpha_1, \alpha_2, \cdots, \alpha_M$),在限定值域范围(0, $\pi/2$)内,由严格递增序列约束条件,可得出一组唯一的解答。但由于是三角超越方程,只能进行数值求解。

如果上述 M 个奇数次谐波的幅值按这样的规律给出:仅某一次谐波的幅值(通常设为基波)为期望值,而其他 $M-1$ 个谐波的幅值(设为最靠近基波的有害谐波的集合)与之相比足够小(甚至为 0),随即就可以由式(4-156)解出相应的触发角系列($\alpha_1, \alpha_2, \cdots, \alpha_M$)。若以此触发角系列对逆变器进行触发控制,也就可以达到确保基波幅值同时削弱乃至消除最靠近基波的 $M-1$ 个有害谐波及明显提高波形质量的目的。这也就是所谓的 PWM 波形的谐波消除技术。

由于式(4-156)只能进行数值求解,不可能由控制系统实时完成,因此,实施 PWM 波形的谐波消除技术的实际系统,都是预先离线计算确定所有可能需要的触发角系列,并将结果编制成数表写入存储芯片以供查寻调用。式(4-156)依然采用牛顿-拉斐逊法求解。为了编制通用计算程序,首先需要建立规范格式。为此,令

$$f_i(\alpha)=1+2\sum_{k=1}^{M}(-1)^k\cos(n_i\alpha_k)$$
$$=\frac{n_i\pi}{4}U_{n_i}=U_i\quad(i=1,2,\cdots,M)\tag{4-157}$$

定义

$$\begin{cases}\boldsymbol{F}=(f_1,\ f_2,\cdots,\ f_M)^{\mathrm{T}}\\ \boldsymbol{\alpha}=(\alpha_1,\alpha_2,\cdots,\alpha_M)^{\mathrm{T}}\\ \boldsymbol{U}=(U_1,U_2,\cdots,U_M)^{\mathrm{T}}=\left(\dfrac{\pi U_s}{4E},0,\cdots,0\right)^{\mathrm{T}}\end{cases}\tag{4-158}$$

则式(4-156)可记为

$$\boldsymbol{F}(\boldsymbol{\alpha})=\boldsymbol{U}\tag{4-159}$$

式(4-158)中，U_s 为基波幅值的期望值，在系统控制或仿真计算时，也就是式(4-145)中定义的控制指令值；E 为逆变器直流侧电压的一半(见图 4.22)。

式(4-159)的牛顿-拉斐逊迭代求解形式为

$$\begin{cases}\boldsymbol{F}'(\boldsymbol{\alpha}^j)\Delta\boldsymbol{\alpha}^j=\boldsymbol{U}-F(\boldsymbol{\alpha}^j)\\ \boldsymbol{\alpha}^{j+1}=\boldsymbol{\alpha}^j+\Delta\boldsymbol{\alpha}^j\end{cases}\quad(j=0,1,2,\cdots)\tag{4-160}$$

式中，上标“j”表示第 j 次的迭代值，而 $\boldsymbol{F}'(\boldsymbol{\alpha}^j)$ 为雅可比(Jacobian)矩阵，参照式(4-157)可导出为

$$\begin{cases}\boldsymbol{F}'(\boldsymbol{\alpha}^j)=\begin{bmatrix}\dfrac{\partial f_1}{\partial\alpha_1} & \dfrac{\partial f_1}{\partial\alpha_2} & \cdots & \dfrac{\partial f_1}{\partial\alpha_M}\\ \dfrac{\partial f_2}{\partial\alpha_1} & \dfrac{\partial f_2}{\partial\alpha_2} & \cdots & \dfrac{\partial f_2}{\partial\alpha_M}\\ \vdots & \vdots & \cdots & \vdots\\ \dfrac{\partial f_M}{\partial\alpha_1} & \dfrac{\partial f_M}{\partial\alpha_2} & \cdots & \dfrac{\partial f_M}{\partial\alpha_M}\end{bmatrix}(\boldsymbol{\alpha}=\boldsymbol{\alpha}^j)\\ \dfrac{\partial f_i}{\partial\alpha_k}=(-1)^{k+1}2n_i\sin(n_i\alpha_k)\quad(i,k=1,2,\cdots,M)\end{cases}\tag{4-161}$$

给定 U_s 和 M，并设 $n_i=2i-1(i=1,2,\ \cdots,M)$，则迭代过程式(4-160)由初值

$$\boldsymbol{\alpha}^0=\{\alpha_i^0\}=\left\{\frac{i\pi}{2M+1};\ i=1,2,\cdots,M\right\}\tag{4-162}$$

开始，由预置误差限 ε 按误差域

$$\|\boldsymbol{U}-\boldsymbol{F}(\boldsymbol{\alpha}^j)\|\leqslant\varepsilon\tag{4-163}$$

判断终止。

选择不同的 U_s/E 值(假如从 0.05 到最大可能值 1.27，可由计算程序自动实现)和不同的 M 值(理论上 M 值越大可能消除掉的谐波越多，但实际系统存在最小换流间隔约束)，重复上述迭代求解过程，便可得到足够多的供实际系统选用的触发角序列数据。

图 4.27 所示的是 PWM 波形消除 3、5、7 次谐波的触发控制方案($M=4$)。

需要说明的是，式(4-162)是连续消除掉从 3～$2M-1$ 次谐波中的 $M-1$ 次奇次谐波的初值计算公式。然而，对于三相无中线系统，可以不考虑 3 及 3 的倍数次奇次谐波的消除，即最佳谐波消除方案是间断消除不含 3 的倍数次谐波的最接近基波的 $M-$

1 次奇次谐波(被消除的最高谐波次数比连续消除时高出约 $2M/3$ 次)。此时,赋初值的规律如下。

1) M=奇数

$$\alpha_{2i-1}^0=\alpha_{2i}^0=\frac{2i\pi}{3(M+1)}\quad\left(i=1,2,\cdots,\frac{M-1}{2}\right);\quad \alpha_M^0=\frac{\pi}{3}$$

2) M=偶数

$$\alpha_1^0=0;\quad \alpha_{2i}^0=\alpha_{2i+1}^0=\frac{2i\pi}{3M}\quad\left(i=1,2,\cdots,\frac{M-2}{2}\right);\quad \alpha_M^0=\frac{\pi}{3}$$

相应地,图 4.28 所示的是 PWM 波形消除 5、7、11 次谐波的触发控制方案($M=4$)。

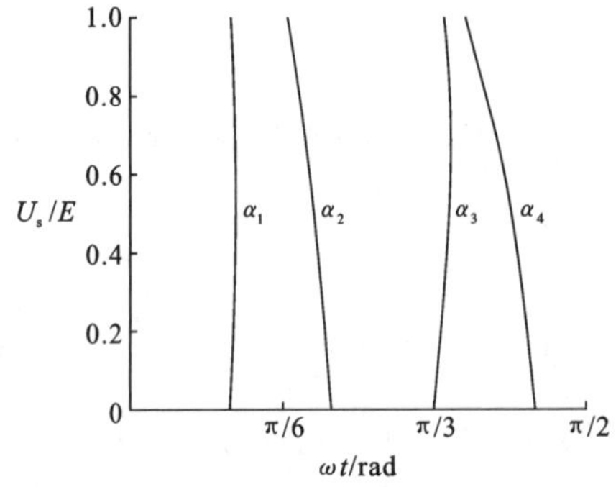

图 4.27 PWM **波形消除** 3、5、7 **次谐波的触发控制方案**($M=4$)

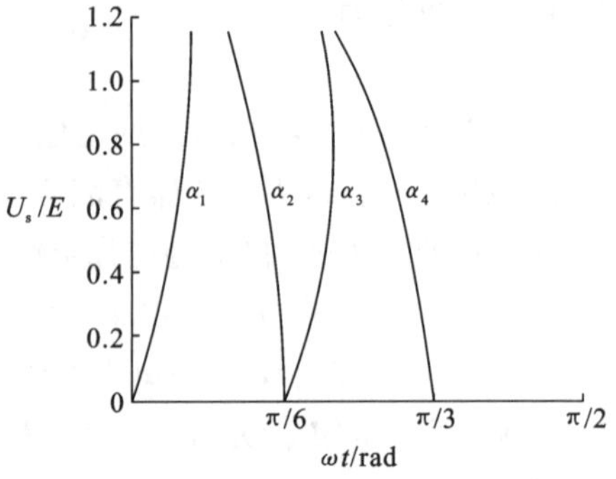

图 4.28 PWM **波形消除** 5、7、11 **次谐波的触发控制方案**($M=4$)

4.4.4 数值仿真结果分析

1. 稳态分析

仍以例 4.1 所述电机为计算示例,设电机参数不变。电机带额定负载(转矩)恒速运行,转差率 $s=0.0542$,分别考察并比较由 120°导通型、180°导通型和 PWM 型电压源逆变器(VSI)供电时的相电压和相电流波形(结果如图 4.29～图 4.31 所示)。逆变器直流侧电压值 E 因逆变器导通方式而异,但保证逆变器输出波形的基波幅值与电机由正弦电源供电时的数值相同,即

$$\begin{cases}E_{120^\circ}=\dfrac{\pi U_m}{2\sqrt{3}}\\[2mm] E_{180^\circ}=\dfrac{\pi U_m}{4}\\[2mm] E_{PWM}=\dfrac{\pi U_m}{4}\left[1+2\displaystyle\sum_{k=1}^{M}(-1)^k\cos\alpha_k\right]^{-1}\end{cases}\tag{4-164}$$

此外,PWM 运行方式分析时的触发控制采用如图 4.28 所示的结果。

与电压波形的情况相类似,180°导通型逆变器供电的相电流波形比 120°导通型的要好一些,基波幅值大一些。这进一步说明,电机由六拍循环式逆变电源供电时,180°导通方式为优先选择。

然而,相对 PWM 型逆变器供电时的电流波形,六拍循环式工作方式都是逊色的。虽然图 4.31 中的结果是在 $M=4$ 这种很低的斩波频率下求得的,但所得电流波形已与

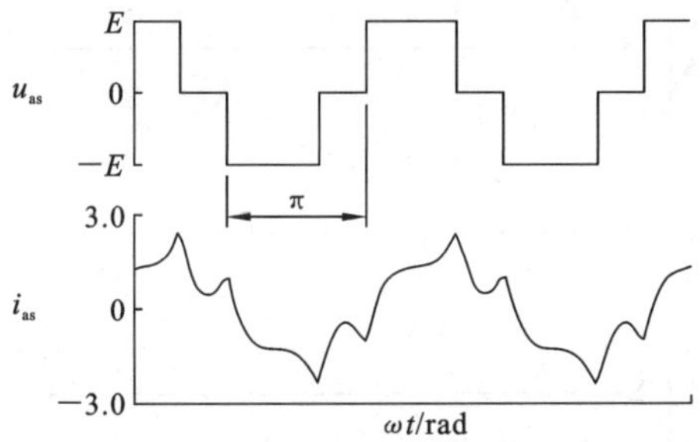

图 4.29 120°导通型逆变器供电时的相电压、相电流波形

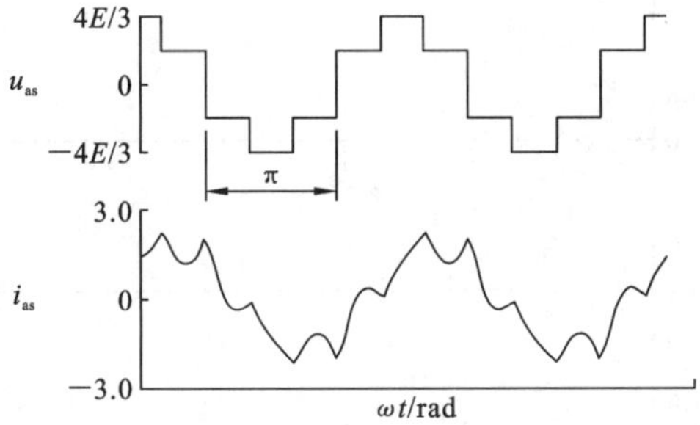

图 4.30 180°导通型逆变器供电时的相电压、相电流波形

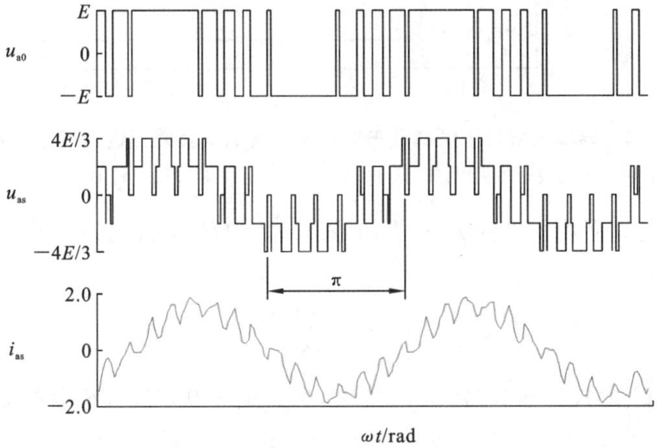

图 4.31 PWM 型逆变器供电时的线电压、相电压和相电流波形

正弦波较接近，而且电流峰值也明显比六拍循环式工作方式的小(本例约小 50%)。而随着斩波频率(现多数功率元件都可以达到 1000 Hz 以上)的提高，得到理想正弦波形是完全可能的。

2. 动态分析

考察对象仍为例 4.1 所述电机。但为了简化分析，只考察变负载恒速和变速恒负载两种运行控制方式。系统采用转子恒磁链矢量控制模型。为了便于仿真结果比较，设电机分别由调压调频(variable-voltage variable-frequency，VVVF)理想正弦波电源和 180°导通型 VSI 供电(结果如图 4.32～图 4.34 所示)。

电机由 VVVF 理想正弦波电源供电时，定子电压的控制规律由式(4-141)和式

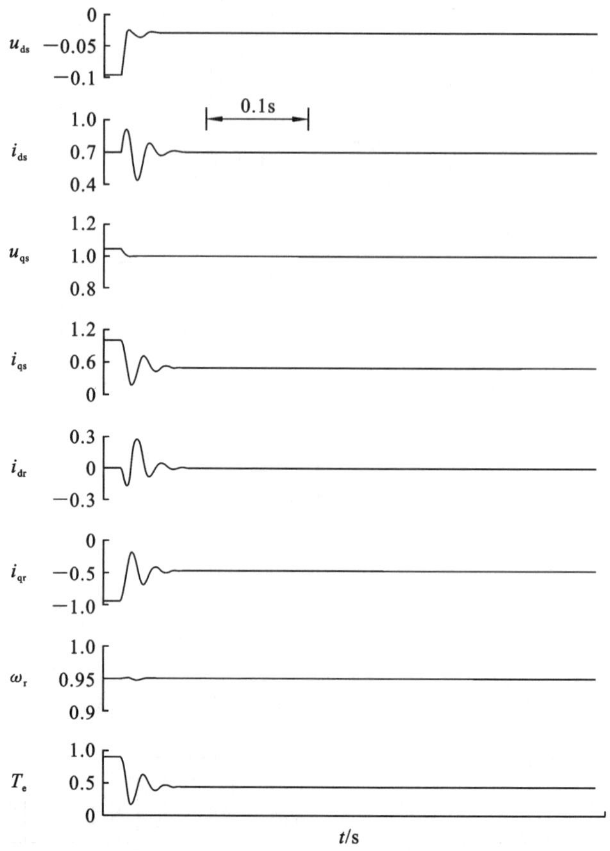

图 4.32　异步电机转子恒磁链矢量控制系统的变负载恒速运行控制特性

(VVVF 理想正弦波电源供电,T_L 从 14.6 N·m 变到 7.3 N·m,转速为 1425 r/min)

(4-142)唯一确定。而由 180°导通型 VSI 供电时,总体控制规律由式(4-153)给出,但直流侧电压值 E 为

$$E=\frac{\pi U_s}{4} \tag{4-165}$$

式中,电压幅值 U_s 由式(4-145)定义,而参照系变换角中亦包含相角控制信息,即

$$\theta(t)=\theta(0)-\theta_u+\int_0^t \omega_1(\zeta)\mathrm{d}\zeta \tag{4-166}$$

式中,$\theta(0)$为 d 轴与 a 相相轴之间的初始角,通常取为 0,θ_u 为电压综合矢量与 d 轴的夹角,由式(4-146)统一定义,并假设值域位于一、四象限($u_{ds}>0$),若实际值域位于二、三象限($u_{ds}<0$),则可仍保持 θ_u 的数值不变,仅将式(4-166)改写为

$$\theta(t)=\theta(0)-\pi-\theta_u+\int_0^t \omega_1(\zeta)\mathrm{d}\zeta \tag{4-167}$$

图 4.32 所示的结果与图 4.15 所示的结果相比,表明实施矢量控制后,系统的动态响应指标有明显提高,响应速度加快,冲击幅度降低,而这正是实施矢量控制的初衷。

与图 4.32 结果相比,系统改由 180° 导通型逆变器供电后,矢量控制的作用依然有效,区别只是纹波比较严重,这是预料之中的,在 a-b-c 参照系中比较更为直观,如图 4.34 所示。

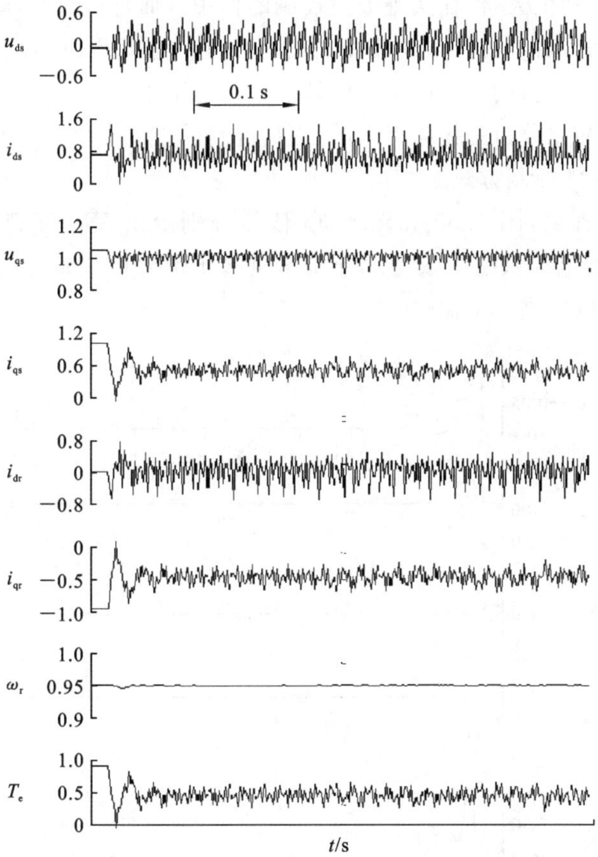

图 4.33　异步电机转子恒磁链矢量控制系统的变负载恒速运行控制特性

（180° 导通型 VSI 供电，T_L 从 14.6 N·m 变到 7.3 N·m，转速为 1425 r/min）

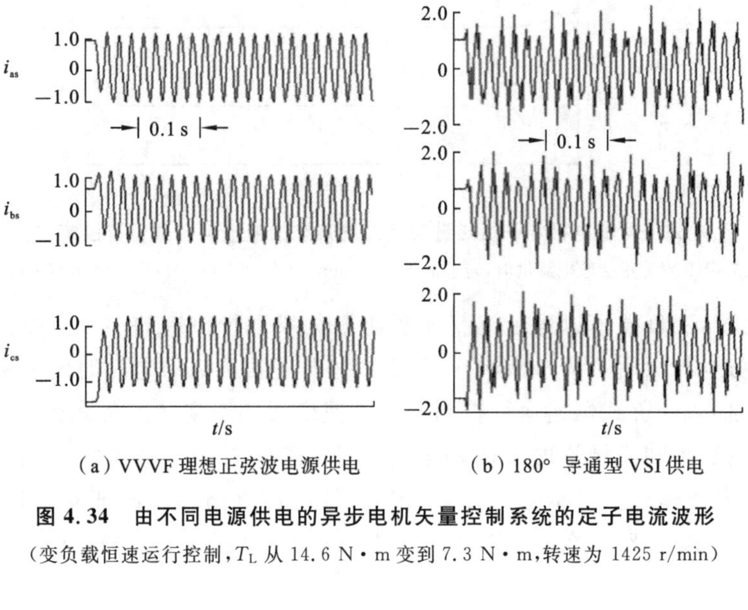

（a）VVVF 理想正弦波电源供电　　（b）180° 导通型 VSI 供电

图 4.34　由不同电源供电的异步电机矢量控制系统的定子电流波形

（变负载恒速运行控制，T_L 从 14.6 N·m 变到 7.3 N·m，转速为 1425 r/min）

图 4.34 所示的结果表明，虽然 VVVF 理想正弦波电源与 180° 导通型逆变器电源在供电波形上的差别很大，但在实施矢量控制的作用方面是一致的，即被控矢量大小和方向的控制并不因为后者的严重纹波而失去有效性。这就是说，若不是专门探讨谐波成分对系统性能的影响，则可参照正弦电源供电时的结果，来定性分析和设计非正弦电源供电系统，这对简化分析是极为有效的，更何况目前市场上供应的逆变电源大多采用高斩波频率的 PWM 控制方式。

不过，为加深理解，图 4.35 和图 4.36 依然分别给出 VVVF 理想正弦波电源和 180° 导通型逆变器电源供电的鼠笼式异步电机转子恒磁链矢量控制系统的变速恒负载运行控制特性，以做进一步比较。

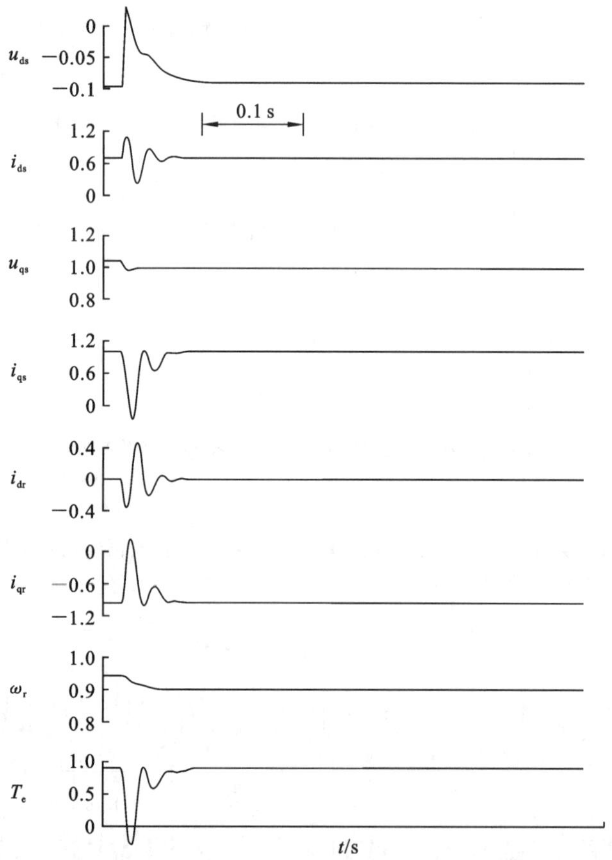

图 4.35 异步电机转子恒磁链矢量控制系统的变速恒负载运行控制特性

(VVVF 理想正弦波电源供电，转速从 1425 r/min 变到 1350 r/min，$T_L = 14.6$ N·m)

总体上看，变负载恒速运行控制和变速恒负载运行控制的一个重要区别是前者为电磁响应过程，而后者为机械响应过程。由于一般系统的电磁时间常数小于机械时间常数，因此，变负载恒速运行控制的响应速度要快于变速恒负载运行控制的响应速度，并且电磁量和机械量的冲击幅度也较小，这在 3.5 节直流电机调速系统的仿真结果中已有所体现。异步电机矢量控制系统的仿真结果同样证实了这一结论，并且表现得更突出，特别是在非正弦电源供电情况下，电磁量和机械量的冲击幅度明显增大(见图 4.36)。

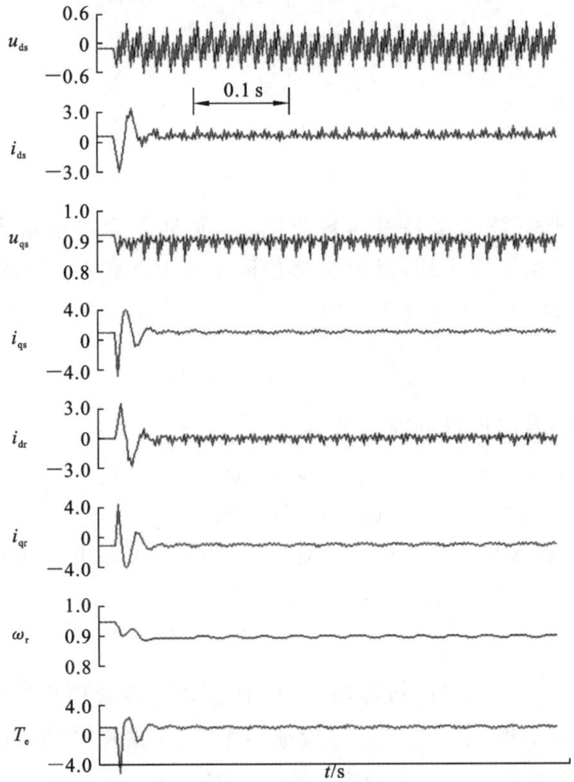

图 4.36 异步电机转子恒磁链矢量控制系统的变速恒负载运行控制特性

(180°导通型 VSI，转速从 1425 r/min 变到 1350 r/min，$T_L=14.6\ \text{N}\cdot\text{m}$)

需要说明的是，在以上仿真计算过程中，系统参数都是做线性处理的，磁路饱和对励磁电感及转子温度对转子电阻的影响等非线性因素均未考虑。但这是高品质交流传动系统的研究专题，本书不做讨论。

4.5 异步电机的无速度传感器控制系统

4.5.1 等效电路和数学模型

1. T 形等效模型

异步电机的 T 形等效模型，如图 4.37(a)所示。根据等效模型，在两相同步旋转坐标系下，异步电机数学模型可以表示为

$$\frac{\mathrm{d}\psi_s}{\mathrm{d}t}=u_s-R_s i_s-\omega_e J\psi_s \tag{4-168}$$

$$\frac{\mathrm{d}\psi_r}{\mathrm{d}t}=-R_r i_r-\omega_s J\psi_r \tag{4-169}$$

式中，u_s 为定子侧电压；i_s 为定子侧电流；i_r 为转子电流；ψ_s、ψ_r 分别为定子磁链和转子磁链；R_s、R_r 分别为定子电阻和转子电阻；ω_e、ω_s 分别为同步转速和滑差转速。

定子磁链和转子磁链可以分别表示为

$$\psi_s=L_s i_s+L_m i_r \tag{4-170}$$

$$\psi_r = L_m i_s + L_r i_r \tag{4-171}$$

式中，L_m 为互感；L_s 为定子电阻；L_r 为转子电阻，且

$$L_s = L_{s\sigma} + L_m \tag{4-172}$$

$$L_r = L_{r\sigma} + L_m \tag{4-173}$$

2. 反 Γ 模型

异步电机的 T 形等效模型是过参数化的，也就是说异步电机参数可以进一步简化。电机漏感都转移到了定子侧，反 Γ 模型如图 4.37(b)所示。相比 T 形等效模型，定子侧电压方程不变，转子电压方程表示为

$$\frac{d\psi_R}{dt} = -R_R i_R - \omega_s J \psi_R \tag{4-174}$$

定子磁链和转子磁链也可分别表示为

$$\psi_s = L_\sigma i_s + \psi_R \tag{4-175}$$

$$\psi_R = L_M (i_s + i_R) \tag{4-176}$$

式中，L_σ、L_M 分别为漏感和互感。反 Γ 模型的电机参数可以由 T 形模型的参数分别表示为 $L_M = k_r L_m$，$L_\sigma = L_{s\sigma} + k_r L_{r\sigma}$，$R_R = k_r^2 R_r$，$k_r = L_m / L_r$。

3. Γ 形等效模型

异步电机反 Γ 模型简化了电机控制模型，但是 Γ 形等效模型能更方便地描述磁场耦合作用，如图 4.37(c)所示。在 Γ 形等效模型中，定子磁链和转子磁链分别表示为

$$\psi_s = L_s (i_s + i'_R) \tag{4-177}$$

$$\psi'_R = \psi_s + L'_\sigma i'_R \tag{4-178}$$

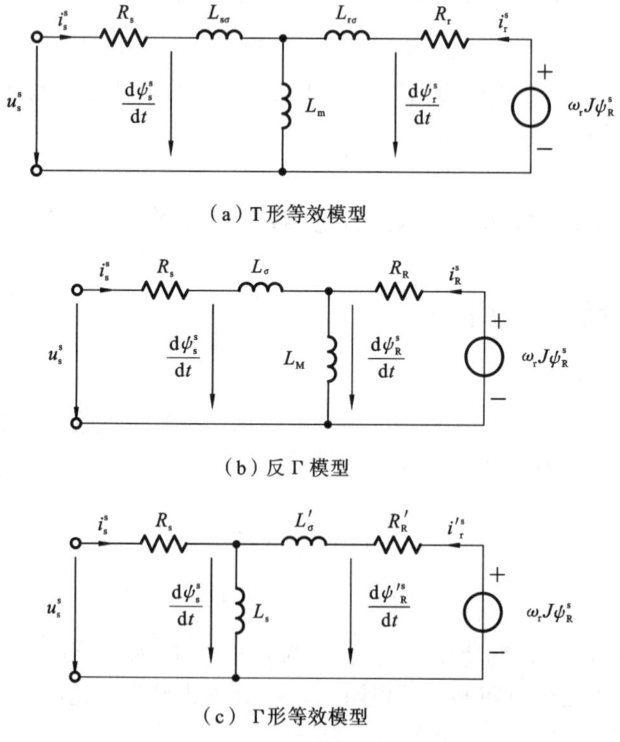

图 4.37 异步电机的数学模型

在Γ形等效模型中，漏感和转子电阻分别表示为

$$L'_{\sigma}=\frac{L_{s\sigma}}{k_{s}}+\frac{L_{r\sigma}}{k_{s}^{2}} \tag{4-179}$$

$$R'_{R}=\frac{R_{r}}{k_{s}^{2}} \tag{4-180}$$

式中，$k_s=L_m/L_s$。

在异步电机控制中，都会用到反Γ模型和Γ形等效模型。如果Γ形等效模型的电机参数已知，那么反Γ模型的电机参数也可以得到

$$L_{M}=kL_{s} \tag{4-181}$$

$$L_{\sigma}=kL'_{\sigma} \tag{4-182}$$

$$R_{R}=k^{2}R'_{R} \tag{4-183}$$

式中，

$$k=\frac{L_{s}}{L_{s}+L'_{\sigma}} \tag{4-184}$$

在已知异步电机参数的条件下，T形等效模型、反Γ模型和Γ形等效模型在数学上是完全等效的。

4.5.2 转子转速观测方法

自20世纪90年代起，各界学者对异步电机无速度传感器矢量控制开展了大量的研究工作。基于转子磁场定向的异步电机矢量控制系统，其控制框图如图4.38所示。有速度传感器矢量控制和无速度传感器矢量控制，主要区别在于控制系统中“转子磁链位置”和“转子转速”的获取方式是直接测量或是采用电机模型观测。在基于转子磁链定向的矢量控制系统中，需要对相电流、电压等信号进行坐标变换，其中Park变换和反Park变换需要转子磁链的位置信息；转子转速作为控制系统速度环反馈，通过速度环控制器调节获得转矩电流给定指令值。对于无速度传感器异步电机控制系统，由于没有安装编码器，需要通过电机等效模型，设计转速观测器，在线观测转子转速，并计算转

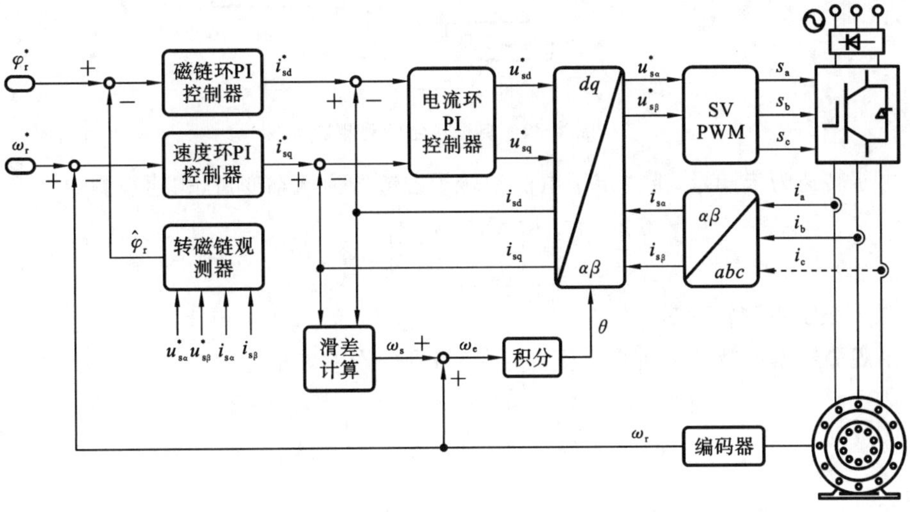

图4.38 基于间接磁场定向的异步电机矢量控制框图

子磁链位置。

基于转子磁场定向的矢量控制方法，根据转子磁链位置的计算方式磁场定向又可以分为直接磁场定向和间接磁场定向。间接磁场定向利用异步电机系统中同步转速、滑差转速和转子转速的数值关系，采用转子转速加上滑差转速计算同步转速，并通过同步转速积分获得转子磁链位置，如式(4-185)所示。直接磁场定向利用转子磁链信息，直接利用三角函数关系求解转子磁链位置角。通过观测器观测转子磁链或测量传感器，在两相静止坐标系下计算转子磁链位置角，如式(4-186)所示。控制系统电流指令值经过电流环后，生成定子电压指令，最后通过电压型逆变器对异步电机施加电压，完成矢量控制过程。

$$\theta=\int\omega_{\mathrm{e}}\mathrm{d}t=\int(\omega_{\mathrm{r}}+\omega_{\mathrm{s}})\mathrm{d}t \tag{4-185}$$

$$\theta=\arctan\frac{\psi_{\mathrm{r}\beta}}{\psi_{\mathrm{r}\alpha}} \tag{4-186}$$

根据电机 T 形等效模型，在两相静止坐标系下，异步电机的数学模型可以表示为

$$\frac{\mathrm{d}}{\mathrm{d}t}\begin{bmatrix} i_{\mathrm{s}}^{\mathrm{s}} \\ \psi_{\mathrm{r}}^{\mathrm{s}} \end{bmatrix}=\begin{bmatrix} \boldsymbol{A}_{11} & \boldsymbol{A}_{12} \\ \boldsymbol{A}_{21} & \boldsymbol{A}_{22} \end{bmatrix}\begin{bmatrix} i_{\mathrm{s}}^{\mathrm{s}} \\ \psi_{\mathrm{r}}^{\mathrm{s}} \end{bmatrix}+Bu_{\mathrm{s}}^{\mathrm{s}} \tag{4-187}$$

式中，$\boldsymbol{A}_{11}=-a\boldsymbol{I}$；$\boldsymbol{A}_{12}=c\boldsymbol{I}-cT_{\mathrm{r}}\omega_{\mathrm{r}}J$；$\boldsymbol{A}_{21}=d\boldsymbol{I}$；$\boldsymbol{A}_{22}=-\frac{1}{T_{\mathrm{r}}}\boldsymbol{I}+\omega_{\mathrm{r}}J$；$\boldsymbol{B}=[b\quad 0]^{\mathrm{T}}$；$\boldsymbol{I}=\begin{bmatrix} 1 & 0 \\ 0 & 1 \end{bmatrix}$；$\boldsymbol{J}=\begin{bmatrix} 0 & -1 \\ 1 & 0 \end{bmatrix}$；$a=-\left(\frac{R_{\mathrm{s}}}{\sigma L_{\mathrm{s}}}+\frac{L_{\mathrm{m}}^{2}}{\sigma L_{\mathrm{s}}L_{\mathrm{r}}T_{\mathrm{r}}}\right)$；$b=\frac{1}{\sigma L_{\mathrm{s}}}$；$c=\frac{L_{\mathrm{m}}}{\sigma L_{\mathrm{s}}L_{\mathrm{r}}T_{\mathrm{r}}}$；$d=\frac{L_{\mathrm{m}}}{T_{\mathrm{r}}}$。

根据数学模型，可以构建自适应全阶状态观测器，观测器原理结构如图 4.39 所示。自适应全阶观测器以异步电机作为参考模型，构建包含观测参数的可调模型，通过设计观测器自适应率，达到观测目标参数的目的。

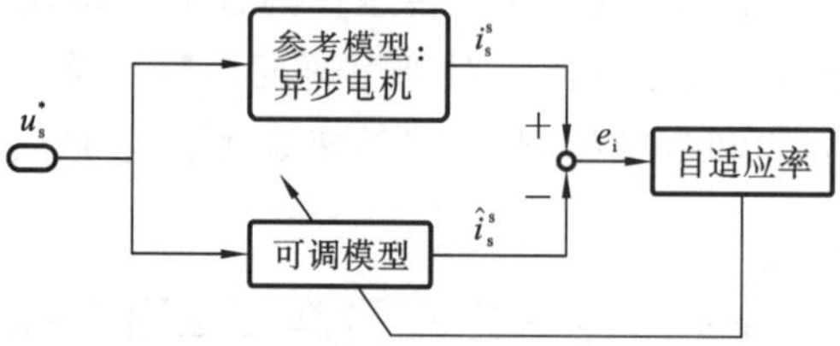

图 4.39 自适应全阶观测器

由于转速为未知量，选择定子电流和转子磁链作为状态变量，构建观测器为

$$\frac{\mathrm{d}}{\mathrm{d}t}\begin{bmatrix} \hat{i}_{\mathrm{s}}^{\mathrm{s}} \\ \hat{\psi}_{\mathrm{r}}^{\mathrm{s}} \end{bmatrix}=\begin{bmatrix} \boldsymbol{A}_{11} & \hat{\boldsymbol{A}}_{12} \\ \boldsymbol{A}_{21} & \hat{\boldsymbol{A}}_{22} \end{bmatrix}\begin{bmatrix} \hat{i}_{\mathrm{s}}^{\mathrm{s}} \\ \hat{\psi}_{\mathrm{r}}^{\mathrm{s}} \end{bmatrix}+\boldsymbol{B}u_{\mathrm{s}}^{\mathrm{s}} \tag{4-188}$$

式中，“ˆ”表示观测物理量。

用观测器模型减去电机数学模型，可以得到的误差矢量方程为

$$\frac{\mathrm{d}}{\mathrm{d}t}\begin{bmatrix} \boldsymbol{e}_{\mathrm{i}} \\ \boldsymbol{e}_{\psi} \end{bmatrix}=\begin{bmatrix} \boldsymbol{A}_{11} & \boldsymbol{A}_{12} \\ \boldsymbol{A}_{21} & \boldsymbol{A}_{22} \end{bmatrix}\begin{bmatrix} \boldsymbol{e}_{\mathrm{i}} \\ \boldsymbol{e}_{\psi} \end{bmatrix}+\begin{bmatrix} 0 & \Delta\boldsymbol{A}_{12} \\ 0 & \Delta\boldsymbol{A}_{22} \end{bmatrix}\begin{bmatrix} \hat{i}_{\mathrm{s}}^{\mathrm{s}} \\ \hat{\psi}_{\mathrm{r}}^{\mathrm{s}} \end{bmatrix} \tag{4-189}$$

式中，$\boldsymbol{e}_{\mathrm{i}}=i_{\mathrm{s}}^{\mathrm{s}}-\hat{i}_{\mathrm{s}}^{\mathrm{s}}$；$\boldsymbol{e}_{\psi}=\psi_{\mathrm{r}}^{\mathrm{s}}-\hat{\psi}_{\mathrm{r}}^{\mathrm{s}}$；$\Delta\boldsymbol{A}_{12}=-\frac{L_{\mathrm{m}}}{\sigma L_{\mathrm{s}}L_{\mathrm{r}}}\Delta\omega_{\mathrm{r}}J$；$\Delta\boldsymbol{A}_{22}=\Delta\omega_{\mathrm{r}}J$。

通过波波夫稳定性定理，推导转速自适应律。误差矢量方程需满足

$$S=-\int_0^{t_1}\boldsymbol{e}^{\mathrm{T}}W\mathrm{d}t\geqslant-\gamma^2\quad(\forall t_1)\tag{4-190}$$

式中，

$$\begin{aligned}\boldsymbol{e}^{\mathrm{T}}\boldsymbol{W}&=[\boldsymbol{e}_{\mathrm{i}}^{\mathrm{T}}\quad\boldsymbol{e}_{\psi}^{\mathrm{T}}]\begin{bmatrix}0&\Delta\boldsymbol{A}_{12}\\0&\Delta\boldsymbol{A}_{22}\end{bmatrix}\begin{bmatrix}\hat{i}_{\mathrm{s}}^{\mathrm{s}}\\\hat{\psi}_{\mathrm{r}}^{\mathrm{s}}\end{bmatrix}\\&=-\frac{\Delta R_{\mathrm{s}}}{\sigma L_{\mathrm{s}}}\boldsymbol{e}_{\mathrm{i}}^{\mathrm{T}}i_{\mathrm{s}}^{\mathrm{s}}-\Delta\omega_{\mathrm{r}}\left(\frac{L_{\mathrm{m}}}{\sigma L_{\mathrm{s}}L_{\mathrm{r}}}\boldsymbol{e}_{\mathrm{i}}^{\mathrm{T}}J\hat{\psi}_{\mathrm{r}}^{\mathrm{s}}-\boldsymbol{e}_{\psi}^{\mathrm{T}}J\hat{\psi}_{\mathrm{r}}^{\mathrm{s}}\right)\end{aligned}\tag{4-191}$$

带入可以得到

$$\begin{aligned}S&=-\int_0^{t_1}\boldsymbol{e}^{\mathrm{T}}W\mathrm{d}t\\&=\int_0^{t_1}\Delta\omega_{\mathrm{r}}\left(\frac{L_{\mathrm{m}}}{\sigma L_{\mathrm{s}}L_{\mathrm{r}}}\boldsymbol{e}_{\mathrm{i}}^{\mathrm{T}}J\hat{\psi}_{\mathrm{r}}^{\mathrm{s}}-\boldsymbol{e}_{\lambda}^{\mathrm{T}}J\hat{\psi}_{\mathrm{r}}^{\mathrm{s}}\right)\mathrm{d}t\geqslant-\gamma^2\quad(\forall t_1)\end{aligned}\tag{4-192}$$

为了满足式(4-192)，可得的转速自适应律为

$$\omega_{\mathrm{r}}=\left(K_{\mathrm{p}}+\frac{K_{\mathrm{i}}}{p}\right)\left(-\frac{L_{\mathrm{m}}}{\sigma L_{\mathrm{s}}L_{\mathrm{r}}}\boldsymbol{e}_{\mathrm{i}}^{\mathrm{T}}J\hat{\psi}_{\mathrm{r}}^{\mathrm{s}}+\boldsymbol{e}_{\lambda}^{\mathrm{T}}J\hat{\psi}_{\mathrm{r}}^{\mathrm{s}}\right)\tag{4-193}$$

式中，K_{p} 和 K_{i} 为转速自适应律系数。

对于转速自适应律，通常可以忽略磁链误差项，通过合适的 PI 参数选择调节转速跟踪性能。因此，观测器转速自适应律可以简化为

$$\omega_{\mathrm{r}}=-\left(K_{\mathrm{p}}+\frac{K_{\mathrm{i}}}{p}\right)\frac{L_{\mathrm{m}}}{\sigma L_{\mathrm{s}}L_{\mathrm{r}}}\boldsymbol{e}_{\mathrm{i}}^{\mathrm{T}}J\hat{\psi}_{\mathrm{r}}^{\mathrm{s}}\tag{4-194}$$

4.5.3 发电运行状态分析

1. 转速观测稳定性

为了分析无速度传感器系统的稳定性，需要拓展误差矢量，并重新定义为

$$\boldsymbol{e}=[\boldsymbol{e}_{\mathrm{i}}\quad\boldsymbol{e}_{\lambda}\quad\Delta\omega_{\mathrm{r}}]^{\mathrm{T}}\tag{4-195}$$

在两相同步旋转坐标系下，观测器误差矢量式在某一工况点可以线性化地表示为

$$\Delta\boldsymbol{e}=\boldsymbol{A}_5\Delta\boldsymbol{e}+\Delta\boldsymbol{A}_5\boldsymbol{e}\tag{4-196}$$

式中，$a_{51}=-K_{\mathrm{p}}\omega_{\mathrm{e}}\psi_{\mathrm{rd}}$；$a_{52}=(K_{\mathrm{p}}a+K_{\mathrm{i}})\psi_{\mathrm{rd}}$；$a_{53}=-K_{\mathrm{p}}cT_{\mathrm{r}}\omega_{\mathrm{r}}\psi_{\mathrm{rd}}$；$a_{54}=K_{\mathrm{p}}c\psi_{\mathrm{rd}}$；$a_{55}=-K_{\mathrm{p}}cT_{\mathrm{r}}\psi_{\mathrm{rd}}^2$；$\boldsymbol{A}_5=\begin{bmatrix}a&\omega_{\mathrm{e}}&c&cT_{\mathrm{r}}\omega_{\mathrm{r}}&0\\-\omega_{\mathrm{e}}&a&-cT_{\mathrm{r}}\omega_{\mathrm{r}}&c&-cT_{\mathrm{r}}\psi_{\mathrm{rd}}\\d&0&-1/T_{\mathrm{r}}&\omega_{\mathrm{s}}&0\\0&d&-\omega_{\mathrm{s}}&-1/T_{\mathrm{r}}&\psi_{\mathrm{rd}}\\a_{51}&a_{52}&a_{53}&a_{54}&a_{55}\end{bmatrix}$。

无速度传感器系统稳定条件是系统地根据需要在 s 平面左半侧。对于 5 阶系统，稳定性条件可以简化为

$$\det|\boldsymbol{A}_5|<0\tag{4-197}$$

式中，$\det|\boldsymbol{A}_5|=-K_{\mathrm{i}}\hat{\psi}_{\mathrm{rd}}^2c(g_1\omega_{\mathrm{e}}+g_2)\omega_{\mathrm{e}}$；$g_1=1-aT_{\mathrm{r}}$；$g_2=-bR_{\mathrm{s}}T_{\mathrm{r}}\omega_{\mathrm{r}}$。

那么，无速度传感器系统不稳定区域的边界，可以表示为

$$\det|\boldsymbol{A}_5|=0\tag{4-198}$$

求解式(4-198)，可以得到边界为

$$\begin{cases} \omega_e = 0 \\ \omega_e = \dfrac{T_r R_s}{T_r R_s + L_s}\omega_r \end{cases} \tag{4-199}$$

在 ω_r-ω_s 坐标系中，绘制的不稳定区域，如图 4.40 所示，所采用的电机参数如表 4.2 所示。可以发现，无速度传感器异步电机在发电运行时，存在不稳定区域，该区域由式(4-199)所示边界定义，在该区域内，观测转速无法跟踪实际值。

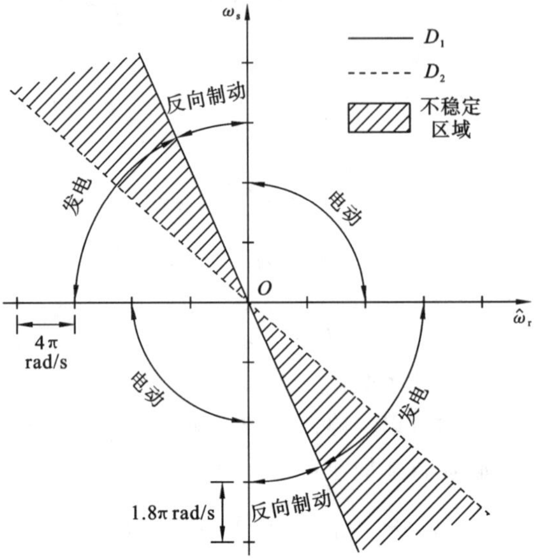

图 4.40 基于自适应全阶观测器的转速观测方法发电运行不稳定区域示意图

表 4.2 电机参数

参数	数值
额定功率 P_N/kW	2.2
额定电压 V_N/V	380
额定电流 I_N/A	5
额定频率 f_N/Hz	50
额定转速 n_N/(r/min)	1500
极对数 p_n	2
定子电阻 R_s/Ω	0.567
转子电阻 R_r/Ω	0.441
电机互感 L_m/mH	110.1
定子电感 L_m/mH	114.1
转子电感 L_m/mH	114.1

进一步，在同步转速为零时，转速无法观测。对误差矢量方程进行拉普拉斯变换，并求解电流误差，可以得到

$$\boldsymbol{e}_i = \boldsymbol{G}_\omega(s)\boldsymbol{J}\hat{\psi}_r\Delta\omega_r \tag{4-200}$$

式中，$\boldsymbol{G}_\omega(s) = -s[(s\boldsymbol{I}-\boldsymbol{A}_{11})(s\boldsymbol{I}-\boldsymbol{A}_{22})-\boldsymbol{A}_{12}\boldsymbol{A}_{21}]^{-1}/\upsilon$；$\upsilon=\sigma L_s L_r/L_m$。

把电流误差带入转速自适应律式中，可以得到

$$\hat{\omega}_r=-\left(K_p+\frac{K_i}{s}\right)\boldsymbol{G}''_{\omega 22}(s)\hat{\psi}_{rd}^2\Delta\omega_r \tag{4-201}$$

式中，$\boldsymbol{G}''_{\omega 22}(s)=\dfrac{-cT_r(s^3+m_1s^2+n_2s+m_4\omega_e)}{(s^2+m_1s+m_2)^2+(m_3s+m_4)^2}$；$m_1=1/T_r-a$；$m_2=-\omega_e^2+\omega_r\omega_e+p_0/T_r$；$m_3=2\omega_e-\omega_r$；$m_4=m_1\omega_e-p_0\omega_r$；$p_0=-a-cdT_r$。

因此，可以绘制基于自适应全阶观测器的转速观测流程图，如图 4.41 所示。

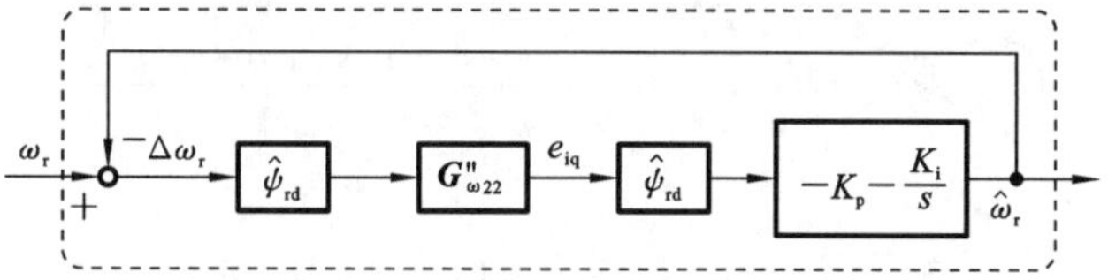

图 4.41　基于自适应全阶观测器的转速观测流程图

在稳态工况下，增益 $G''_{\omega 22}(s)$可以化简为

$$\lim_{s\to 0}G''_{\omega 22}(s)=\frac{n_1m_4\omega_e}{m_2^2+m_4^2} \tag{4-202}$$

当同步转速为零时，可以得到

$$\lim_{s\to 0}G''_{\omega 22}(s)\big|_{\omega_e=0}=0 \tag{4-203}$$

因此，在同步转速为零时，增益 $G''_{\omega 22}(s)$恒等于零。那么图 4.41 所示的转速观测流程图将会失效，观测转速无法收敛至实际值。

2. 误差反馈矩阵设计

在低速发电运行工况下，异步电机无速度传感器矢量控制系统，存在不稳定区域。目前，针对发电区域不稳定问题，稳定性提升方法主要有三大类：①观测器输入修正；②观测器转速自适应律修正；③观测器反馈矩阵设计。对于后两类稳定性提升方法，通常基于劳斯-赫尔维兹稳定性判据进行稳定性分析，从而得到参数的取值范围。然后通过实验分析和总结，选取最优的设计参数。以误差反馈矩阵为例，介绍无速度传感器稳定化方法。

1）基于劳斯-赫尔维兹稳定性判据的反馈矩阵设计

考虑误差反馈矩阵，异步电机自适应全阶观测器可以设计为

$$\begin{cases}p\hat{i}_s=\hat{\boldsymbol{A}}_{11}\hat{i}_s+\hat{\boldsymbol{A}}_{12}\hat{\psi}_r+b_1u_s+(g_1\boldsymbol{I}-g_2\boldsymbol{J})\boldsymbol{e}_i\\ p\hat{\psi}_r=\hat{\boldsymbol{A}}_{21}\hat{i}_s+\hat{\boldsymbol{A}}_{22}\hat{\psi}_r+(g_3\boldsymbol{I}-g_4\boldsymbol{J})\boldsymbol{e}_i\end{cases} \tag{4-204}$$

式中，$\boldsymbol{e}_{is}=[i_{sd}-\hat{i}_{sd}\quad i_{sq}-\hat{i}_{sq}]^T$；$g_i(i=1,2,3,4)$为误差反馈矩阵系数。电流观测误差 $\boldsymbol{e}_{is}$通过误差反馈矩阵 $\boldsymbol{G}=\begin{bmatrix}g_1\boldsymbol{I}-g_2\boldsymbol{J}\\ g_3\boldsymbol{I}-g_4\boldsymbol{J}\end{bmatrix}$构成渐进状态观测器，通过自适应观测器对速度进行估计。

把观测器（式（4-204））和电机数学模型做差，得到含有误差反馈矩阵的误差矢量，即

$$\begin{cases}p\boldsymbol{e}_i=\boldsymbol{A}_{11}\boldsymbol{e}_i+\boldsymbol{A}_{12}\boldsymbol{e}_\psi+\dfrac{L_m}{\sigma L_sL_r}J\hat{\psi}_r\Delta\omega_r-(g_1\boldsymbol{I}-g_2\boldsymbol{J})\boldsymbol{e}_i\\ p\boldsymbol{e}_\psi=\boldsymbol{A}_{21}\boldsymbol{e}_i+\boldsymbol{A}_{22}\boldsymbol{e}_\psi+\boldsymbol{J}\hat{\psi}_r\Delta\omega_r-(g_3\boldsymbol{I}-g_4\boldsymbol{J})\boldsymbol{e}_i\end{cases} \tag{4-205}$$

对式(4-205)进行拉普拉斯变换，进一步化简得

$$\boldsymbol{e}_{\mathrm{i}}=\boldsymbol{G}_{\omega}(s)\boldsymbol{J}\hat{\psi}_{\mathrm{r}}\Delta\omega_{\mathrm{r}} \tag{4-206}$$

式中，$\boldsymbol{G}_{\omega}(s)=-\dfrac{L_{\mathrm{m}}}{\sigma L_{\mathrm{s}}L_{\mathrm{r}}}(s\boldsymbol{I}+\mathrm{j}\omega_{\mathrm{e}})[(s-\boldsymbol{A}_{11}+g_1\boldsymbol{I}-g_2\boldsymbol{J})(s\boldsymbol{I}-\boldsymbol{A}_{22})-\boldsymbol{A}_{12}(\boldsymbol{A}_{21}-g_3\boldsymbol{I}+g_4\boldsymbol{J})]^{-1}$。上式可以进一步化简为

$$\begin{bmatrix}\boldsymbol{e}_{\mathrm{id}}\\ \boldsymbol{e}_{\mathrm{iq}}\end{bmatrix}=\begin{bmatrix}\boldsymbol{G}''_{\omega 11}(s) & \boldsymbol{G}''_{\omega 12}(s)\\ \boldsymbol{G}''_{\omega 21}(s) & \boldsymbol{G}''_{\omega 22}(s)\end{bmatrix}\begin{bmatrix}0\\ \hat{\psi}_{\mathrm{r}}\end{bmatrix}\Delta\omega_{\mathrm{r}} \tag{4-207}$$

$$\boldsymbol{G}''_{\omega 22}(s)=\boldsymbol{G}_{\mathrm{q}}(s)=\frac{\boldsymbol{e}_{\mathrm{isq}}}{\Delta\omega_{\mathrm{r}}}=\frac{s^3+q_2s^2+q_1s+q_0}{s^4+c_3s^3+c_2s^2+c_1s+c_0} \tag{4-208}$$

式中，

$$q_1=\omega_{\mathrm{e}}^2+\frac{R_{\mathrm{s}}}{\sigma L_{\mathrm{s}}T_{\mathrm{r}}}+\frac{g_1}{T_{\mathrm{r}}}-g_2\omega_{\mathrm{r}}+\frac{L_{\mathrm{m}}g_3}{\sigma L_{\mathrm{s}}L_{\mathrm{r}}T_{\mathrm{r}}}-\frac{L_{\mathrm{m}}\omega_{\mathrm{r}}g_4}{\sigma L_{\mathrm{s}}L_{\mathrm{r}}}=\omega_{\mathrm{e}}^2+y$$

$$q_2=\frac{R_{\mathrm{s}}}{\sigma L_{\mathrm{s}}}+\frac{L_{\mathrm{m}}^2}{\sigma L_{\mathrm{s}}L_{\mathrm{r}}T_{\mathrm{r}}}+\frac{1}{T_{\mathrm{r}}}+g_1=x$$

$$\begin{aligned}q_0&=\omega_{\mathrm{e}}^2\left(\frac{R_{\mathrm{s}}}{\sigma L_{\mathrm{s}}}+\frac{L_{\mathrm{m}}^2}{\sigma L_{\mathrm{s}}L_{\mathrm{r}}T_{\mathrm{r}}}+\frac{1}{T_{\mathrm{r}}}+g_1\right)-\omega_{\mathrm{e}}\left[\omega_{\mathrm{r}}\left(\frac{R_{\mathrm{s}}}{\sigma L_{\mathrm{s}}}+g_1+\frac{L_{\mathrm{m}}g_3}{\sigma L_{\mathrm{s}}L_{\mathrm{r}}}\right)+\frac{g_2}{T_{\mathrm{r}}}+\frac{L_{\mathrm{m}}g_4}{\sigma L_{\mathrm{s}}L_{\mathrm{r}}T_{\mathrm{r}}}\right]\\&=x\omega_{\mathrm{e}}^2+z\omega_{\mathrm{e}}\end{aligned}$$

为了保证估计转速在所有转速范围内的稳定性，估计转速开环传递函数的所有零点都必须具有负实部。对式(4-208)传递函数采用劳斯-赫尔维兹稳定性判据，得到保证估计转速稳定性的充要条件为

$$\begin{cases}x>0\\ xy-z\omega_{\mathrm{e}}>0\\ x\omega_{\mathrm{e}}^2+z\omega_{\mathrm{e}}>0\end{cases} \tag{4-209}$$

为了边界求解，可以假设

$$x>0,\quad y>0,\quad z=0 \tag{4-210}$$

进一步求解式(4-210)，可得保证估计转速稳定性的三个条件，即

$$\begin{cases}\dfrac{R_{\mathrm{s}}}{\sigma L_{\mathrm{s}}}+\dfrac{L_{\mathrm{m}}^2}{\sigma L_{\mathrm{s}}L_{\mathrm{r}}T_{\mathrm{r}}}+\dfrac{1}{T_{\mathrm{r}}}+g_1>0\\ \dfrac{R_{\mathrm{s}}}{\sigma L_{\mathrm{s}}T_{\mathrm{r}}}+\dfrac{g_1}{T_{\mathrm{r}}}-g_2\omega_{\mathrm{r}}+\dfrac{L_{\mathrm{m}}g_3}{\sigma L_{\mathrm{s}}L_{\mathrm{r}}T_{\mathrm{r}}}-\dfrac{L_{\mathrm{m}}\omega_{\mathrm{r}}g_4}{\sigma L_{\mathrm{s}}L_{\mathrm{r}}}>0\\ -\left[\omega_{\mathrm{r}}\left(\dfrac{R_{\mathrm{s}}}{\sigma L_{\mathrm{s}}}+g_1+\dfrac{L_{\mathrm{m}}g_3}{\sigma L_{\mathrm{s}}L_{\mathrm{r}}}\right)+\dfrac{g_2}{T_{\mathrm{r}}}+\dfrac{L_{\mathrm{m}}g_4}{\sigma L_{\mathrm{s}}L_{\mathrm{r}}T_{\mathrm{r}}}\right]=0\end{cases} \tag{4-211}$$

可以看出，条件式中共有四个未知数及三个方程，令 $g_4=0$，则由式(4-211)可以得到保证估计转速在所有转速范围内稳定的充要条件为

$$\begin{cases}g_1>-\left(\dfrac{R_{\mathrm{s}}}{\sigma L_{\mathrm{s}}}+\dfrac{L_{\mathrm{m}}^2}{\sigma L_{\mathrm{s}}L_{\mathrm{r}}T_{\mathrm{r}}}+\dfrac{1}{T_{\mathrm{r}}}\right)\\ g_2=-\omega_{\mathrm{r}}T_{\mathrm{r}}\left(\dfrac{R_{\mathrm{s}}}{\sigma L_{\mathrm{s}}}+g_1+\dfrac{L_{\mathrm{m}}g_3}{\sigma L_{\mathrm{s}}L_{\mathrm{r}}}\right)\\ g_3>-\dfrac{\sigma L_{\mathrm{s}}L_{\mathrm{r}}}{L_{\mathrm{m}}}\left(g_1+\dfrac{R_{\mathrm{s}}}{\sigma L_{\mathrm{s}}}\right)\\ g_4=0\end{cases} \tag{4-212}$$

经推导，为了简化后续分析，可令

$$
\begin{cases}
g_1 = -\dfrac{R_s}{\sigma L_s} \\
g_2 = -\dfrac{\omega_r T_r L_m}{\sigma L_s L_r} g_3 = -k\omega_r \\
g_3 = k\dfrac{\sigma L_s L_r}{L_m T_r} \\
g_4 = 0
\end{cases}
\quad (k>0) \tag{4-213}
$$

式中，k 为比例系数。

根据转速观测开环传递函数(式(4-200))，可以绘制其不同工况下零极点图，如图 4.42 所示。可以发现，图中系统存在右半平面的零点，因而无法保证系统的稳定性。相似地，可以绘制含有反馈矩阵时的开环传递函数(式(4-208))不同工况下零极点图，如图 4.43 所示。与图 4.42 相比，开环传递函数的零极点均位于平面左半侧，说明反馈矩阵的引入，改善了系统稳定性。

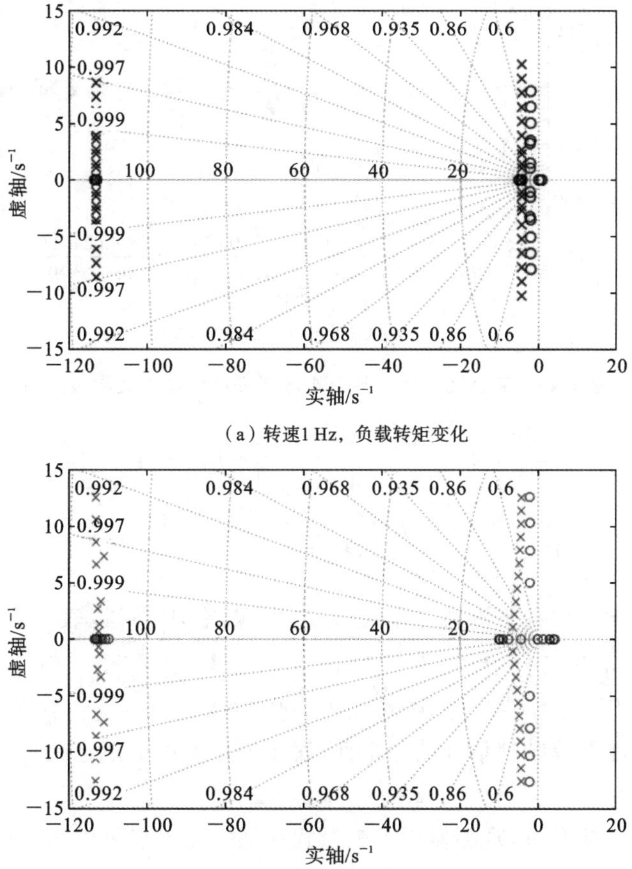

(a) 转速1 Hz，负载转矩变化

(b) 额定负载，转子转速变化

图 4.42　转速观测环开环传递函数零极点图

2) 基于可视化函数的反馈矩阵设计

此种设计方法中将引入的电流误差和磁链误差作为反馈矩阵项的状态变量，为此，自适应全阶观测器模型可以表示为

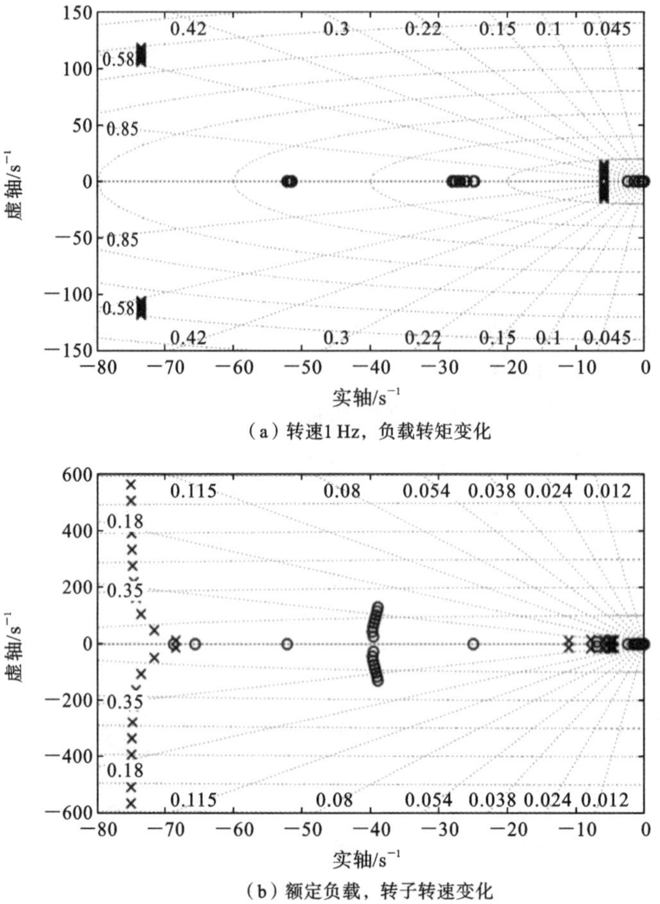

图 4.43 有反馈矩阵时转速观测环开环传递函数零极点图

$$\frac{\mathrm{d}}{\mathrm{d}t}\begin{bmatrix}\hat{i}_s^s\\ \hat{\psi}_r^s\end{bmatrix}=\begin{bmatrix}\boldsymbol{A}_{11} & \hat{\boldsymbol{A}}_{12}\\ \boldsymbol{A}_{21} & \hat{\boldsymbol{A}}_{22}\end{bmatrix}\begin{bmatrix}\hat{i}_s^s\\ \hat{\psi}_r^s\end{bmatrix}+Bu_s^s+\boldsymbol{H}\begin{bmatrix}\boldsymbol{e}_i\\ \boldsymbol{e}_\psi\end{bmatrix} \tag{4-214}$$

式中，$\boldsymbol{H}=\begin{bmatrix}\boldsymbol{H}_1 & 0\\ 0 & \boldsymbol{H}_2\end{bmatrix}$，$\boldsymbol{H}_1=\begin{bmatrix}h_1 & -h_2\\ h_2 & h_1\end{bmatrix}$，$\boldsymbol{H}_2=\begin{bmatrix}h_3 & -h_4\\ h_4 & h_3\end{bmatrix}$。

根据电机数学模型和观测器方程式(4-214)，误差矢量可以表示为

$$\frac{\mathrm{d}}{\mathrm{d}t}\begin{bmatrix}\boldsymbol{e}_i\\ \boldsymbol{e}_\psi\end{bmatrix}=\begin{bmatrix}\boldsymbol{A}_{11} & \boldsymbol{A}_{12}\\ \boldsymbol{A}_{21} & \boldsymbol{A}_{22}\end{bmatrix}\begin{bmatrix}\boldsymbol{e}_i\\ \boldsymbol{e}_\psi\end{bmatrix}+\begin{bmatrix}0 & \Delta\boldsymbol{A}_{12}\\ 0 & \Delta\boldsymbol{A}_{22}\end{bmatrix}\begin{bmatrix}\hat{i}_s^s\\ \hat{\psi}_r^s\end{bmatrix}-H\begin{bmatrix}\boldsymbol{e}_i\\ \boldsymbol{e}_\psi\end{bmatrix} \tag{4-215}$$

为了分析观测器及转速估计的稳定性，误差矢量可以重新定义为

$$\boldsymbol{e}=[\boldsymbol{e}_i \quad \boldsymbol{e}_\psi \quad \Delta\omega_r]^{\mathrm{T}} \tag{4-216}$$

在两相同步旋转坐标系下，观测器误差矢量式在某一工况点可以线性化地表示为

$$\Delta\boldsymbol{e}=\boldsymbol{A}_5\Delta\boldsymbol{e}+\Delta\boldsymbol{A}_5\boldsymbol{e} \tag{4-217}$$

低速不稳定边界可以由下式求得

$$\det|\boldsymbol{A}_5|=-K_i\psi_{rd}^2c(g_1\omega_e^2+g_2\omega_e+g_3\omega_r+g_4)=0 \tag{4-218}$$

式中，$g_1=1-T_r(a-h_1)$；$g_2=T_r\omega_r(-bR_s-h_1+h_3)-2T_r(a-h_1)h_4+h_2+h_4$；$g_3=T_rh_4(-bR_s-h_1)+T_rh_2h_3$；$g_4=-T_r(a-h_1)(h_4^2+h_3^2+h_3/T_r)+h_2h_4-cdT_rh_3$。

为了简化分析，可以令 $h_2=h_4=0$，式(4-218)可以简化为

$$g_1\omega_e^2 - T_r\omega_r(h_1 - h_3 + bR_s)\omega_e - T_r(a - h_1)\left(h_3^2 + \frac{h_3}{T_r}\right) - cdT_rh_3 = 0 \quad (4\text{-}219)$$

假设 $h_1 = -bR_s$，反馈矩阵下不稳定区域的边界可以表示为

$$\omega_r = -\frac{1 + cdT_r^2}{T_rh_3}\omega_e - \frac{cdT_rh_3}{\omega_e} \quad (4\text{-}220)$$

式(4-220)中所示反馈矩阵下不稳定区域的边界条件可以分为以下两种情况。

(1) 若 $h_3 > 0$，则不稳定区域转移到第二和第四象限，如图 4.44 所示。在没有反馈矩阵的条件下，无速度传感器异步电机低速不稳定区域边界由 D_1 和 D_2 给出。从图 4.44可见，采用反馈矩阵设计方法时，不稳定区域转移到了第二和第四象限，且低速时不稳定区域消失。

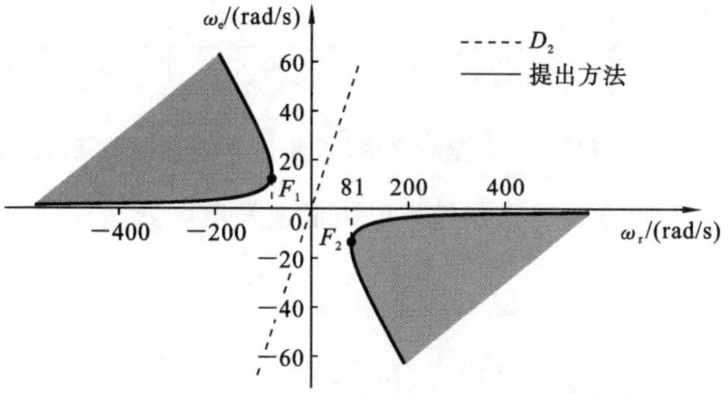

图 4.44　$h_3 > 0$，有反馈矩阵时不稳定区域的边界

(2) 若 $h_3 < 0$，则不稳定区域转移到第一和第三象限，如图 4.45 所示。

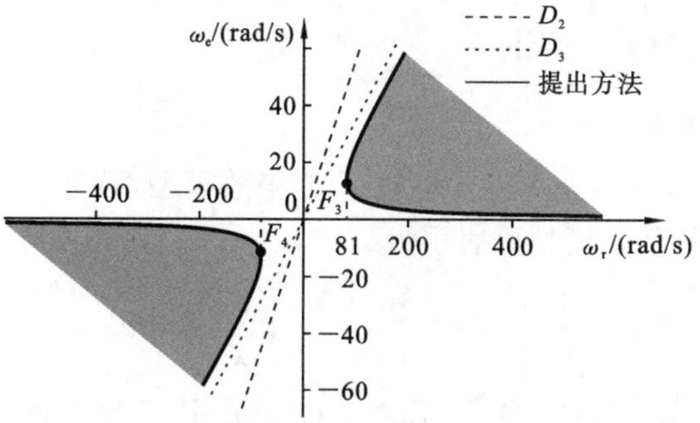

图 4.45　$h_3 < 0$，有反馈矩阵时不稳定区域的边界

图 4.45 中，不稳定区域边界曲线的渐近线 D_3 可以表示为

$$\omega_e = -\frac{T_rh_3}{1 + cdT_r^2}\omega_r \quad (4\text{-}221)$$

因此，为了进一步减小不稳定区域，h_3 的取值需要增大。结合边界线 D_2，可得 h_3 的取值范围为

$$h_3 > -\frac{R_s}{\sigma L_s + \sigma T_rR_s} \quad (4\text{-}222)$$

当 $h_3 < 0$ 时，选择在式(4-222)设定的范围中取值，可以减小低速发电运行不稳定区域，但是并不能消除该区域。为了直观地表示传统低速发电运行不稳定区域与可视化设计方法产生的不稳定区域的关系，其示意图如图 4.46 所示(仅以曲线顶点 F_3 和电

机运行点之间的关系简化表示)。图 4.46 中,随着发电负载的逐渐增大,电机运行点所在的斜线逐渐向右下角移动。可以发现曲线顶点 F_3 处大约为 5.7 倍额定负载工况。因此,所提出的方法仍然可以避免不稳定区域。

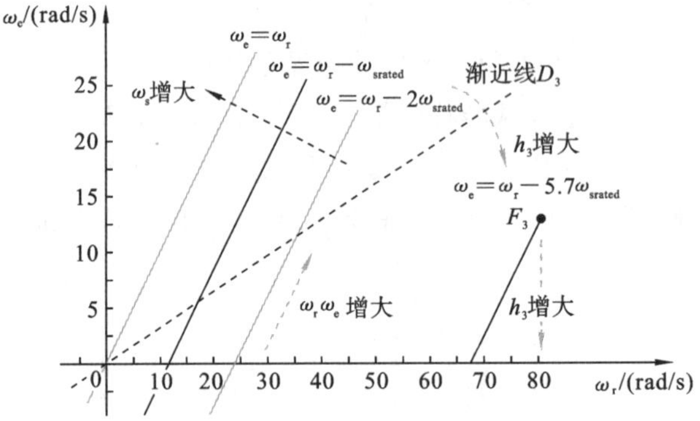

图 4.46　$h_3<0$ 时,$\omega_e-\omega_r$ 坐标系中,顶点 F_3 和异步电机运行点示意图

综上所述,为改善无速度传感器异步电机低速发电区域运行的稳定性,反馈矩阵参数可以取为

$$\begin{cases} h_1=-R_s/\sigma L_s \\ h_2=0 \\ h_3>-\dfrac{R_s}{\sigma L_s+\sigma T_r R_s}, \quad h_3\neq 0 \\ h_4=0 \end{cases} \tag{4-223}$$

4.5.4　转速和定子电阻辨识

1. 观测器自适应率

参考两相静止 α-β 坐标系下异步电机 T 形等效模型,选取定子电流和转子磁链作为状态变量,异步电机数学模型可表示为

$$\frac{\mathrm{d}}{\mathrm{d}t}\begin{bmatrix}\boldsymbol{i}_s^s \\ \boldsymbol{\lambda}_r^s\end{bmatrix}=\begin{bmatrix}\boldsymbol{A}_{11} & \boldsymbol{A}_{12} \\ \boldsymbol{A}_{21} & \boldsymbol{A}_{22}\end{bmatrix}\begin{bmatrix}\boldsymbol{i}_s^s \\ \boldsymbol{\lambda}_r^s\end{bmatrix}+\boldsymbol{B}\boldsymbol{u}_s^s \tag{4-224}$$

式中,$\boldsymbol{i}_s^s=[\boldsymbol{i}_{\alpha s}^s \quad \boldsymbol{i}_{\beta s}^s]^{\mathrm{T}}$,$\boldsymbol{\lambda}_r^s=[\boldsymbol{\lambda}_{\alpha r}^s \quad \boldsymbol{\lambda}_{\beta r}^s]^{\mathrm{T}}$,$\boldsymbol{u}_s^s=[\boldsymbol{u}_{\alpha s}^s \quad \boldsymbol{u}_{\beta s}^s]^{\mathrm{T}}$ 分别为两相静止坐标系下的定子电流、转子磁链和定子电压;$\boldsymbol{A}_{11}=a\boldsymbol{I}$,$a=-\left(\dfrac{R_s}{\sigma L_s}+\dfrac{L_m^2}{\sigma L_s L_r T_r}\right)$,$\sigma=1-\dfrac{L_m^2}{L_s L_r}$,$\boldsymbol{I}=\begin{bmatrix}1 & 0 \\ 0 & 1\end{bmatrix}$;$\boldsymbol{A}_{12}=c\boldsymbol{I}-cT_r\omega_r\boldsymbol{J}$,$c=\dfrac{L_m}{\sigma L_s L_r T_r}$,$T_r=\dfrac{L_r}{R_r}$,$\boldsymbol{J}=\begin{bmatrix}0 & -1 \\ 1 & 0\end{bmatrix}$;$\boldsymbol{A}_{21}=d\boldsymbol{I}$,$d=\dfrac{L_m}{T_r}$;$\boldsymbol{A}_{22}=-\dfrac{1}{T_r}\boldsymbol{I}+\omega_r\boldsymbol{J}$;$\boldsymbol{B}=[b \quad 0]^{\mathrm{T}}$,$b=\dfrac{1}{\sigma L_s}$。

选择转速和定子电阻为观测目标变量,根据电机数学模型,构建全阶观测器:

$$\frac{\mathrm{d}}{\mathrm{d}t}\begin{bmatrix}\hat{\boldsymbol{i}}_s^s \\ \hat{\boldsymbol{\lambda}}_r^s\end{bmatrix}=\begin{bmatrix}\hat{\boldsymbol{A}}_{11} & \hat{\boldsymbol{A}}_{12} \\ \boldsymbol{A}_{21} & \hat{\boldsymbol{A}}_{22}\end{bmatrix}\begin{bmatrix}\hat{\boldsymbol{i}}_s^s \\ \hat{\boldsymbol{\lambda}}_r^s\end{bmatrix}+\boldsymbol{B}\boldsymbol{u}_s^s \tag{4-225}$$

式中,$\hat{\omega}_r$、$\hat{R}_s$ 分别为转子转速和定子电阻估算值;$\hat{\boldsymbol{A}}_{11}$、$\hat{\boldsymbol{A}}_{12}$、$\hat{\boldsymbol{A}}_{22}$ 为系数矩阵,其中,实际转速 ω_r 和定子电阻 R_s 由转子转速和定子电阻估算值代替。

由电机数学模型式(4-224)减去全阶观测器模型式(4-225)，可以得到的误差方程为

$$\frac{\mathrm{d}}{\mathrm{d}t}\begin{bmatrix}\boldsymbol{e}_{\mathrm{i}}\\ \boldsymbol{e}_{\lambda}\end{bmatrix}=\begin{bmatrix}\boldsymbol{A}_{11} & \boldsymbol{A}_{12}\\ \boldsymbol{A}_{21} & \boldsymbol{A}_{22}\end{bmatrix}\begin{bmatrix}\boldsymbol{e}_{\mathrm{i}}\\ \boldsymbol{e}_{\lambda}\end{bmatrix}+\begin{bmatrix}\Delta\boldsymbol{A}_{11} & \Delta\boldsymbol{A}_{12}\\ 0 & \Delta\boldsymbol{A}_{22}\end{bmatrix}\begin{bmatrix}\hat{\boldsymbol{i}}_{\mathrm{s}}^{\mathrm{s}}\\ \hat{\boldsymbol{\lambda}}_{\mathrm{r}}^{\mathrm{s}}\end{bmatrix} \tag{4-226}$$

式中，$\boldsymbol{e}_{\mathrm{i}}=\boldsymbol{i}_{\mathrm{s}}^{\mathrm{s}}-\hat{\boldsymbol{i}}_{\mathrm{s}}^{\mathrm{s}}$；$\boldsymbol{e}_{\lambda}=\boldsymbol{\lambda}_{\mathrm{r}}^{\mathrm{s}}-\hat{\boldsymbol{\lambda}}_{\mathrm{r}}^{\mathrm{s}}$；$\Delta\boldsymbol{A}_{11}=-\Delta R_{\mathrm{s}}/(\sigma L_{\mathrm{s}})$，$\Delta R_{\mathrm{s}}=R_{\mathrm{s}}-\hat{R}_{\mathrm{s}}$；$\Delta\boldsymbol{A}_{12}=-cT_{\mathrm{r}}\Delta\omega_{\mathrm{r}}J$，$\Delta\omega_{\mathrm{r}}=\omega_{\mathrm{r}}-\hat{\omega}_{\mathrm{r}}$；$\Delta\boldsymbol{A}_{22}=\Delta\omega_{\mathrm{r}}J$。

基于观测器误差方程，通过波波夫稳定性定理，可以推导转速和定子电阻同步辨识的自适应律为

$$\hat{R}_{\mathrm{s}}=-\left(K_{\mathrm{pR}}+\frac{K_{\mathrm{iR}}}{s}\right)\boldsymbol{e}_{\mathrm{i}}^{\mathrm{T}}\hat{\boldsymbol{i}}_{\mathrm{s}} \tag{4-227}$$

$$\hat{\omega}_{\mathrm{r}}=-\left(K_{\mathrm{p}\omega}+\frac{K_{\mathrm{i}\omega}}{s}\right)\boldsymbol{e}_{\mathrm{i}}^{\mathrm{T}}J\hat{\boldsymbol{\lambda}}_{\mathrm{r}}^{\mathrm{s}} \tag{4-228}$$

式中，K_{pR}和K_{iR}都为定子电阻自适应律参数；$K_{\mathrm{p}\omega}$和$K_{\mathrm{i}\omega}$都为转速自适应律参数。

2. 误差耦合关系分析

对误差方程式(4-226)做拉普拉斯变换，可以得到

$$\begin{cases}s\boldsymbol{e}_{\mathrm{i}}=\boldsymbol{A}_{11}\boldsymbol{e}_{\mathrm{i}}+\boldsymbol{A}_{12}\boldsymbol{e}_{\lambda}+\Delta\boldsymbol{A}_{11}\hat{\boldsymbol{i}}_{\mathrm{s}}^{\mathrm{s}}+\Delta\boldsymbol{A}_{12}\hat{\boldsymbol{\lambda}}_{\mathrm{r}}^{\mathrm{s}}\\ s\boldsymbol{e}_{\lambda}=\boldsymbol{A}_{21}\boldsymbol{e}_{\mathrm{i}}+\boldsymbol{A}_{22}\boldsymbol{e}_{\lambda}+\Delta\boldsymbol{A}_{22}\hat{\boldsymbol{\lambda}}_{\mathrm{r}}^{\mathrm{s}}\end{cases} \tag{4-229}$$

式中，消除磁链误差，电流误差、转速观测误差和定子电阻观测误差的关系可以表示为

$$\boldsymbol{e}_{\mathrm{i}}=\boldsymbol{e}_{1}+\boldsymbol{e}_{2} \tag{4-230}$$

其中，$\begin{cases}\boldsymbol{e}_{1}=\boldsymbol{G}_{\omega}J\hat{\boldsymbol{\lambda}}_{\mathrm{r}}\Delta\omega_{\mathrm{r}}\\ \boldsymbol{e}_{2}=\boldsymbol{G}_{\mathrm{R}}\hat{\boldsymbol{i}}_{\mathrm{s}}\Delta R\end{cases}$，$\begin{cases}\boldsymbol{G}_{\omega}(s)=-cT_{\mathrm{r}}s[(s\boldsymbol{I}-\boldsymbol{A}_{22})(s\boldsymbol{I}-\boldsymbol{A}_{11})-\boldsymbol{A}_{12}\boldsymbol{A}_{21}]^{-1}\\ \boldsymbol{G}_{\mathrm{R}}(s)=-b(s\boldsymbol{I}-\boldsymbol{A}_{22})[(s\boldsymbol{I}-\boldsymbol{A}_{22})(s\boldsymbol{I}-\boldsymbol{A}_{11})-\boldsymbol{A}_{12}\boldsymbol{A}_{21}]^{-1}\end{cases}$

从上式可以看出，观测器定子电流误差由转速误差项和定子电阻误差项组成。转子转速自适应律和定子电阻自适应律均是利用电流误差实现观测的。因此，定子电阻误差会影响转速观测。同理，转速误差会影响定子电阻观测。所以，转速观测器和定子电阻观测器存在耦合关系。通常情况下，把定子电阻误差和转速误差作为有限的扰动，忽略转速观测器和定子电阻观测器彼此之间存在的耦合关系。但是，在低速运行时，若存在较大转速误差项，那么会严重影响定子电阻估算的稳定性和精度。定子电阻估算流程图如图 4.47 所示。

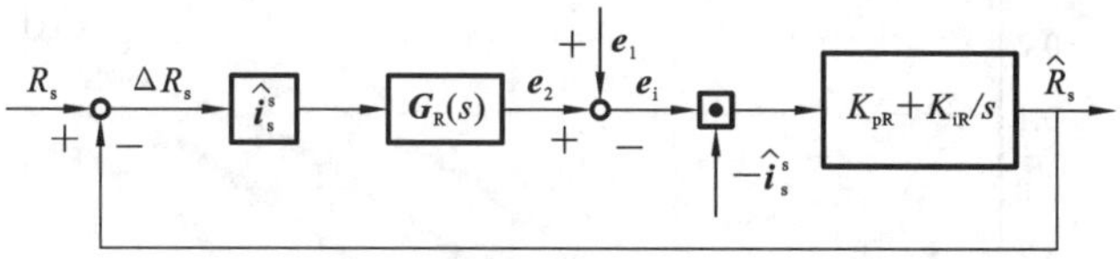

图 4.47　静止坐标系下定子电阻估算框图

假设式(4-230)中转速误差项为零，在两相同步旋转轴系下，电流误差和定子电阻观测误差的关系可以表示为

$$\begin{bmatrix}\boldsymbol{e}_{\mathrm{id}}\\ \boldsymbol{e}_{\mathrm{iq}}\end{bmatrix}=\begin{bmatrix}\boldsymbol{G}''_{\mathrm{R11}}(s) & \boldsymbol{G}''_{\mathrm{R12}}(s)\\ \boldsymbol{G}''_{\mathrm{R21}}(s) & \boldsymbol{G}''_{\mathrm{R22}}(s)\end{bmatrix}\begin{bmatrix}i_{\mathrm{sd}}\\ i_{\mathrm{sq}}\end{bmatrix}\Delta R_{\mathrm{s}} \tag{4-231}$$

式中，$\boldsymbol{G}_{\mathrm{R}}(s)=\begin{bmatrix}\boldsymbol{G}''_{\mathrm{R11}}(s) & \boldsymbol{G}''_{\mathrm{R12}}(s)\\ \boldsymbol{G}''_{\mathrm{R21}}(s) & \boldsymbol{G}''_{\mathrm{R22}}(s)\end{bmatrix}=-b\left(\frac{s^{3}-n_{1}s^{2}+n_{2}s+n_{3}}{m_{1}^{2}+m_{2}^{2}}\boldsymbol{I}+\frac{-\omega_{\mathrm{e}}s^{2}-n_{4}s+n_{5}}{m_{1}^{2}+m_{2}^{2}}\boldsymbol{J}\right)$，

$m_1=s^2-q_1s-\omega_e\omega_s+q_2$, $m_2=(2\omega_e-\omega_r)s-q_1\omega_e-T_rq_2\omega_r$, $q_1=a-1/T_r$, $q_2=bR_s/T_r$, $n_1=q_1-1/T_r$, $n_2=q_2+1/T_r^2-a/T_r+\omega_s^2$, $n_3=-\omega_s(a\omega_e+bR_s\omega_r)+q_2/T_r$, $n_4=cdT_r\omega_r+2\omega_e/T_r$, $n_5=-\omega_e\omega_s^2-(cd+1/T_r^2)\omega_e$。

在两相同步旋转坐标系下，定子电阻自适应律表示为

$$\hat{R}_s=-\left(K_{PR}+\frac{K_{iR}}{s}\right)\boldsymbol{e}_i^T\hat{\boldsymbol{i}}_s=-\left(K_{PR}+\frac{K_{iR}}{s}\right)(\boldsymbol{e}_{id}\hat{i}_{sd}+\boldsymbol{e}_{iq}\hat{i}_{sq}) \tag{4-232}$$

可以根据式(4-231)，在空载时绘制不同定子电阻误差下，转速与电流误差的关系如图 4.48 所示。当转速上升时，电流误差 d 轴分量为负，且误差量一直增大。然而，电流误差 q 轴分量先逐渐上升，之后逐渐下降。当转速达到额定值时，电流误差 d 轴分量和 q 轴分量都趋近于零。此时，定子电阻对定子电流的影响较小，完全可以忽略不计。因此，在高速工况时，由于系统对定子电阻不敏感，定子电阻观测并不是必须的。而在低速时，电流误差对转速变化敏感，造成定子电阻观测器在低速时对转速敏感，影响定子电阻观测的稳定性和精度。

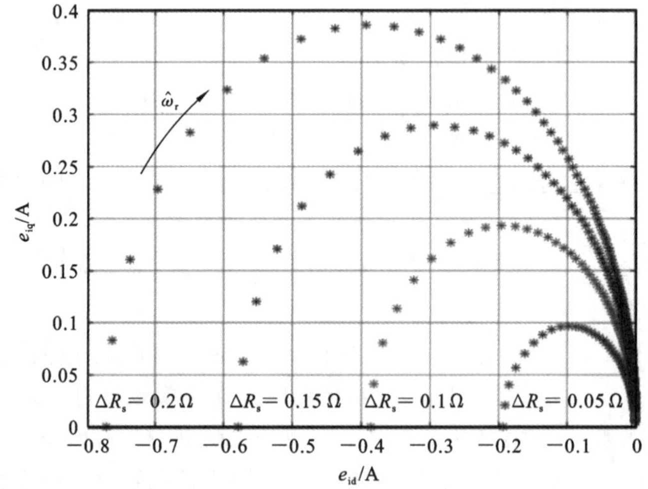

图 4.48　空载时不同定子电阻误差下电流误差与转速关系图

图 4.49 所示的是在低速工况时，绘制不同定子电阻误差下电流误差随电磁转矩变

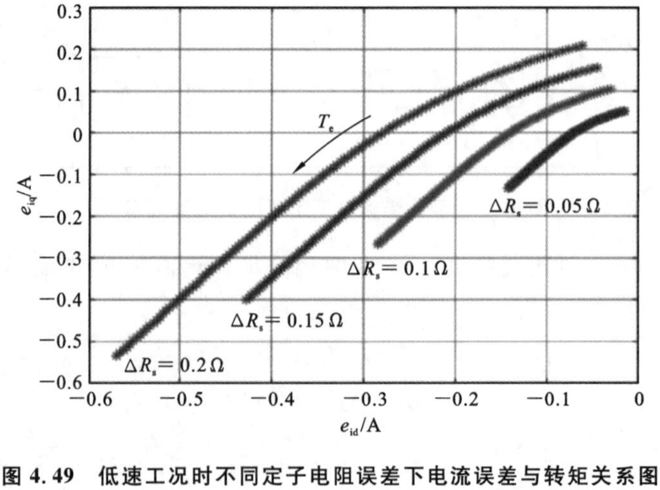

图 4.49　低速工况时不同定子电阻误差下电流误差与转矩关系图

化的关系图。图中,电流误差 d 轴分量随着转矩的增大而减小,同时电流误差 q 轴分量从正值减小到负值。可以观察到,当电磁转矩为零时,电流误差 d 轴分量接近于零,但是 q 轴分量存在较大的误差分量。然而,根据观测器定子电阻自适应律可知,在空载工况时,由于 q 轴电流为零,电流误差 q 轴分量并没有引入到定子电阻自适应律中。此时,当异步电机突加负载时,因为在定子电阻自适应律误差项中突然引入了电流误差 q 轴分量,会造成定子电阻观测值阶跃减小。因此,在轻载工况时,转速和定子电阻同步观测中定子电阻观测值对负载变化敏感,在定子电阻自适应律中引入电流误差 q 轴分量对提升定子电阻观测的精度和稳定性具有非常重要的意义。

4.5.5 数值仿真结果分析

在 Simulink 中搭建相应模型并仿真,以验证带反馈矩阵的异步电机无感控制系统在低速发电区域的稳定性,电机参数如表 4.2 所示。

1. 带反馈矩阵的低速发电稳定性仿真

1) 恒定转速,转矩阶跃仿真

图 4.50 中的仿真条件为:在转速 100 r/min 且电机使用有反馈矩阵方法时负载阶跃变化仿真。在图 4.50 中,同步转速最低可达 2.21 rad/s (0.352 Hz),带载为 −12 N·m。根据估计转速和电流曲线可知,异步电机在低速发电区域仍然保持稳定。电机运行工况点已经接近定子电流零频不可观测线。

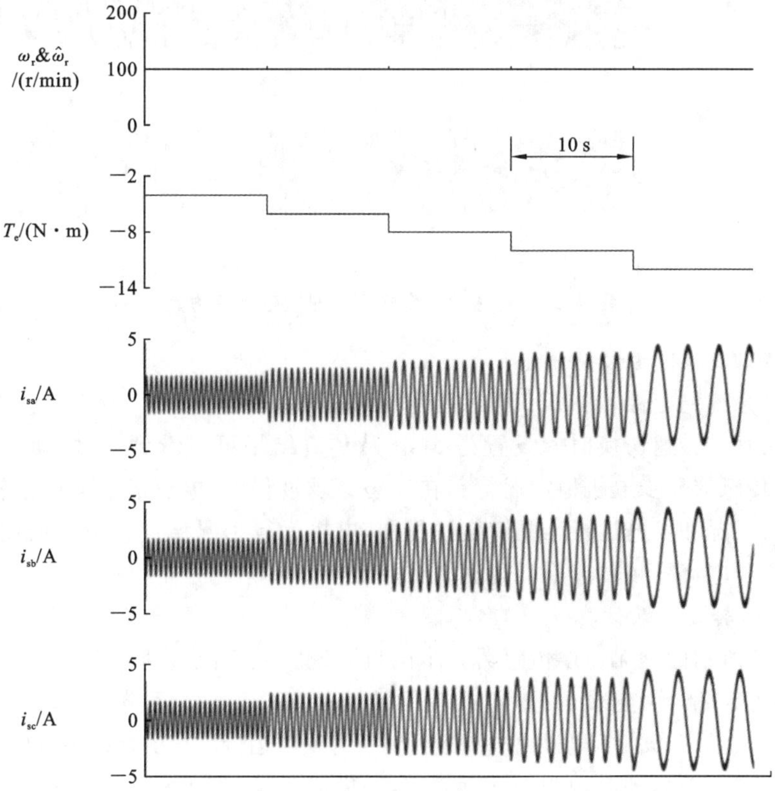

图 4.50 转矩阶跃变化下低速发电运行仿真

2) 恒定转矩,转速阶跃仿真

在图 4.51 中,电机使用有反馈矩阵方法时,在−11 N·m 负载工况下,转子转速由 150 r/min 逐渐阶跃减小到 50 r/min。同步转速最低可以达到 2.18 rad/s(0.347 Hz),根据估计转速和电流曲线可知,异步电机在低速发电区域仍然保持稳定。电机运行工况点已经接近定子电流零频不可观测线。

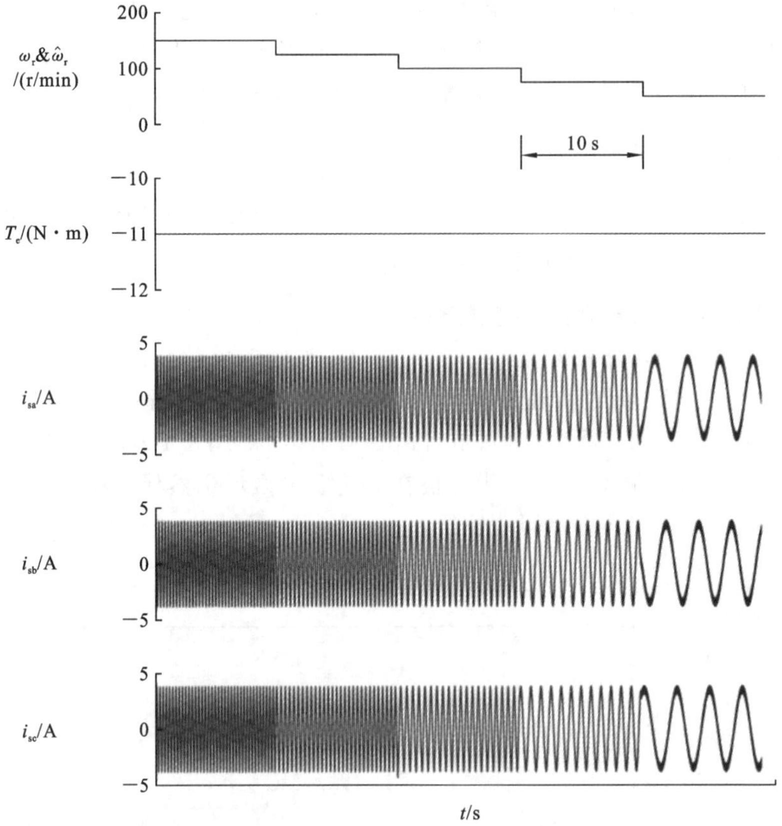

图 4.51 转速阶跃变化下低速发电运行仿真

3) 额定负载,转速切换仿真

为验证系统稳定性,图 4.52 所示的是满载工况下转速由 200 r/min 至−200 r/min 正反切换仿真。转速切换时间设置为 5 s。从仿真结果可以看到,在电动和发电工况下,无速度传感器异步电机稳定运行。在动态穿越过程中,电机成功完成了转速切换。在电动运行工况和发电运行工况切换过程中,电机运行工况稳定穿越了低速发电不稳定区域和定子电流零频转速不可观测区域。

4) 空载,转速阶跃仿真

图 4.53 所示的是无速度传感器异步电机系统空载工况转速阶跃仿真。仿真条件选择为:零速工况下,空载运行,电机转子转速从 100 r/min 下降到 0,5 s 后下降到−100 r/min。图 4.53 中,电机由电动运行切换为发电运行。从仿真结果可以看到,零速空载工况下,观测转速迅速收敛至实际转速,并稳定在零,系统保持稳定(空载零速时,电机同步频率、定子电流频率为零。采用稳定性方法之后,无速度传感器系统可以维持临界稳定状态)。仿真结果验证了在零速空载工况下转速阶跃变化时系统的稳定性。

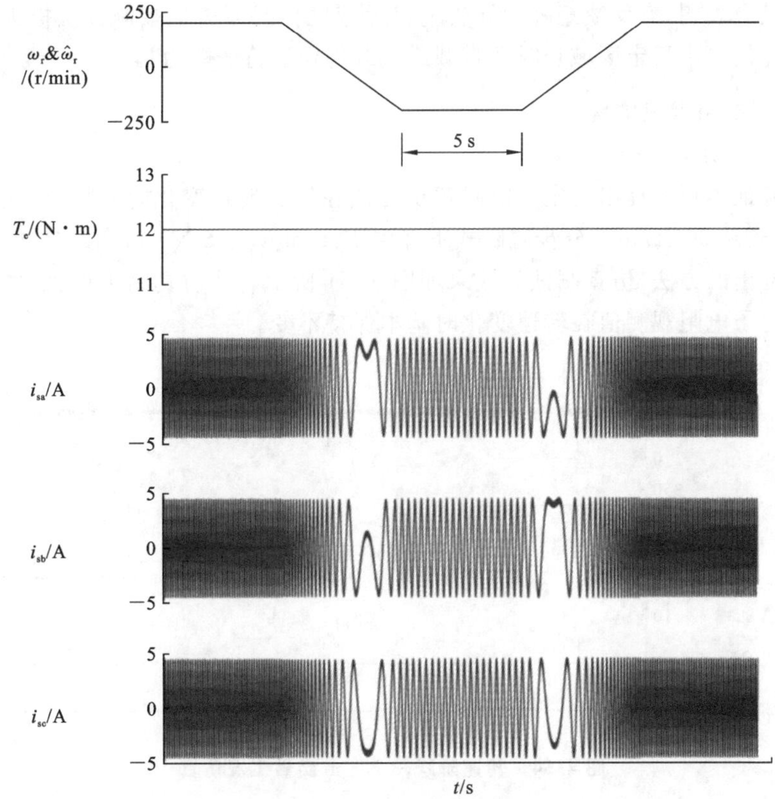

图 4.52 额定负载转速切换实验

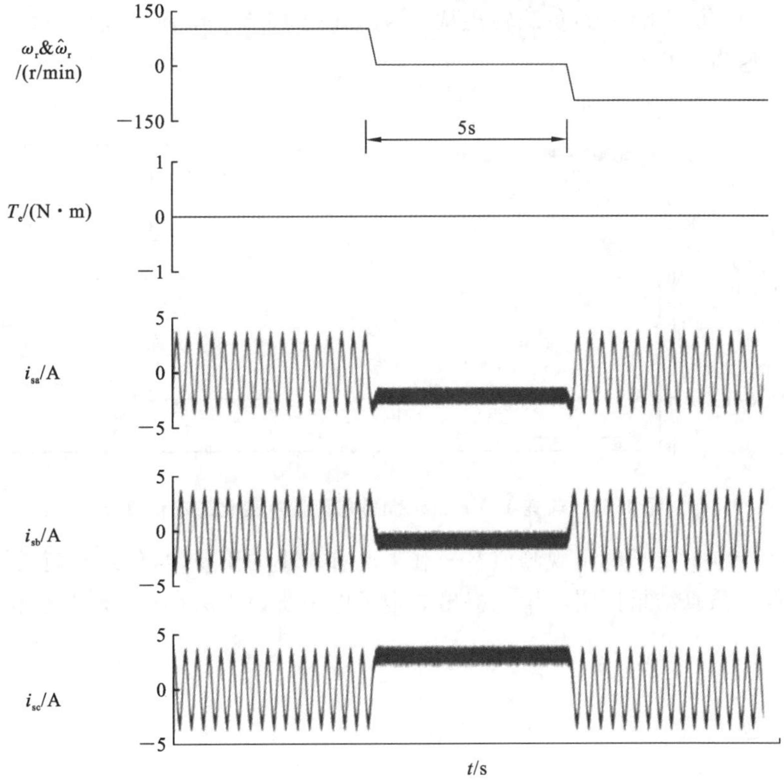

图 4.53 空载下，转速由 100 r/min 至 0 再至 −100 r/min 仿真结果

仿真结果表明,有反馈矩阵的异步电机无速度传感器矢量控制方法极大地提高了系统在低速发电不稳定区域长时间带载或空载稳定运行的能力。

2. 定子电阻辨识仿真

1) 恒定转矩,转速阶跃仿真

为了验证本章所提出的定子电阻辨识方法在转子转速变化时的性能,实验方案设置为:在转子从 300 r/min 分步阶跃式下降到 30 r/min,在 8 N·m 负载转矩工况下,采用本章所提出的方法,仿真测试的效果如图 4.54 所示。从仿真结果可见,本章所提出的方法的定子电阻观测值在转速变化时基本保持不变。

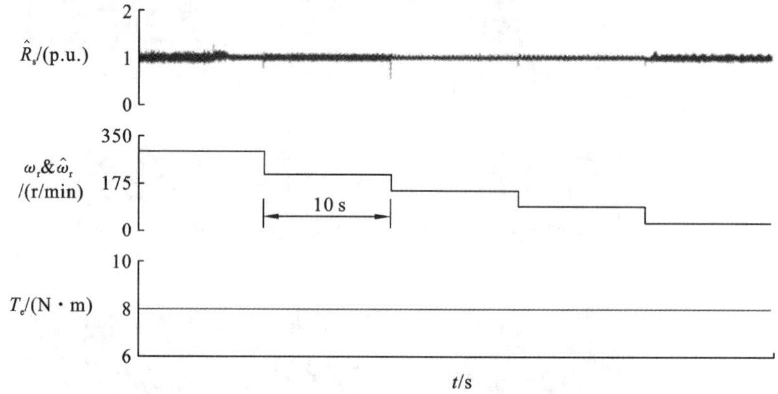

图 4.54 转速阶跃,8 N·m 负载工况仿真

2) 恒定转速,转矩阶跃仿真

图 4.55 的仿真条件为:负载转矩从 2 N·m 到 10 N·m 阶跃变化,每次阶跃增加 2 N·m,转速为 150 r/min。

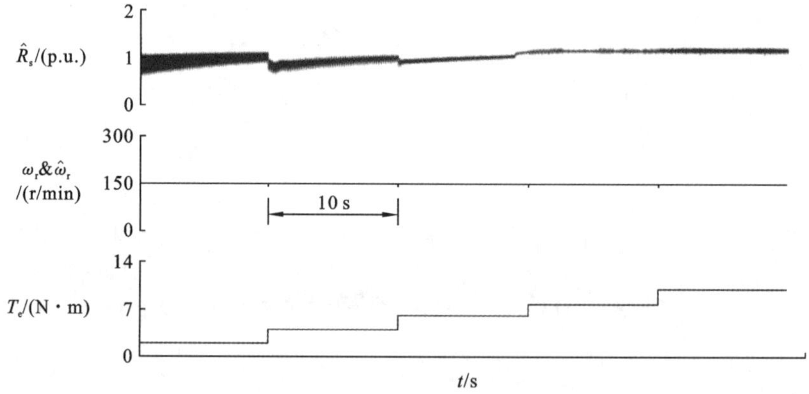

图 4.55 转速 150 r/min,负载转矩阶跃变化工况仿真

在图 4.55 中,定子电阻观测值在轻载工况有较小的误差,当负载转矩增加时,其观测误差降低。仿真结果证明本章所提出的定子电阻辨识方法在负载转矩变化下的精度和稳定性。

问题与思考

1. 图 4.56 所示的是一台两相异步电机的示意图(设极对数为 1),试完整建立:

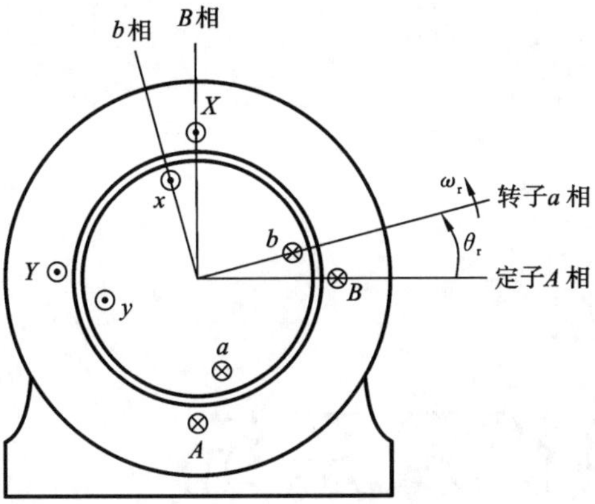

图 4.56 题 1 用图

a. 静止参照系中的分析模型(p 对极),即参数计算公式和磁链、电压、转矩方程等;

b. 任意转速参照系中的分析模型;

c. 与三相电机分析模型比较并讨论。

2. 设图 4.56 电机的铭牌和参数为

极对数	$p=1$	连接方式	Y
功率	$P_1=1100$ W	线电压	$U_1=380$ V
频率	$f_1=50$ Hz	效率	$\eta=0.8$
定子电阻	$r_s=4.67\ \Omega$	转子电阻	$r_r=4.85\ \Omega$
定子漏感	$L_{s\sigma}=0.05$ H	转子漏感	$L_{s\sigma}=0.05$ H
励磁电感	$L_m=0.65$ H	转动惯量	$J=0.01\ \text{kg}\cdot\text{m}^2$

a. 仿照例 4.1,研究电机的起动过程,并从不同参照系观察波形;

b. 计算负载突加、突减过程,考察电机承受负载扰动的能力;

c. 考察电机端部短路及自恢复过程。

3. 计算例 4.1 电机端部两相短路和单相对中点短路及其自恢复过程。

4. 确定 $M=9$,消除 5、7、11、13、17、19、23、25 次谐波的 PWM 波形的触发控制方案,并以例 4.1 电机为供电对象,描绘电机稳态运行的电流、电压波形。

5. 仿照图 4.32 和图 4.33 及图 4.35 和图 4.36,重新计算例 4.1 电机的变负载(T_L 从 14.6 N·m 变到 0 再变到 14.6 N·m)恒速($s=0.05$)和变速(s 从 0.05 变到 0.1 再变到 0.05)恒负载($T_L=14.6$ N·m)运行控制特性。

6. 推导异步电机无速度传感器控制,仿真验证满载和空载工况下异步电机低速发电运行稳定性问题,验证系统运行控制特性。

5

同步电机及系统

同步电机转子侧通常由直流电源励磁或本身就具有确定的极性(如永磁式转子和磁阻式转子),其稳定实现机电能量转换的前提条件就是转子旋转速度必须严格与定子旋转磁场同步,由此区别于异步电机并得名。

同步电机结构形式多样,但考察定、转子侧均具有绕组的凸极结构更具一般性,隐极式、永磁式和磁阻式等都可作为其个例处理。

通过气隙磁场耦合并相对运动的同步电机的定、转子绕组之间的电感系数同样是电机磁场和绕组相互位置的函数,并且磁场饱和的影响非常突出。因此,为简化分析,数学模型仍需在假设理想化电机的基础上建立。此外,同步电机一般作为发电机运行,故约定定子侧采用发电机惯例,而转子侧采用电动机惯例,当电机作为电动机运行时,定子侧再进行相应变化。

5.1 a-b-c 参照系中的分析模型

5.1.1 理想化同步电机的假设

理想化同步电机的基本假设如下:

(1) 不计齿槽影响,定子内表面圆滑,转子磁极外形满足励磁磁场正弦分布需要;

(2) 不计铁磁材料饱和、磁滞、涡流影响,以及导电材料趋肤效应和温度影响;

(3) 定子三相对称绕组,每相绕组在气隙中产生正弦分布的 p 对极磁动势和磁场;

(4) 励磁绕组为转子 d 轴上的集中绕组 fd-fd',分布阻尼绕组可用 d、q 轴等效绕组 kd-kd' 和 kq-kq' 表示。

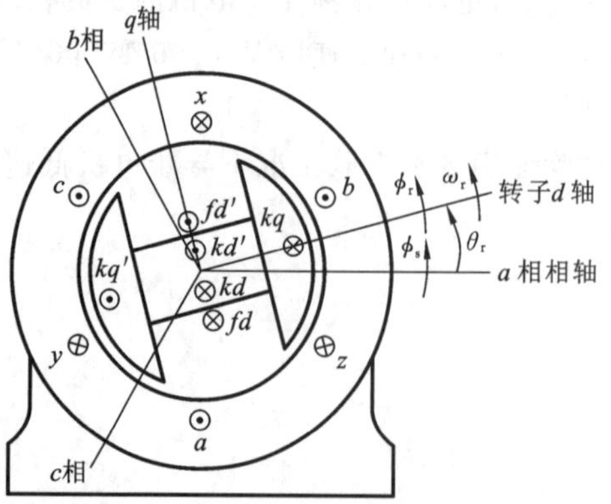

图 5.1 理想化三相两极凸极同步电机示意图

图 5.1 所示的是理想三相两极凸极同步电机示意图。为作图方便,电机仅画一对极,但分析中是作为 p 对极处理的。此外,d、q 轴阻尼绕组有时可能需要用多个等效绕组表示(如采用多回路分析方法),这在应用中只是多几个回路方程的问题,基

本电磁关系和分析方法不会变化，故不进行专门讨论。

5.1.2 绕组电感计算

异步电机气隙均匀，但凸极同步电机的 d、q 轴气隙相差甚远，故式(4-7)不能直接应用于同步电机绕组的电感计算，而必须考虑不均匀气隙的影响，予以修正。

d 轴气隙最小，q 轴气隙最大，气隙长度沿圆周方向呈周期性变化，变化周期为 π，傅里叶级数含各次偶数次谐波分量，难以精确计算，故通常忽略 2 次以上谐波，而用气隙分布函数将其足够准确地表示为(气隙所处位置与转子 d 轴夹角为 ϕ_r，见图 5.1)

$$g(\phi_r)=\frac{1}{\lambda_0+\lambda_2\cos 2\phi_r} \tag{5-1}$$

或按其与定子 a 相绕组轴线夹角 ϕ_s 写为

$$g(\phi_s)=\frac{1}{\lambda_0+\lambda_2\cos 2(\phi_s-\theta_r)} \tag{5-2}$$

式中，θ_r为转子 d 轴与定子 a 相相轴的夹角，计算公式为

$$\theta_r(t)=\theta_r(0)+\int_0^t \omega_r(\zeta)\mathrm{d}\zeta \tag{5-3}$$

由定义

$$g_{\min}=\frac{1}{\lambda_0+\lambda_2} \quad (d\ 轴, \phi_r=0) \tag{5-4}$$

$$g_{\max}=\frac{1}{\lambda_0-\lambda_2} \quad \left(q\ 轴, \phi_r=\frac{\pi}{2}\right) \tag{5-5}$$

联立后可解得

$$\lambda_0=\frac{1}{2}\left(\frac{1}{g_{\min}}+\frac{1}{g_{\max}}\right) \tag{5-6}$$

$$\lambda_2=\frac{1}{2}\left(\frac{1}{g_{\min}}-\frac{1}{g_{\max}}\right) \tag{5-7}$$

至此，用式(5-2)或式(5-1)定义的气隙分布函数替代式(4-8)中的均匀气隙长度，并代回式(4-5)积分，则式(4-7)最终可被修正为

$$\begin{aligned}
L_{xy} &= \frac{\mu_0 \tau l N_x N_y}{4\pi p}\int_0^{\pi}\sin\phi_x^s\int_{\pi+\phi_x^s+\alpha_x^s}^{2\pi+\phi_x^s+\alpha_x^s}\cos(\xi-\alpha_y^s)\times\{\lambda_0+\lambda_2\cos[2(\xi-\theta_r)]\}\mathrm{d}\xi\mathrm{d}\phi_x^s \\
&= \frac{\mu_0 \tau l N_x N_y}{4p}\int_0^{\pi}\sin\phi_x^r\int_{\pi+\phi_x^r+\alpha_x^r}^{2\pi+\phi_x^r+\alpha_x^r}\cos(\xi-\alpha_y^r)\times[\lambda_0+\lambda_2\cos(2\xi)]\mathrm{d}\xi\mathrm{d}\phi_x^r \\
&= \frac{\mu_0 \tau l N_x N_y}{4p}[\lambda_0\cos(\alpha_x^s-\alpha_y^s)+\frac{\lambda_0}{2}\cos(2\theta_r-\alpha_x^s-\alpha_y^s)] \\
&= \frac{\mu_0 \tau l N_x N_y}{4p}\left[\lambda_0\cos(\alpha_x^r-\alpha_y^r)+\frac{\lambda_0}{2}\cos(\alpha_x^r+\alpha_y^r)\right]
\end{aligned} \tag{5-8}$$

式中，该式为同步电机绕组电感计算的一般公式；α_x 和 α_y 分别为 x 相和 y 相与统一参考轴之间的夹角；上标“s”和“r”分别表示参考轴线为定子 a 相相轴或转子 d 轴；而积分式内的正弦项和余弦项分别与绕组和磁动势的分布函数相对应，详见式(4-1)和式(4-2)。

1. 定子相绕组自感

与异步电机分析时的做法一致，假设定子每相绕组在定子内表面呈正弦分布，而等效正弦分布绕组的每相串联匝数依然为

$$N_s = \frac{4K_{s1}}{\pi} N_{st} \tag{5-9}$$

同理,各相绕组的分布函数按导体与 a 相绕组轴线夹角 ϕ_s 展开为

$$\begin{cases} N_a(\phi_s) = \dfrac{N_s}{2p}\sin\phi_s \\ N_b(\phi_s) = \dfrac{N_s}{2p}\sin\left(\phi_s - \dfrac{2\pi}{3}\right) \\ N_c(\phi_s) = \dfrac{N_s}{2p}\sin\left(\phi_s + \dfrac{2\pi}{3}\right) \end{cases} \tag{5-10}$$

首先选 a 相计算,将式(5-10)中的第 1 分式代入式(5-8)后有

$$\begin{aligned} L_{aa} &= \frac{\mu_0 \tau l N_s^2}{4\pi p}\int_0^{\pi}\sin\phi_s \int_{\pi+\phi_s}^{2\pi+\phi_s}\cos\xi \times [\lambda_0 + \lambda_2\cos 2(\xi - \theta_r)]\mathrm{d}\xi \mathrm{d}\phi_s \\ &= \frac{\mu_0 \tau l\ N_s^2}{4p}\lambda_0 + \frac{\mu_0 \tau l\ N_s^2}{8p}\lambda_2\cos(2\theta_r) \\ &= L_0 + L_2\cos(2\theta_r) \end{aligned} \tag{5-11}$$

式中,

$$L_0 = \frac{\mu_0 \tau l N_s^2}{4p}\lambda_0 \tag{5-12}$$

$$L_2 = \frac{\mu_0 \tau l N_s^2}{8p}\lambda_2 \tag{5-13}$$

同理可得

$$L_{bb} = L_0 + L_2\cos 2\left(\theta_r - \frac{2\pi}{3}\right) = L_0 + L_2\cos\left(2\theta_r + \frac{2\pi}{3}\right) \tag{5-14}$$

$$L_{cc} = L_0 + L_2\cos 2\left(\theta_r + \frac{2\pi}{3}\right) = L_0 + L_2\cos\left(2\theta_r - \frac{2\pi}{3}\right) \tag{5-15}$$

综上所述,设定子每相绕组漏电感为 L_s,则定子三相绕组自感分别为

$$\begin{cases} L_a = L_{\sigma s} + L_{aa} = L_{\sigma s} + L_0 + L_2\cos(2\theta_r) \\ L_b = L_{\sigma s} + L_{bb} = L_{\sigma s} + L_0 + L_2\cos\left(2\theta_r + \dfrac{2\pi}{3}\right) \\ L_c = L_{\sigma s} + L_{cc} = L_{\sigma s} + L_0 + L_2\cos\left(2\theta_r - \dfrac{2\pi}{3}\right) \end{cases} \tag{5-16}$$

2. 定子相绕组之间的互感

以 a、b 相绕组之间的互感计算为例,将式(5-10)中的第 1、2 分式代入式(5-8)后,有

$$\begin{aligned} L_{ab} = L_{ba} &= \frac{\mu_0 \tau l N_s^2}{4\pi p}\int_0^{\pi}\sin\phi_s \int_{\pi+\phi_s}^{2\pi+\phi_s}\cos\left(\xi - \frac{2\pi}{3}\right) \times [\lambda_0 + \lambda_2\cos 2(\xi - \theta_r)]\mathrm{d}\xi \mathrm{d}\phi_s \\ &= -\frac{\mu_0 \tau l N_s^2}{8p}\lambda_0 + \frac{\mu_0 \tau l N_s^2}{8p}\lambda_2\cos 2\left(\theta_r - \frac{\pi}{3}\right) \\ &= -\frac{L_0}{2} + L_2\cos\left(2\theta_r - \frac{2\pi}{3}\right) \end{aligned} \tag{5-17}$$

同理可得

$$L_{bc} = L_{cb} = -\frac{L_0}{2} + L_2\cos(2\theta_r) \tag{5-18}$$

$$L_{ca} = L_{ac} = -\frac{L_0}{2} + L_2\cos\left(2\theta_r + \frac{2\pi}{3}\right) \tag{5-19}$$

3. 转子绕组自感

假想转子励磁绕组可由正弦分布绕组替代，则其等效串联匝数为

$$N_{\mathrm{f}}=\frac{4}{\pi}N_{\mathrm{ft}} \tag{5-20}$$

式中，N_{ft}为励磁绕组总匝数，因实际为集中整距绕组，故基波绕组系数为1。

同理，替代 d、q 轴阻尼绕组的等效正弦分布绕组的串联匝数分别为

$$N_{\mathrm{kd}}=\frac{4K_{\mathrm{d1}}}{\pi}N_{\mathrm{kdt}} \tag{5-21}$$

$$N_{\mathrm{kq}}=\frac{4K_{\mathrm{q1}}}{\pi}N_{\mathrm{kqt}} \tag{5-22}$$

式中，N_{kdt}、N_{kqt}和 K_{d1}、K_{q1} 分别为 d、q 轴阻尼绕组的实际匝数和基波绕组系数。

参见图 5.1，将等效正弦分布的励磁绕组和 d、q 轴阻尼绕组，按导体与转子 d 轴夹角 ϕ_{r} 或与定子 a 相相轴夹角 ϕ_{s} 展开，有

$$N_{\mathrm{f}}(\phi_{\mathrm{r}})=\frac{N_{\mathrm{f}}}{2p}\sin\phi_{\mathrm{r}}=\frac{N_{\mathrm{f}}}{2p}\sin(\phi_{\mathrm{s}}-\theta_{\mathrm{r}})=N_{\mathrm{f}}(\phi_{\mathrm{s}}-\theta_{\mathrm{r}}) \tag{5-23}$$

$$N_{\mathrm{d}}(\phi_{\mathrm{r}})=\frac{N_{\mathrm{kd}}}{2p}\sin\phi_{\mathrm{r}}=\frac{N_{\mathrm{kd}}}{2p}\sin(\phi_{\mathrm{s}}-\theta_{\mathrm{r}})=N_{\mathrm{d}}(\phi_{\mathrm{s}}-\theta_{\mathrm{r}}) \tag{5-24}$$

$$N_{\mathrm{q}}(\phi_{\mathrm{r}})=\frac{N_{\mathrm{kq}}}{2p}\sin\left(\phi_{\mathrm{r}}-\frac{\pi}{2}\right)=-\frac{N_{\mathrm{kq}}}{2p}\cos\phi_{\mathrm{r}}=-\frac{N_{\mathrm{kq}}}{2p}\cos(\phi_{\mathrm{s}}-\theta_{\mathrm{r}})=N_{\mathrm{q}}(\phi_{\mathrm{s}}-\theta_{\mathrm{r}}) \tag{5-25}$$

在计算转子绕组电感参数时，绕组分布函数选用按转子 d 轴轴线展开的形式。

励磁绕组主电感：将式(5-23)代入式(5-8)，得

$$\begin{aligned}L_{\mathrm{ff}}&=\frac{\mu_0\tau lN_{\mathrm{f}}^2}{4\pi p}\int_0^{\pi}\sin\phi_{\mathrm{r}}\int_{\pi+\phi_{\mathrm{r}}}^{2\pi+\phi_{\mathrm{r}}}\cos\xi[\lambda_0+\lambda_2\cos(2\xi)]\mathrm{d}\xi\mathrm{d}\phi_{\mathrm{r}}\\&=\frac{\mu_0\tau lN_{\mathrm{f}}^2}{4p}\left(\lambda_0+\frac{\lambda_2}{2}\right)=\left(\frac{N_{\mathrm{f}}}{N_{\mathrm{s}}}\right)^2(L_0+L_2)\end{aligned} \tag{5-26}$$

d、q 轴阻尼绕组主电感：将式(5-24)和式(5-25)分别代入式(5-8)，得

$$\begin{aligned}L_{\mathrm{dd}}&=\frac{\mu_0\tau lN_{\mathrm{kd}}^2}{4\pi p}\int_0^{\pi}\sin\phi_{\mathrm{r}}\int_{\pi+\phi_{\mathrm{r}}}^{2\pi+\phi_{\mathrm{r}}}\cos\xi[\lambda_0+\lambda_2\cos(2\xi)]\mathrm{d}\xi\mathrm{d}\phi_{\mathrm{r}}\\&=\frac{\mu_0\tau lN_{\mathrm{kd}}^2}{4p}\left(\lambda_0+\frac{\lambda_2}{2}\right)=\left(\frac{N_{\mathrm{kd}}}{N_{\mathrm{s}}}\right)^2(L_0+L_2)\end{aligned} \tag{5-27}$$

$$\begin{aligned}L_{\mathrm{qq}}&=-\frac{\mu_0\tau lN_{\mathrm{kq}}^2}{4\pi p}\int_0^{\pi}\cos\phi_{\mathrm{r}}\int_{\pi+\phi_{\mathrm{r}}}^{2\pi+\phi_{\mathrm{r}}}\sin\xi[\lambda_0+\lambda_2\cos(2\xi)]\mathrm{d}\xi\mathrm{d}\phi_{\mathrm{r}}\\&=\frac{\mu_0\tau lN_{\mathrm{kq}}^2}{4p}\left(\lambda_0-\frac{\lambda_2}{2}\right)=\left(\frac{N_{\mathrm{kq}}}{N_{\mathrm{s}}}\right)^2(L_0-L_2)\end{aligned} \tag{5-28}$$

记励磁绕组和 d、q 轴阻尼绕组的漏电感分别为 L_{f}、L_{d}、L_{q}，则转子各绕组自感分别为

$$L_{\mathrm{fd}}=L_{\sigma\mathrm{f}}+L_{\mathrm{ff}} \tag{5-29}$$

$$L_{\mathrm{kd}}=L_{\sigma\mathrm{d}}+L_{\mathrm{dd}} \tag{5-30}$$

$$L_{\mathrm{kq}}=L_{\sigma\mathrm{q}}+L_{\mathrm{qq}} \tag{5-31}$$

4. 转子绕组之间的互感

因 d、q 轴正交，故只需讨论励磁绕组与 d 轴阻尼绕组之间的互感。为此，将式(5-23)和式(5-24)代入式(5-8)，有

$$L_{\mathrm{fkd}} = L_{\mathrm{kdf}} = \frac{\mu_0 \tau l N_{\mathrm{f}} N_{\mathrm{kd}}}{4\pi p} \int_0^{\pi} \sin\phi_{\mathrm{r}} \int_{\pi+\phi_{\mathrm{r}}}^{2\pi+\phi_{\mathrm{r}}} \cos\xi \times (\lambda_0 + \lambda_2 \cos 2\xi) \mathrm{d}\xi \mathrm{d}\phi_{\mathrm{r}}$$

$$= \frac{\mu_0 \tau l N_{\mathrm{f}} N_{\mathrm{kd}}}{4p}\left(\lambda_0 + \frac{\lambda_2}{2}\right) = \frac{N_{\mathrm{f}} N_{\mathrm{kd}}}{N_{\mathrm{s}}^2}(L_0 + L_2) \tag{5-32}$$

而 q 轴阻尼绕组与励磁绕组和 d 轴阻尼绕组之间的互感恒为零,即

$$\begin{cases} L_{\mathrm{fkq}} = L_{\mathrm{kqf}} = 0 \\ L_{\mathrm{kdq}} = L_{\mathrm{kqd}} = 0 \end{cases} \tag{5-33}$$

5. 定、转子绕组之间的互感

定子相绕组与转子励磁绕组之间的互感:先计算定子 a 相绕组与转子励磁绕组之间的互感,为此,将式(5-10)中的第 1 分式和式(5-23)右端的表达式代入式(5-8),得

$$L_{\mathrm{afd}} = L_{\mathrm{fda}} = \frac{\mu_0 \tau l N_{\mathrm{s}} N_{\mathrm{f}}}{4\pi p} \int_0^{\pi} \sin\phi_{\mathrm{s}} \int_{\pi+\phi_{\mathrm{s}}}^{2\pi+\phi_{\mathrm{s}}} \cos(\xi - \theta_{\mathrm{r}}) \times \{\lambda_0 + \lambda_2 \cos[2(\xi - \theta_{\mathrm{r}})]\} \mathrm{d}\xi \mathrm{d}\phi_{\mathrm{s}}$$

$$= \frac{\mu_0 \tau l N_{\mathrm{s}} N_{\mathrm{f}}}{4p}\left(\lambda_0 + \frac{\lambda_2}{2}\right)\cos\theta_{\mathrm{r}} = L_{\mathrm{sf}} \cos\theta_{\mathrm{r}} \tag{5-34}$$

式中,

$$L_{\mathrm{sf}} = \frac{\mu_0 \tau l N_{\mathrm{s}} N_{\mathrm{f}}}{4p}\left(\lambda_0 + \frac{\lambda_2}{2}\right) = \frac{N_{\mathrm{f}}}{N_{\mathrm{s}}}(L_0 + L_2) \tag{5-35}$$

同理,可求得 b 相和 c 相绕组与转子励磁绕组之间的互感分别为

$$L_{\mathrm{bfd}} = L_{\mathrm{fdb}} = L_{\mathrm{sf}} \cos\left(\theta_{\mathrm{r}} - \frac{2\pi}{3}\right) \tag{5-36}$$

$$L_{\mathrm{cfd}} = L_{\mathrm{fdc}} = L_{\mathrm{sf}} \cos\left(\theta_{\mathrm{r}} + \frac{2\pi}{3}\right) \tag{5-37}$$

定子相绕组与转子 d 轴阻尼绕组之间的互感:仿照前文,先计算定子 a 相绕组与转子 d 轴阻尼绕组之间的互感,将式(5-10)中的第 1 分式和式(5-24)右端的表达式代入式(5-8),得

$$L_{\mathrm{akd}} = L_{\mathrm{kda}} = \frac{\mu_0 \tau l N_{\mathrm{s}} N_{\mathrm{kd}}}{4\pi p} \int_0^{\pi} \sin\phi_{\mathrm{s}} \int_{\pi+\phi_{\mathrm{s}}}^{2\pi+\phi_{\mathrm{s}}} \cos(\xi - \theta_{\mathrm{r}}) \times \{\lambda_0 + \lambda_2 \cos[2(\xi - \theta_{\mathrm{r}})]\} \mathrm{d}\xi \mathrm{d}\phi_{\mathrm{s}}$$

$$= \frac{\mu_0 \tau l N_{\mathrm{s}} N_{\mathrm{kd}}}{4p}\left(\lambda_0 + \frac{\lambda_2}{2}\right)\cos\theta_{\mathrm{r}} = L_{\mathrm{sd}} \cos\theta_{\mathrm{r}} \tag{5-38}$$

式中,

$$L_{\mathrm{sd}} = \frac{\mu_0 \tau l N_{\mathrm{s}} N_{\mathrm{kd}}}{4p}\left(\lambda_0 + \frac{\lambda_2}{2}\right) = \frac{N_{\mathrm{kd}}}{N_{\mathrm{s}}}(L_0 + L_2) \tag{5-39}$$

同理,可求得 b 相和 c 相绕组与 d 轴阻尼绕组之间的互感分别为

$$L_{\mathrm{bkd}} = L_{\mathrm{kdb}} = L_{\mathrm{sd}} \cos\left(\theta_{\mathrm{r}} - \frac{2\pi}{3}\right) \tag{5-40}$$

$$L_{\mathrm{ckd}} = L_{\mathrm{kdc}} = L_{\mathrm{sd}} \cos\left(\theta_{\mathrm{r}} + \frac{2\pi}{3}\right) \tag{5-41}$$

定子相绕组与转子 q 轴阻尼绕组之间的互感:同样,先计算定子 a 相绕组与转子 q 轴阻尼绕组之间的互感,将式(5-10)中的第 1 分式和式(5-25)右端的表达式代入式(5-8),得

$$L_{\mathrm{akq}} = L_{\mathrm{kqa}} = \frac{\mu_0 \tau l N_{\mathrm{s}} N_{\mathrm{kq}}}{4\pi p} \int_0^{\pi} \sin\phi_{\mathrm{s}} \int_{\pi+\phi_{\mathrm{s}}}^{2\pi+\phi_{\mathrm{s}}} \sin(\xi - \theta_{\mathrm{r}}) \times \{\lambda_0 + \lambda_2 \cos[2(\xi - \theta_{\mathrm{r}})]\} \mathrm{d}\xi \mathrm{d}\phi_{\mathrm{s}}$$

$$= -\frac{\mu_0 \tau l N_{\mathrm{s}} N_{\mathrm{kq}}}{4p}\left(\lambda_0 - \frac{\lambda_2}{2}\right)\sin\theta_{\mathrm{r}} = -L_{\mathrm{sq}} \sin\theta_{\mathrm{r}} \tag{5-42}$$

式中，

$$L_{sq}=\frac{\mu_0\tau lN_sN_{kq}}{4p}\left(\lambda_0-\frac{\lambda_2}{2}\right)=\frac{N_{kq}}{N_s}(L_0-L_2) \tag{5-43}$$

同理，可求得 b 相和 c 相绕组与 q 轴阻尼绕组之间的互感分别为

$$L_{bkq}=L_{kqb}=-L_{sq}\sin\left(\theta_r-\frac{2\pi}{3}\right) \tag{5-44}$$

$$L_{ckq}=L_{kqc}=-L_{sq}\sin\left(\theta_r+\frac{2\pi}{3}\right) \tag{5-45}$$

以上所有电感参数都是由绕组、磁动势和气隙分布函数代入式(5-8)求得的，其特点是概念清晰，但过程复杂，要求应用者有较好的专业基础知识。事实上，为避免复杂的积分运算，可直接应用式(5-8)后半部分的积分结果，届时只需要简单确定各相绕组轴线与参考轴之间的夹角即可，读者可自行练习。

5.1.3 分析模型

如前所述，在列写磁链方程和电压方程时，约定定子按发电机惯例，转子按电动机惯例。

1. 磁链方程

依约定惯例，理想电机的磁链方程为

$$\begin{bmatrix}\boldsymbol{\Psi}_{abcs}\\ \boldsymbol{\Psi}_{fdqr}\end{bmatrix}=\begin{bmatrix}\boldsymbol{L}_s & \boldsymbol{L}_{sr}\\ \boldsymbol{L}_{sr}^t & \boldsymbol{L}_r\end{bmatrix}\begin{bmatrix}-\boldsymbol{I}_{abcs}\\ \boldsymbol{I}_{fdqr}\end{bmatrix} \tag{5-46}$$

式中，

$$\boldsymbol{\Psi}_{abcs}=[\psi_a\quad \psi_b\quad \psi_c]^T \tag{5-47}$$

$$\boldsymbol{\Psi}_{fdqr}=[\psi_{fd}\quad \psi_{kd}\quad \psi_{kq}]^T \tag{5-48}$$

$$\boldsymbol{I}_{abcs}=[i_a\quad i_b\quad i_c]^T \tag{5-49}$$

$$\boldsymbol{I}_{fdqr}=[i_{fd}\quad i_{kd}\quad i_{kq}]^T \tag{5-50}$$

$$\begin{aligned}\boldsymbol{L}_{sr}&=\begin{bmatrix}L_{afd} & L_{akd} & L_{akq}\\ L_{bfd} & L_{bkd} & L_{bkq}\\ L_{cfd} & L_{ckd} & L_{ckq}\end{bmatrix}\\ &=\begin{bmatrix}L_{sf}\cos\theta_1 & L_{sd}\cos\theta_1 & -L_{sq}\sin\theta_1\\ L_{sf}\cos\theta_2 & L_{sd}\cos\theta_2 & -L_{sq}\sin\theta_2\\ L_{sf}\cos\theta_3 & L_{sd}\cos\theta_3 & -L_{sq}\sin\theta_3\end{bmatrix}\quad \left(\theta_1=\theta_r;\theta_2=\theta_r-\frac{2\pi}{3};\theta_3=\theta_r+\frac{2\pi}{3}\right)\end{aligned} \tag{5-51}$$

$$\begin{aligned}\boldsymbol{L}_s=\begin{bmatrix}L_a & L_{ab} & L_{ac}\\ L_{ba} & L_b & L_{bc}\\ L_{ca} & L_{cb} & L_c\end{bmatrix}&=\begin{bmatrix}L_{\sigma s}+L_0 & -\frac{L_0}{2} & -\frac{L_0}{2}\\ -\frac{L_0}{2} & L_{\sigma s}+L_0 & -\frac{L_0}{2}\\ -\frac{L_0}{2} & -\frac{L_0}{2} & L_{\sigma s}+L_0\end{bmatrix}\\ &+L_2\begin{bmatrix}\cos2\theta_1 & \cos(\theta_1+\theta_2) & \cos(\theta_1+\theta_3)\\ \cos(\theta_1+\theta_2) & \cos(\theta_1+\theta_3) & \cos2\theta_1\\ \cos(\theta_1+\theta_3) & \cos2\theta_1 & \cos(\theta_1+\theta_2)\end{bmatrix}\end{aligned} \tag{5-52}$$

$$\boldsymbol{L}_r=\begin{bmatrix}L_{fd} & L_{fkd} & L_{fkq}\\ L_{kdf} & L_{kd} & L_{kdq}\\ L_{kqf} & L_{kqd} & L_{kq}\end{bmatrix}=\begin{bmatrix}L_{\sigma f}+L_{ff} & L_{fkd} & 0\\ L_{kdf} & L_{\sigma d}+L_{dd} & 0\\ 0 & 0 & L_{\sigma q}+L_{qq}\end{bmatrix} \tag{5-53}$$

2. 电压方程

在磁链方程基础上,电压方程可用电流磁链混合变量和单电流变量两种形式表示,即

$$\begin{bmatrix}\boldsymbol{U}_{\mathrm{abcs}}\\ \boldsymbol{U}_{\mathrm{fdqr}}\end{bmatrix}=\begin{bmatrix}\boldsymbol{R}_{\mathrm{s}} & 0\\ 0 & \boldsymbol{R}_{\mathrm{r}}\end{bmatrix}\begin{bmatrix}-\boldsymbol{I}_{\mathrm{abcs}}\\ \boldsymbol{I}_{\mathrm{fdqr}}\end{bmatrix}+\mathrm{p}\begin{bmatrix}\boldsymbol{\Psi}_{\mathrm{abcs}}\\ \boldsymbol{\Psi}_{\mathrm{fdqr}}\end{bmatrix}$$
$$=\left(\begin{bmatrix}\boldsymbol{R}_{\mathrm{s}} & 0\\ 0 & \boldsymbol{R}_{\mathrm{r}}\end{bmatrix}+\mathrm{p}\begin{bmatrix}\boldsymbol{L}_{\mathrm{s}} & \boldsymbol{L}_{\mathrm{sr}}\\ \boldsymbol{L}_{\mathrm{sr}}^{\mathrm{T}} & L_{\mathrm{r}}\end{bmatrix}\right)\begin{bmatrix}-\boldsymbol{I}_{\mathrm{abcs}}\\ \boldsymbol{I}_{\mathrm{fdqr}}\end{bmatrix}$$
$$=\begin{bmatrix}\boldsymbol{R}_{\mathrm{s}}+\mathrm{p}\boldsymbol{L}_{\mathrm{s}} & \mathrm{p}\boldsymbol{L}_{\mathrm{sr}}\\ \mathrm{p}\boldsymbol{L}_{\mathrm{sr}}^{\mathrm{T}} & \boldsymbol{R}_{\mathrm{r}}+\mathrm{p}\boldsymbol{L}_{\mathrm{r}}\end{bmatrix}\begin{bmatrix}-\boldsymbol{I}_{\mathrm{abcs}}\\ \boldsymbol{I}_{\mathrm{fdqr}}\end{bmatrix} \tag{5-54}$$

式中,

$$\boldsymbol{U}_{\mathrm{abcs}}=[u_{\mathrm{a}}\quad u_{\mathrm{b}}\quad u_{\mathrm{c}}]^{\mathrm{T}} \tag{5-55}$$

$$\boldsymbol{U}_{\mathrm{fdqr}}=[u_{\mathrm{fd}}\quad u_{\mathrm{kd}}\quad u_{\mathrm{kq}}]^{\mathrm{T}} \tag{5-56}$$

$$\boldsymbol{R}_{\mathrm{s}}=\begin{bmatrix}r_{\mathrm{s}} & 0 & 0\\ 0 & r_{\mathrm{s}} & 0\\ 0 & 0 & r_{\mathrm{s}}\end{bmatrix} \tag{5-57}$$

$$\boldsymbol{R}_{\mathrm{r}}=\begin{bmatrix}r_{\mathrm{fd}} & 0 & 0\\ 0 & r_{\mathrm{kd}} & 0\\ 0 & 0 & r_{\mathrm{kq}}\end{bmatrix} \tag{5-58}$$

3. 折算处理

为分析方便,仍需将与转子侧相关的所有参数和物理量都折算到定子侧(假想一个励磁绕组和 d、q 轴阻尼绕组匝数均与定子绕组匝数相等的转子替代现转子)。折算分为基本物理量和参数两大类折算。

定义变换系数矩阵为

$$\boldsymbol{K}_{\mathrm{T}}=N_{\mathrm{s}}\begin{bmatrix}\dfrac{1}{N_{\mathrm{f}}} & 0 & 0\\ 0 & \dfrac{1}{N_{\mathrm{kd}}} & 0\\ 0 & 0 & \dfrac{1}{N_{\mathrm{kq}}}\end{bmatrix}=\begin{bmatrix}k_1 & 0 & 0\\ 0 & k_2 & 0\\ 0 & 0 & k_3\end{bmatrix} \tag{5-59}$$

即

$$\boldsymbol{K}_{\mathrm{T}}^{-1}=\frac{1}{N_{\mathrm{s}}}\begin{bmatrix}N_{\mathrm{f}} & 0 & 0\\ 0 & N_{\mathrm{kd}} & 0\\ 0 & 0 & N_{\mathrm{kq}}\end{bmatrix}=\begin{bmatrix}\dfrac{1}{k_1} & 0 & 0\\ 0 & \dfrac{1}{k_2} & 0\\ 0 & 0 & \dfrac{1}{k_3}\end{bmatrix} \tag{5-60}$$

则基本物理量的折算关系为

$$\boldsymbol{I}'_{\mathrm{fdqr}}=2\boldsymbol{K}_{\mathrm{T}}^{-1}\ \frac{\boldsymbol{I}_{\mathrm{fdqr}}}{3} \tag{5-61}$$

$$\boldsymbol{U}'_{\mathrm{fdqr}}=\boldsymbol{K}_{\mathrm{T}}\boldsymbol{U}_{\mathrm{fdqr}} \tag{5-62}$$

$$\boldsymbol{\Psi}'_{\mathrm{fdqr}}=\boldsymbol{K}_{\mathrm{T}}\boldsymbol{\Psi}_{\mathrm{fdqr}} \tag{5-63}$$

而参数的折算关系为

$$\boldsymbol{R}'_{r}=\frac{3}{2}\boldsymbol{K}_{T}^{2}\boldsymbol{R}_{r} \tag{5-64}$$

$$\begin{bmatrix} L'_{\sigma f} \\ L'_{\sigma d} \\ L'_{\sigma q} \end{bmatrix}=\frac{3}{2}\boldsymbol{K}_{T}^{2}\begin{bmatrix} L_{\sigma f} \\ L_{\sigma d} \\ L_{\sigma q} \end{bmatrix} \tag{5-65}$$

$$\begin{aligned}\boldsymbol{L}'_{sr}=\frac{3}{2}\boldsymbol{L}_{sr}\boldsymbol{K}_{T}&=\frac{3}{2}\begin{bmatrix} k_1 L_{sf}\cos\theta_1 & k_2 L_{sd}\cos\theta_1 & -k_3 L_{sq}\sin\theta_1 \\ k_1 L_{sf}\cos\theta_2 & k_2 L_{sd}\cos\theta_2 & -k_3 L_{sq}\sin\theta_2 \\ k_1 L_{sf}\cos\theta_3 & k_2 L_{sd}\cos\theta_3 & -k_3 L_{sq}\sin\theta_3 \end{bmatrix} \\ &=\begin{bmatrix} L_{md}\cos\theta_1 & L_{md}\cos\theta_1 & -L_{mq}\sin\theta_1 \\ L_{md}\cos\theta_2 & L_{md}\cos\theta_2 & -L_{mq}\sin\theta_2 \\ L_{md}\cos\theta_3 & L_{md}\cos\theta_3 & -L_{mq}\sin\theta_3 \end{bmatrix}\end{aligned} \tag{5-66}$$

$$\begin{aligned}\boldsymbol{L}'_{r}=\frac{3}{2}\boldsymbol{K}_{T}\boldsymbol{L}_{r}\boldsymbol{K}_{T}&=\frac{3}{2}\begin{bmatrix} k_1^2(L_{\sigma f}+L_{ff}) & k_1 k_2 L_{fkd} & 0 \\ k_1 k_2 L_{kdf} & k_2^2(L_{\sigma d}+L_{dd}) & 0 \\ 0 & 0 & k_3^2(L_{\sigma q}+L_{qq}) \end{bmatrix} \\ &=\begin{bmatrix} L'_{\sigma f}+L_{md} & L_{md} & 0 \\ L_{md} & L'_{\sigma d}+L_{md} & 0 \\ 0 & 0 & L'_{\sigma q}+L_{mq} \end{bmatrix}=\begin{bmatrix} L'_{fd} & L_{md} & 0 \\ L_{md} & L'_{kd} & 0 \\ 0 & 0 & L'_{kq} \end{bmatrix}\end{aligned} \tag{5-67}$$

式(5-66)和式(5-67)中,

$$\begin{cases} L_{md}=\dfrac{3}{2}(L_0+L_2)=\dfrac{3}{2}k_1 L_{sf}=\dfrac{3}{2}k_2 L_{sd} \\ \quad=\dfrac{3}{2}k_1^2 L_{ff}=\dfrac{3}{2}k_2^2 L_{dd}=\dfrac{3}{2}k_1 k_2 L_{fdk} \\ L_{mq}=\dfrac{3}{2}(L_0-L_2)=\dfrac{3}{2}k_3 L_{sq}=\dfrac{3}{2}k_3^2 L_{qq} \end{cases} \tag{5-68}$$

$$\begin{cases} L'_{fd}=L'_{\sigma f}+L_{md} \\ L'_{kd}=L'_{\sigma d}+L_{md} \\ L'_{kq}=L'_{\sigma q}+L_{mq} \end{cases} \tag{5-69}$$

综上所述,折算后的磁链和电压方程为

$$\begin{bmatrix} \boldsymbol{\Psi}_{abcs} \\ \boldsymbol{\Psi}'_{fdqr} \end{bmatrix}=\begin{bmatrix} \boldsymbol{L}_{s} & \boldsymbol{L}'_{sr} \\ \dfrac{2}{3}(\boldsymbol{L}'_{sr})^{T} & \boldsymbol{L}'_{r} \end{bmatrix}\begin{bmatrix} -\boldsymbol{I}_{abcs} \\ \boldsymbol{I}'_{fdqr} \end{bmatrix} \tag{5-70}$$

$$\begin{aligned}\begin{bmatrix} \boldsymbol{U}_{abcs} \\ \boldsymbol{U}'_{fdqr} \end{bmatrix}&=\begin{bmatrix} \boldsymbol{R}_{s} & 0 \\ 0 & \boldsymbol{R}'_{r} \end{bmatrix}\begin{bmatrix} -\boldsymbol{I}_{abcs} \\ \boldsymbol{I}'_{fdqr} \end{bmatrix}+\mathrm{p}\begin{bmatrix} \boldsymbol{\Psi}_{abcs} \\ \boldsymbol{\Psi}'_{fdqr} \end{bmatrix} \\ &=\left(\begin{bmatrix} \boldsymbol{R}_{s} & 0 \\ 0 & \boldsymbol{R}'_{r} \end{bmatrix}+\mathrm{p}\begin{bmatrix} \boldsymbol{L}_{s} & \boldsymbol{L}'_{sr} \\ \dfrac{2}{3}(\boldsymbol{L}'_{sr})^{T} & \boldsymbol{L}'_{r} \end{bmatrix}\right)\begin{bmatrix} -\boldsymbol{I}_{abcs} \\ \boldsymbol{I}'_{fdqr} \end{bmatrix} \\ &=\begin{bmatrix} \boldsymbol{R}_{s}+\mathrm{p}\boldsymbol{L}_{s} & \mathrm{p}\boldsymbol{L}'_{sr} \\ \dfrac{2}{3}\mathrm{p}(\boldsymbol{L}'_{sr})^{T} & \boldsymbol{R}'_{r}+\mathrm{p}\boldsymbol{L}'_{r} \end{bmatrix}\begin{bmatrix} -\boldsymbol{I}_{abcs} \\ \boldsymbol{I}'_{fdqr} \end{bmatrix}\end{aligned} \tag{5-71}$$

与一般折算处理不同的是,以上电压、磁链和参数的折算公式中,都附加了一个常系数 3/2,这主要是为了转子和定子之间的互感参数,在变量的正交参照系变换之后保持可逆(因转子上只有 d、q 轴两相绕组,而定子绕组为三相之故),一般的电机瞬变分析教材中已有介绍,故不进行讨论。由于转子电流折算时已引入系数 2/3,而定子电流不折算,因而磁链方程系数矩阵中的转置互感矩阵前必须有系数 2/3,但在参照系变换后会自行消除。

折算后的所有互感系数都归化到了定子侧,并统一用 d、q 轴的参数 L_{md} 和 L_{mq} 表示,这无疑使描述得到很大简化。依惯例,在后面的分析讨论中,如不进行特别说明,总是假定电机转子侧是经过折算处理的,因此,不再在右上角加撇号“ ′ ”区分折算量。

4. 电磁转矩和转子运动方程

由式(2-3),可结合未经折算的式(5-46)写出同步电机耦合场中的磁共能表达式,即

$$W_{\mathrm{c}}=\frac{1}{2}\begin{bmatrix}-\boldsymbol{I}_{\mathrm{abcs}}^{\mathrm{T}} & \boldsymbol{I}_{\mathrm{fdqr}}^{\mathrm{T}}\end{bmatrix}\begin{bmatrix}\boldsymbol{L}_{\mathrm{s}}-\boldsymbol{L}_{\sigma\mathrm{s}} & \boldsymbol{L}_{\mathrm{sr}}\\ \boldsymbol{L}_{\mathrm{sr}}^{\mathrm{T}} & \boldsymbol{L}_{\mathrm{r}}-\boldsymbol{L}_{\sigma\mathrm{r}}\end{bmatrix}\begin{bmatrix}-\boldsymbol{I}_{\mathrm{abcs}}\\ \boldsymbol{I}_{\mathrm{fdqr}}\end{bmatrix}$$
$$=\frac{1}{2}\boldsymbol{I}_{\mathrm{abcs}}^{\mathrm{T}}(\boldsymbol{L}_{\mathrm{s}}-\boldsymbol{L}_{\sigma\mathrm{s}})\boldsymbol{I}_{\mathrm{abcs}}-\boldsymbol{I}_{\mathrm{abcs}}^{\mathrm{T}}\boldsymbol{L}_{\mathrm{sr}}\boldsymbol{I}_{\mathrm{fdqr}}+\frac{1}{2}\boldsymbol{I}_{\mathrm{fdqr}}^{\mathrm{T}}(\boldsymbol{L}_{\mathrm{r}}-\boldsymbol{L}_{\sigma\mathrm{r}})\boldsymbol{I}_{\mathrm{fdqr}} \tag{5-72}$$

式中,

$$\boldsymbol{L}_{\sigma\mathrm{s}}=\begin{bmatrix}L_{\sigma\mathrm{s}} & 0 & 0\\ 0 & L_{\sigma\mathrm{s}} & 0\\ 0 & 0 & L_{\sigma\mathrm{s}}\end{bmatrix} \tag{5-73}$$

$$\boldsymbol{L}_{\sigma\mathrm{r}}=\begin{bmatrix}L_{\sigma\mathrm{f}} & 0 & 0\\ 0 & L_{\sigma\mathrm{d}} & 0\\ 0 & 0 & L_{\sigma\mathrm{q}}\end{bmatrix} \tag{5-74}$$

将式(5-61)、式(5-65)、式(5-66)和式(5-67)代入式(5-72)后,即得折算后的磁共能表达式为

$$W_{\mathrm{c}}=\frac{1}{2}\boldsymbol{I}_{\mathrm{abcs}}^{\mathrm{T}}(\boldsymbol{L}_{\mathrm{s}}-\boldsymbol{L}_{\sigma\mathrm{s}})\boldsymbol{I}_{\mathrm{abcs}}-\boldsymbol{I}_{\mathrm{abcs}}^{\mathrm{T}}\boldsymbol{L}'_{\mathrm{sr}}\boldsymbol{I}'_{\mathrm{fdqr}}+\frac{3}{4}(\boldsymbol{I}'_{\mathrm{fdqr}})^{\mathrm{T}}(\boldsymbol{L}'_{\mathrm{r}}-\boldsymbol{L}'_{\sigma\mathrm{r}})\boldsymbol{I}'_{\mathrm{fdqr}} \tag{5-75}$$

式中,

$$\boldsymbol{L}'_{\sigma\mathrm{r}}=\mathrm{diag}(L'_{\sigma\mathrm{f}},L'_{\sigma\mathrm{d}},L'_{\sigma\mathrm{q}}) \tag{5-76}$$

因式(5-75)第 3 项中的电感系数矩阵为常矩阵,故由式(1-66)及式(4-50)给出的机械角位移与电角位移的关系式,可得同步发电机电磁转矩计算公式为(式前加负号使转矩取正值)

$$T_{\mathrm{e}}=-p\left[\frac{1}{2}\boldsymbol{I}_{\mathrm{abcs}}^{\mathrm{T}}\frac{\partial}{\partial\theta_{\mathrm{r}}}(\boldsymbol{L}_{\mathrm{s}}-\boldsymbol{L}_{\sigma\mathrm{s}})\boldsymbol{I}_{\mathrm{abcs}}-\boldsymbol{I}_{\mathrm{abcs}}^{\mathrm{T}}\frac{\partial}{\partial\theta_{\mathrm{r}}}(\boldsymbol{L}_{\mathrm{sr}})\boldsymbol{I}'_{\mathrm{fdqr}}\right] \tag{5-77}$$

进而按状态变量展开,得到

$$\begin{aligned}T_{\mathrm{e}}=p\Bigg\{&(L_{\mathrm{md}}-L_{\mathrm{mq}})\frac{\left[\left(i_{\mathrm{a}}^{2}-\frac{i_{\mathrm{b}}^{2}}{2}-\frac{i_{\mathrm{c}}^{2}}{2}-i_{\mathrm{a}}i_{\mathrm{b}}-i_{\mathrm{a}}i_{\mathrm{c}}+2i_{\mathrm{b}}i_{\mathrm{c}}\right)\sin(2\theta_{\mathrm{r}})+\frac{\sqrt{3}}{2}(i_{\mathrm{b}}^{2}-i_{\mathrm{c}}^{2}-2i_{\mathrm{a}}i_{\mathrm{b}}+2i_{\mathrm{a}}i_{\mathrm{c}})\cos(2\theta_{\mathrm{r}})\right]}{3}\\&-L_{\mathrm{md}}(i'_{\mathrm{fd}}+i'_{\mathrm{kd}})\left[\left(i_{\mathrm{a}}-\frac{i_{\mathrm{b}}}{2}-\frac{i_{\mathrm{c}}}{2}\right)\sin\theta_{\mathrm{r}}-\frac{\sqrt{3}}{2}(i_{\mathrm{b}}-i_{\mathrm{c}})\cos\theta_{\mathrm{r}}\right]\\&-L_{\mathrm{mq}}i'_{\mathrm{kq}}\left[\left(i_{\mathrm{a}}-\frac{i_{\mathrm{b}}}{2}-\frac{i_{\mathrm{c}}}{2}\right)\cos\theta_{\mathrm{r}}+\frac{\sqrt{3}}{2}(i_{\mathrm{b}}-i_{\mathrm{c}})\sin\theta_{\mathrm{r}}\right]\Bigg\}\end{aligned} \tag{5-78}$$

这就是三相静止参照系中直接由定、转子电流计算电机瞬时电磁转矩的一般公式。式(5-78)中，转子电流为折算值，为与式(5-72)导出的原始结果相区别，式(5-78)仍保留“′”。但如前所述，以后一律省略，除非有可能发生混淆。

同步电机的转子运动方程通常也都忽略摩擦阻尼转矩的影响而表示为

$$J\frac{\mathrm{d}\Omega}{\mathrm{d}t}=T_{\mathrm{I}}-T_{\mathrm{e}} \tag{5-79}$$

式中，T_{I}为原动机输入机械转矩；Ω 为转子旋转的机械角速度，换成电角速度就是

$$\frac{J}{p}\frac{\mathrm{d}\omega_{\mathrm{r}}}{\mathrm{d}t}=T_{\mathrm{I}}-T_{\mathrm{e}} \tag{5-80}$$

或改写成状态方程形式，即

$$\mathrm{p}\omega_{\mathrm{r}}=\frac{p}{J}(T_{\mathrm{I}}-T_{\mathrm{e}}) \tag{5-81}$$

5.2 *d-q-n* 参照系中的分析模型

5.2.1 定子变量的变换方程

从理论上讲，同步电机，包括凸极式结构都可以没有任何约束地选用 *d-q-n* 参照系，以任意速度和任意参考轴位置进行变量代换。然而，从实用角度看，只有 Park 形式的变换才有实际意义。此时，不但参照系旋转速度要固定(恒为转子速)，而且 d 轴位置也唯一(与转子 d 轴亦即直轴重合，通称为 *d-q-0* 参照系)，结果使耦合和相对运动，更重要的是结构不对称因素对电感系数的影响均得以消除，并使之具有最简形式。因此，在讨论同步电机变量代换时，一般只考虑 *d-q-0* 参照系(见图5.2)，其变换矩阵与式(2-50)相同，但自变量为 θ_{r}，并且只需要对定子侧变量进行代换。

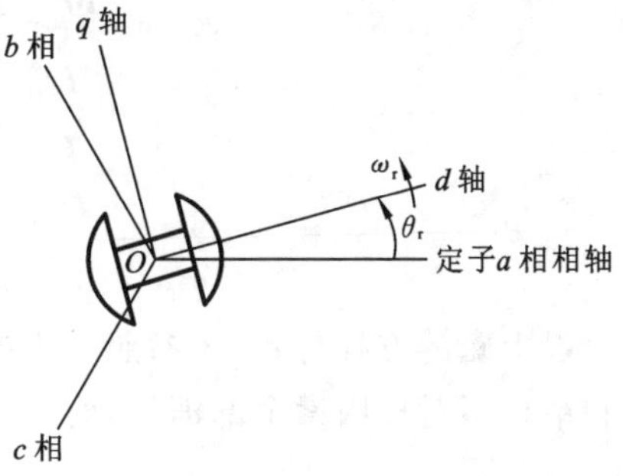

图 5.2 同步电机自然轴系与特定 *d-q-0* 参照系(Park 变换)的关系

参照图 5.2，同步电机定子变量的变换方程为

$$\begin{bmatrix}u_{\mathrm{ds}} & i_{\mathrm{ds}} & \psi_{\mathrm{ds}}\\ u_{\mathrm{qs}} & i_{\mathrm{qs}} & \psi_{\mathrm{qs}}\\ u_{0\mathrm{s}} & i_{0\mathrm{s}} & \psi_{0\mathrm{s}}\end{bmatrix}=\frac{2}{3}\begin{bmatrix}\cos\theta_1 & \cos\theta_2 & \cos\theta_3\\ -\sin\theta_1 & -\sin\theta_2 & -\sin\theta_3\\ \dfrac{1}{2} & \dfrac{1}{2} & \dfrac{1}{2}\end{bmatrix}\begin{bmatrix}u_{\mathrm{a}} & i_{\mathrm{a}} & \psi_{\mathrm{a}}\\ u_{\mathrm{b}} & i_{\mathrm{b}} & \psi_{\mathrm{b}}\\ u_{\mathrm{c}} & i_{\mathrm{c}} & \psi_{\mathrm{c}}\end{bmatrix} \tag{5-82}$$

式中，θ_1、θ_2、θ_3 由式(5-51)定义，而

$$\theta_1=\theta_{\mathrm{r}}=\theta_{\mathrm{r}}(0)+\int_0^t\omega_{\mathrm{r}}(\zeta)\mathrm{d}\zeta \tag{5-83}$$

与式(5-3)定义相同。

5.2.2 *d-q-0* 参照系中的磁链方程和电感系数

综合式(5-70)和式(5-82)，*d-q-0* 参照系中的磁链方程为

$$\begin{bmatrix}\boldsymbol{\Psi}_{\mathrm{dq0s}}\\ \boldsymbol{\Psi}_{\mathrm{fdqr}}\end{bmatrix}=\begin{bmatrix}\boldsymbol{K}(\theta_{\mathrm{r}})\boldsymbol{L}_{\mathrm{s}}\boldsymbol{K}^{-1}(\theta_{\mathrm{r}}) & \boldsymbol{K}(\theta_{\mathrm{r}})\boldsymbol{L}_{\mathrm{sr}}\\ 2\boldsymbol{L}_{\mathrm{sr}}^{\mathrm{T}}\boldsymbol{K}^{-1}\dfrac{\theta_{\mathrm{r}}}{3} & \boldsymbol{L}_{\mathrm{r}}\end{bmatrix}\begin{bmatrix}-\boldsymbol{I}_{\mathrm{dq0s}}\\ \boldsymbol{I}_{\mathrm{fdqr}}\end{bmatrix}=\begin{bmatrix}\boldsymbol{L}_{11} & \boldsymbol{L}_{12}\\ \boldsymbol{L}_{21} & \boldsymbol{L}_{22}\end{bmatrix}\begin{bmatrix}-\boldsymbol{I}_{\mathrm{dq0s}}\\ \boldsymbol{I}_{\mathrm{fdqr}}\end{bmatrix} \tag{5-84}$$

式中,电感系数矩阵 $\boldsymbol{L}_{11}$ 可仿照式(4-31)和式(4-61)导出,并根据式(5-68)定义,记为

$$\boldsymbol{L}_{11}=\boldsymbol{K}(\theta_{\mathrm{r}})\boldsymbol{L}_{\mathrm{s}}\boldsymbol{K}^{-1}(\theta_{\mathrm{r}})=\begin{bmatrix}L_{\sigma\mathrm{s}}+L_{\mathrm{md}} & 0 & 0\\ 0 & L_{\sigma\mathrm{s}}+L_{\mathrm{mq}} & 0\\ 0 & 0 & L_{\sigma\mathrm{s}}\end{bmatrix}=\begin{bmatrix}L_{\mathrm{d}} & 0 & 0\\ 0 & L_{\mathrm{q}} & 0\\ 0 & 0 & L_{\sigma\mathrm{s}}\end{bmatrix} \tag{5-85}$$

而由式(5-66)有

$$\boldsymbol{L}_{12}=\boldsymbol{K}(\theta_{\mathrm{r}})\boldsymbol{L}_{\mathrm{sr}}=\begin{bmatrix}L_{\mathrm{md}} & L_{\mathrm{md}} & 0\\ 0 & 0 & L_{\mathrm{mq}}\\ 0 & 0 & 0\end{bmatrix} \tag{5-86}$$

$$\boldsymbol{L}_{21}=\frac{2}{3}\boldsymbol{L}_{\mathrm{sr}}^{\mathrm{T}}\boldsymbol{K}^{-1}(\theta_{\mathrm{r}})=\begin{bmatrix}L_{\mathrm{md}} & 0 & 0\\ L_{\mathrm{md}} & 0 & 0\\ 0 & L_{\mathrm{mq}} & 0\end{bmatrix}=\boldsymbol{L}_{12}^{\mathrm{T}} \tag{5-87}$$

上述结果表明,互感系数的可逆性确实得到了保证。

此外,式(5-85)和式(5-85)中还有

$$\boldsymbol{\Psi}_{\mathrm{dq0s}}=[\psi_{\mathrm{ds}}\quad \psi_{\mathrm{qs}}\quad \psi_{0\mathrm{s}}]^{\mathrm{T}} \tag{5-88}$$

$$\boldsymbol{\Psi}_{\mathrm{fdqr}}=[\psi_{\mathrm{fd}}\quad \psi_{\mathrm{kd}}\quad \psi_{\mathrm{kq}}]^{\mathrm{T}} \tag{5-89}$$

$$\boldsymbol{I}_{\mathrm{dq0s}}=[i_{\mathrm{ds}}\quad i_{\mathrm{qs}}\quad i_{0\mathrm{s}}]^{\mathrm{T}} \tag{5-90}$$

$$\boldsymbol{I}_{\mathrm{fdqr}}=[i_{\mathrm{fd}}\quad i_{\mathrm{kd}}\quad i_{\mathrm{kq}}]^{\mathrm{T}} \tag{5-91}$$

$$L_{\mathrm{d}}=L_{\sigma\mathrm{s}}+L_{\mathrm{md}} \tag{5-92}$$

$$L_{\mathrm{q}}=L_{\sigma\mathrm{s}}+L_{\mathrm{mq}} \tag{5-93}$$

以上磁链方程与 *a-b-c* 参照系中的原方程相比发生了质的变化,电感系数的时变因素和结构不对称因素全部消除,而电机的分析亦可望得到最大限度的简化。

5.2.3 *d-q*-0 参照系中的电压方程

综合式(5-71)和式(5-82),写出 *d-q*-0 参照系中的电压方程为

$$\begin{bmatrix}\boldsymbol{U}_{\mathrm{dq0s}}\\ \boldsymbol{U}_{\mathrm{fdqr}}\end{bmatrix}=\begin{bmatrix}\boldsymbol{R}_{\mathrm{s}} & 0\\ 0 & \boldsymbol{R}_{\mathrm{r}}\end{bmatrix}\begin{bmatrix}-\boldsymbol{I}_{\mathrm{dq0s}}\\ \boldsymbol{I}_{\mathrm{fdqr}}\end{bmatrix}+\begin{bmatrix}\omega_{\mathrm{r}}\boldsymbol{\Gamma} & 0\\ 0 & 0\end{bmatrix}\begin{bmatrix}\boldsymbol{\Psi}_{\mathrm{dq0s}}\\ \boldsymbol{\Psi}_{\mathrm{fdqr}}\end{bmatrix}+\mathrm{p}\begin{bmatrix}\boldsymbol{\Psi}_{\mathrm{dq0s}}\\ \boldsymbol{\Psi}_{\mathrm{fdqr}}\end{bmatrix} \tag{5-94}$$

式中,

$$\boldsymbol{U}_{\mathrm{dq0s}}=[u_{\mathrm{ds}},u_{\mathrm{qs}},u_{0\mathrm{s}}]^{\mathrm{T}} \tag{5-95}$$

$$\boldsymbol{U}_{\mathrm{fdqr}}=[u_{\mathrm{fd}}\quad u_{\mathrm{kd}}\quad u_{\mathrm{kq}}]^{\mathrm{T}} \tag{5-96}$$

$$\omega_{\mathrm{r}}=\mathrm{p}\theta_{\mathrm{r}} \tag{5-97}$$

$$\boldsymbol{\Gamma}=\begin{bmatrix}0 & -1 & 0\\ 1 & 0 & 0\\ 0 & 0 & 0\end{bmatrix} \tag{5-98}$$

若单一选定电流为状态变量,则电压方程为

$$\begin{bmatrix}\boldsymbol{U}_{\mathrm{dq0s}}\\ \boldsymbol{U}_{\mathrm{fdqr}}\end{bmatrix}=\left(\begin{bmatrix}\boldsymbol{R}_{11} & \boldsymbol{R}_{12}\\ 0 & \boldsymbol{R}_{\mathrm{r}}\end{bmatrix}+\mathrm{p}\begin{bmatrix}\boldsymbol{L}_{11} & \boldsymbol{L}_{12}\\ \boldsymbol{L}_{12}^{\mathrm{T}} & \boldsymbol{L}_{22}\end{bmatrix}\right)\begin{bmatrix}-\boldsymbol{I}_{\mathrm{dq0s}}\\ \boldsymbol{I}_{\mathrm{fdqr}}\end{bmatrix}$$

$$=\begin{bmatrix}\boldsymbol{R}_{11}+\mathrm{p}\boldsymbol{L}_{11} & \boldsymbol{R}_{12}+\mathrm{p}\boldsymbol{L}_{12}\\ \mathrm{p}\boldsymbol{L}_{12}^{\mathrm{T}} & \boldsymbol{R}_{\mathrm{r}}+\mathrm{p}\boldsymbol{L}_{22}\end{bmatrix}\begin{bmatrix}-\boldsymbol{I}_{\mathrm{dq0s}}\\ \boldsymbol{I}_{\mathrm{fdqr}}\end{bmatrix}\quad(\boldsymbol{R}_{11}=\boldsymbol{R}_{\mathrm{s}}+\omega_{\mathrm{r}}\boldsymbol{\Gamma}\boldsymbol{L}_{11};\boldsymbol{R}_{12}=\omega_{\mathrm{r}}\boldsymbol{\Gamma}\boldsymbol{L}_{12})\tag{5-99}$$

这显然更有利于用前文中介绍的规范变换，得到机电动力系统状态方程的标准形式，并可能用等效电路方式描述电机的电磁关系(见图 5.3)。

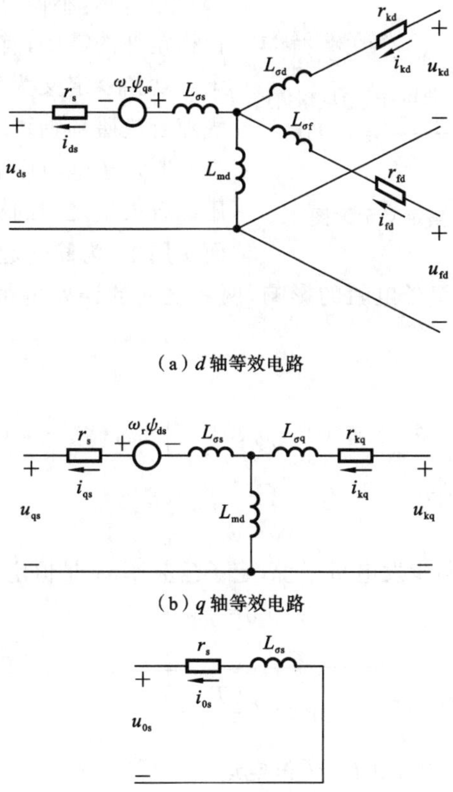

(a) d 轴等效电路

(b) q 轴等效电路

(c) 0 轴等效电路

图 5.3 凸极同步电机在 d-q-0 参照系中的等效电路

5.2.4 d-q-0 参照系中的电磁转矩和转子运动方程

将式(5-82)中定子电流的变换关系代入式(5-77)，可得

$$\begin{aligned}T_{\mathrm{e}}&=-p\left\{\frac{1}{2}\boldsymbol{I}_{\mathrm{dq0s}}^{\mathrm{T}}[\boldsymbol{K}^{-1}(\theta_{\mathrm{r}})]^{\mathrm{T}}\frac{\partial}{\partial\theta_{\mathrm{r}}}(\boldsymbol{L}_{\mathrm{s}}-\boldsymbol{L}_{\sigma\mathrm{s}})\boldsymbol{K}^{-1}(\theta_{\mathrm{r}})\boldsymbol{I}_{\mathrm{dq0s}}-\boldsymbol{I}_{\mathrm{dq0s}}^{\mathrm{T}}[\boldsymbol{K}^{-1}(\theta_{\mathrm{r}})]^{\mathrm{T}}\frac{\partial}{\partial\theta_{\mathrm{r}}}(\boldsymbol{L}_{\mathrm{sr}})\boldsymbol{I}_{\mathrm{fdqr}}\right\}\\&=-p\left[\frac{1}{2}\boldsymbol{I}_{\mathrm{dq0s}}^{\mathrm{T}}\boldsymbol{L}_{\mathrm{x}}\boldsymbol{I}_{\mathrm{dq0s}}-\boldsymbol{I}_{\mathrm{dq0s}}^{\mathrm{T}}\boldsymbol{L}_{\mathrm{y}}\boldsymbol{I}_{\mathrm{fdqr}}\right]\end{aligned}\tag{5-100}$$

而由三角恒等式，有

$$\boldsymbol{L}_{\mathrm{x}}=[\boldsymbol{K}^{-1}(\theta_{\mathrm{r}})]^{\mathrm{T}}\frac{\partial}{\partial\theta_{\mathrm{r}}}(\boldsymbol{L}_{\mathrm{s}}-\boldsymbol{L}_{\sigma\mathrm{s}})\boldsymbol{K}^{-1}(\theta_{\mathrm{r}})=\frac{3}{2}(L_{\mathrm{md}}-L_{\mathrm{mq}})\begin{bmatrix}0&1&0\\1&0&0\\0&0&0\end{bmatrix}\tag{5-101}$$

$$\boldsymbol{L}_{\mathrm{y}}=[\boldsymbol{K}^{-1}(\theta_{\mathrm{r}})]^{\mathrm{T}}\frac{\partial}{\partial\theta_{\mathrm{r}}}(\boldsymbol{L}_{\mathrm{sr}})=\frac{3}{2}\begin{bmatrix}0&0&-L_{\mathrm{mq}}\\L_{\mathrm{md}}&L_{\mathrm{md}}&0\\0&0&0\end{bmatrix}\tag{5-102}$$

代入式(5-100),得 d-q-0 参照系中电磁转矩的计算公式为

$$T_e = 1.5p[L_{md}(i_{fd}+i_{kd}-i_{ds})i_{qs}-L_{mq}(i_{kq}-i_{qs})i_{ds}] \tag{5-103}$$

或用定子 d、q 轴磁链简化表示为

$$T_e = 1.5p(\psi_{ds}i_{qs}-\psi_{qs}i_{ds}) \tag{5-104}$$

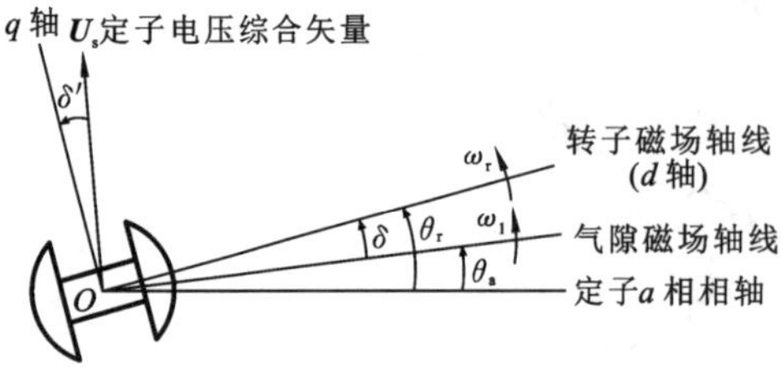

图 5.4　同步电机功角定义示意图

转子运动方程仍如式(5-80)或式(5-81)所示,不做讨论。但为了研究电机运行稳定性的需要,有时将运动方程用功角表示。功角 δ 定义为转子磁场轴线(d 轴)与气隙合成磁场轴线之间的夹角(见图 5.4)。当忽略定子电阻影响时,转子 q 轴与定子电压综合矢量之间的夹角 δ' 亦与该角度相等,而实用中,为简化起见,大都直接将 δ' 视为 δ 处理。因为,即便考虑定子电阻的影响,两者之间的误差也很小,完全可以满足工程精度要求。

由图 5.4 可知

$$\delta = \theta_r - \theta_a = \theta_r(0) - \theta_a(0) + \int_0^t [\omega_r(\zeta) - \omega_1(\zeta)]d\zeta \tag{5-105}$$

对式(5-105)进行微分可得

$$\mathrm{p}\delta = \omega_r - \omega_1 \tag{5-106}$$

对与大电网相连的同步发电机来说,定子角频率 ω_1 是恒定的,进而有

$$\mathrm{p}^2\delta = p\omega_r \tag{5-107}$$

代入式(5-81),得

$$\mathrm{p}^2\delta = \frac{p(T_1 - T_e)}{J} \tag{5-108}$$

这就是用功角表示的同步电机的转子机电运动方程。

电机稳态运行时,功角是恒定的,依简化定义,其数值(电角度)可确定为

$$\delta = \arctan\left(\frac{u_{ds}}{u_{qs}}\right) \tag{5-109}$$

式中,δ 的单位为 rad。

5.2.5 标幺值系统

同步电机标幺基值的选择与异步电机完全相同,参照 4.2.5 节即可,不赘述。

用标幺基值对磁链、电压方程进行标幺化处理,所得结果与式(5-84)和式(5-94)或式(5-99)在形式上完全一致,但所有物理量都变成了无量纲量(暂用上标“ * ”区别),并且习惯上表述为分量形式,即磁链方程为

$$\psi_{ds}^* = -L_d^* i_{ds}^* + L_{md}^*(i_{fd}^* + i_{kd}^*) = -L_{\sigma s}^* i_{ds}^* + L_{md}^*(-i_{ds}^* + i_{fd}^* + i_{kd}^*) \tag{5-110}$$

$$\psi_{qs}^* = -L_q^* i_{qs}^* + L_{mq}^* i_{kq}^* = -L_{\sigma s}^* i_{qs}^* + L_{mq}^*(-i_{qs}^* + i_{kq}^*) \tag{5-111}$$

$$\psi_{0s}^* = -L_{\sigma s}^* i_{0s}^* \tag{5-112}$$

$$\psi_{fd}^* = -L_{md}^* i_{ds}^* + L_{fd}^* i_{fd}^* + L_{md}^* i_{kd}^* = L_{\sigma f}^* i_{fd}^* + L_{md}^*(-i_{ds}^* + i_{fd}^* + i_{kd}^*) \tag{5-113}$$

$$\begin{aligned}\psi_{kd}^* &= -L_{md}^* i_{ds}^* + L_{md}^* i_{fd}^* + L_{kd}^* i_{kd}^* \\ &= L_{\sigma d}^* i_{kd}^* + L_{md}^*(-i_{ds}^* + i_{fd}^* + i_{kd}^*)\end{aligned} \tag{5-114}$$

$$\psi_{kq}^{*}=-L_{mq}^{*}i_{qs}^{*}+L_{kq}^{*}i_{kq}^{*}=L_{\sigma q}^{*}i_{kq}^{*}+L_{mq}^{*}(-i_{qs}^{*}+i_{kq}^{*}) \tag{5-115}$$

而电压方程为

$$u_{ds}^{*}=-r_{s}^{*}i_{ds}^{*}-\omega_{r}^{*}\psi_{qs}^{*}+p\psi_{ds}^{*} \tag{5-116}$$

$$u_{qs}^{*}=-r_{s}^{*}i_{qs}^{*}+\omega_{r}^{*}\psi_{ds}^{*}+p\psi_{qs}^{*} \tag{5-117}$$

$$u_{0s}^{*}=-r_{s}^{*}i_{0s}^{*}+p\psi_{0s}^{*} \tag{5-118}$$

$$u_{fd}^{*}=r_{fd}^{*}i_{fd}^{*}+p\psi_{fd}^{*} \tag{5-119}$$

$$u_{kd}^{*}=r_{kd}^{*}i_{kd}^{*}+p\psi_{kd}^{*} \tag{5-120}$$

$$u_{kq}^{*}=r_{kq}^{*}i_{kq}^{*}+p\psi_{kq}^{*} \tag{5-121}$$

实用中，为了便于直接由电机磁化曲线 $\psi_{m}=f(i_{m})$ 修正饱和对电感参数的影响，同时也为了能直接调用标准常微分方程初值问题数值求解的龙格-库塔程序，有时也将电压方程单一由磁链作为状态变量表示，其分量形式为

$$u_{ds}^{*}=r_{s}^{*}\frac{\Lambda_{1}\psi_{ds}^{*}-\Lambda_{4}\psi_{fd}^{*}-\Lambda_{5}\psi_{kd}^{*}}{\Lambda_{d}}-\omega_{r}^{*}\psi_{qs}^{*}+p\psi_{ds}^{*} \tag{5-122}$$

$$u_{qs}^{*}=r_{s}^{*}\frac{L_{kq}^{*}\psi_{qs}^{*}-L_{mq}^{*}\psi_{kq}^{*}}{\Lambda_{q}}+\omega_{r}^{*}\psi_{ds}^{*}+p\psi_{qs}^{*} \tag{5-123}$$

$$u_{0s}^{*}=\frac{r_{s}^{*}\psi_{0s}^{*}}{L_{\sigma s}^{*}}+p\psi_{0s}^{*} \tag{5-124}$$

$$u_{fd}^{*}=r_{fd}^{*}\frac{-\Lambda_{4}\psi_{ds}^{*}+\Lambda_{2}\psi_{fd}^{*}-\Lambda_{6}\psi_{kd}^{*}}{\Lambda_{d}}+p\psi_{fd}^{*} \tag{5-125}$$

$$u_{kd}^{*}=r_{kd}^{*}\frac{-\Lambda_{5}\psi_{ds}^{*}-\Lambda_{6}\psi_{fd}^{*}+\Lambda_{3}\psi_{kd}^{*}}{\Lambda_{d}}+p\psi_{kd}^{*} \tag{5-126}$$

$$u_{kq}^{*}=r_{kq}^{*}\frac{-L_{mq}^{*}\psi_{qs}^{*}+L_{q}^{*}\psi_{kq}^{*}}{\Lambda_{q}}+p\psi_{kq}^{*} \tag{5-127}$$

写成标准状态方程形式就是

$$p\begin{bmatrix}\psi_{ds}^{*}\\ \psi_{qs}^{*}\\ \psi_{0s}^{*}\\ \psi_{fd}^{*}\\ \psi_{kd}^{*}\\ \psi_{kq}^{*}\end{bmatrix}=\boldsymbol{A}\begin{bmatrix}\psi_{ds}^{*}\\ \psi_{qs}^{*}\\ \psi_{0s}^{*}\\ \psi_{fd}^{*}\\ \psi_{kd}^{*}\\ \psi_{kq}^{*}\end{bmatrix}+\begin{bmatrix}u_{ds}^{*}\\ u_{qs}^{*}\\ u_{0s}^{*}\\ u_{fd}^{*}\\ u_{kd}^{*}\\ u_{kq}^{*}\end{bmatrix} \tag{5-128}$$

式中，

$$\boldsymbol{A}=\begin{bmatrix}-\frac{r_{s}^{*}\Lambda_{1}}{\Lambda_{d}} & \omega_{r}^{*} & 0 & \frac{r_{s}^{*}\Lambda_{4}}{\Lambda_{d}} & \frac{r_{s}^{*}\Lambda_{5}}{\Lambda_{d}} & 0\\ -\omega_{r}^{*} & -\frac{r_{s}^{*}L_{kq}^{*}}{\Lambda_{q}} & 0 & 0 & 0 & \frac{r_{s}^{*}L_{mq}^{*}}{\Lambda_{q}}\\ 0 & 0 & -\frac{r_{s}^{*}}{L_{\sigma s}^{*}} & 0 & 0 & 0\\ \frac{r_{fd}^{*}\Lambda_{4}}{\Lambda_{d}} & 0 & 0 & -\frac{r_{fd}^{*}\Lambda_{2}}{\Lambda_{d}} & \frac{r_{fd}^{*}\Lambda_{6}}{\Lambda_{d}} & 0\\ \frac{r_{kd}^{*}\Lambda_{5}}{\Lambda_{d}} & 0 & 0 & \frac{r_{kd}^{*}\Lambda_{6}}{\Lambda_{d}} & -\frac{r_{kd}^{*}\Lambda_{3}}{\Lambda_{d}} & 0\\ 0 & \frac{r_{kq}^{*}L_{mq}^{*}}{\Lambda_{q}} & 0 & 0 & 0 & -\frac{r_{kq}^{*}L_{q}^{*}}{\Lambda_{q}}\end{bmatrix}$$

且

$$\Lambda_1 = L_{fd}^* L_{kd}^* - (L_{md}^*)^2 \tag{5-129}$$

$$\Lambda_2 = L_d^* L_{kd}^* - (L_{md}^*)^2 \tag{5-130}$$

$$\Lambda_3 = L_d^* L_{fd}^* - (L_{md}^*)^2 \tag{5-131}$$

$$\Lambda_4 = L_{md}^* L_{\sigma d}^* \tag{5-132}$$

$$\Lambda_5 = L_{md}^* L_{\sigma f}^* \tag{5-133}$$

$$\Lambda_6 = L_{md}^* L_{\sigma s}^* \tag{5-134}$$

$$\Lambda_d = (L_{md}^*)^2 (L_d^* + L_{fd}^* + L_{kd}^* - 2L_{md}^*) - L_d^* L_{fd}^* L_{kd}^* \tag{5-135}$$

$$\Lambda_q = L_q^* L_{kq}^* - (L_{mq}^*)^2 \tag{5-136}$$

而由磁链确定电流的关系式为

$$\begin{bmatrix} i_{ds}^* \\ i_{qs}^* \\ i_{0s}^* \\ i_{fd}^* \\ i_{kd}^* \\ i_{kq}^* \end{bmatrix} = \begin{bmatrix} -\dfrac{\Lambda_1}{\Lambda_d} & 0 & 0 & \dfrac{\Lambda_4}{\Lambda_d} & \dfrac{\Lambda_5}{\Lambda_d} & 0 \\ 0 & -\dfrac{L_{kq}^*}{\Lambda_q} & 0 & 0 & 0 & \dfrac{L_{mq}^*}{\Lambda_q} \\ 0 & 0 & -\dfrac{1}{L_{\sigma s}^*} & 0 & 0 & 0 \\ -\dfrac{\Lambda_4}{\Lambda_d} & 0 & 0 & \dfrac{\Lambda_2}{\Lambda_d} & -\dfrac{\Lambda_6}{\Lambda_d} & 0 \\ -\dfrac{\Lambda_5}{\Lambda_d} & 0 & 0 & -\dfrac{\Lambda_6}{\Lambda_d} & \dfrac{\Lambda_3}{\Lambda_d} & 0 \\ 0 & -\dfrac{L_{mq}^*}{\Lambda_q} & 0 & 0 & 0 & \dfrac{L_q^*}{\Lambda_q} \end{bmatrix} \begin{bmatrix} \psi_{ds}^* \\ \psi_{qs}^* \\ \psi_{0s}^* \\ \psi_{fd}^* \\ \psi_{kd}^* \\ \psi_{kq}^* \end{bmatrix} \tag{5-137}$$

但 d 轴饱和电感 L_{md} 需由电机的磁化曲线 $\psi_{md} = f(i_{md})$ 来确定或修正,其步骤为

$$\begin{cases} n = 0,1,2,\cdots \\ i_{md}^*(n) = -i_{ds}^*(n) + i_{fd}^*(n) + i_{kd}^*(n) \\ \psi_{md}^*(n) = f[i_{md}^*(n)] \\ L_{md}^*(n) = \dfrac{\psi_{md}^*(n)}{i_{md}^*(n)} \\ -i_{ds}^*(n+1) = \dfrac{[\psi_{ds}^*(n) - \psi_{md}^*(n)]}{L_{\sigma s}^*} \\ i_{fd}^*(n+1) = \dfrac{[\psi_{fd}^*(n) - \psi_{md}^*(n)]}{L_{\sigma f}^*} \\ i_{kd}^*(n+1) = \dfrac{[\psi_{kd}^*(n) - \psi_{md}^*(n)]}{L_{\sigma d}^*} \end{cases} \tag{5-138}$$

具体实施方法参见 1.2.2 节。

电磁转矩方程的标幺值形式与原方程有差别。以式(5-104)为例,标幺值形式为

$$T_e^* = \psi_{ds}^* i_{qs}^* - \psi_{qs}^* i_{ds}^* \tag{5-139}$$

这里不再出现系数 $1.5p$。

而标幺值形式的转子运动方程为

$$\mathrm{p}\omega_r^* = \frac{T_1^* - T_e^*}{H} \tag{5-140}$$

或记为

$$p^2\delta=\frac{T_I^*-T_e^*}{H} \tag{5-141}$$

且有

$$p\delta=\omega_r^*-1.0 \tag{5-142}$$

如前几章所述，在电机分析和数值仿真计算中，优先采用标幺值系统，同步电机尤其如此。因此，以后如无特别说明，即表明使用的是标幺值系统，并且省略上标“*”。

5.3 同步发电机的动态行为

5.3.1 稳态运行条件

研究同步发电机的动态行为，并进行数值仿真计算，最终仍归结为求解常微分方程的初值问题，而这就需要确定初值条件和端口约束，即首先要研究发电机的稳定运行条件。

设励磁电流一定，当原动机输入机械转矩保持与发电机电磁转矩平衡，即发电机转速恒定为同步速 ω_1 时，认为发电机进入稳态运行，对应的回路电压方程可由式(5-116)～式(5-121)的微分项为零得出，亦即

$$u_{ds}=-r_s i_{ds}-\omega_1\psi_{qs} \tag{5-143}$$

$$u_{qs}=-r_s i_{qs}+\omega_1\psi_{ds} \tag{5-144}$$

$$u_{0s}=-r_s i_{0s} \tag{5-145}$$

$$u_{fd}=r_{fd}i_{fd} \tag{5-146}$$

$$u_{kd}=r_{kd}i_{kd} \tag{5-147}$$

$$u_{kq}=r_{kq}i_{kq} \tag{5-148}$$

因三相对称运行情况下隐含

$$u_{0s}=0 \tag{5-149}$$

亦即由式(5-145)有

$$i_{0s}=0 \tag{5-150}$$

而经端环短路的阻尼绕组结构隐含约束条件为

$$\begin{cases}u_{kd}=0\\u_{kq}=0\end{cases} \tag{5-151}$$

代入式(5-147)和式(5-148)，可得

$$\begin{cases}i_{kd}=0\\i_{kq}=0\end{cases} \tag{5-152}$$

进而由式(5-110)和式(5-111)，可得

$$\psi_{ds}=-L_d i_{ds}+L_{md}i_{fd} \tag{5-153}$$

$$\psi_{qs}=-L_q i_{qs} \tag{5-154}$$

代入式(5-143)和式(5-144)，有

$$u_{ds}=-r_s i_{ds}+\omega_1 L_q i_{qs} \tag{5-155}$$

$$u_{qs}=-r_s i_{qs}-\omega_1 L_d i_{ds}+\omega_1 L_{md}i_{fd} \tag{5-156}$$

设电机端口输出正弦电压(亦即电网电压)的基波幅值为 U_s,由图 5.4 有

$$u_{ds}=U_s\sin\delta \tag{5-157}$$

$$u_{qs}=U_s\cos\delta \tag{5-158}$$

而电机输出功率和功率因数分别为 P_1 和 $\cos\varphi$ 时,基波电流幅值为

$$I_s=\frac{2P_1}{3U_s\cos\varphi} \tag{5-159}$$

亦即

$$i_{ds}=I_s\sin(\delta+\varphi) \tag{5-160}$$

$$i_{qs}=I_s\cos(\delta+\varphi) \tag{5-161}$$

定义励磁电动势幅值为

$$E_f=\omega_1 L_{md} i_{fd} \tag{5-162}$$

则将以上相关表达式代入式(5-155)和式(5-156),得

$$U_s\sin\delta=-r_s I_s\sin(\delta+\varphi)+\omega_1 L_q I_s\cos(\delta+\varphi) \tag{5-163}$$

$$U_s\cos\delta=-r_s I_s\cos(\delta+\varphi)-\omega_1 L_d I_s\sin(\delta+\varphi)+E_f \tag{5-164}$$

而由式(5-163)可解出

$$\delta=-\varphi+\arctan\frac{\omega_1 L_q I_s+U_s\sin\varphi}{r_s I_s+U_s\cos\varphi} \tag{5-165}$$

代入式(5-164),即可得 E_f,可求得励磁电流为

$$i_{fd}=\frac{U_s\cos\delta+r_s I_s\cos(\delta+\varphi)+\omega_1 L_d I_s\sin(\delta+\varphi)}{\omega_1 L_{md}} \tag{5-166}$$

励磁电压为

$$u_{fd}=r_{fd} i_{fd} \tag{5-167}$$

综上所述,最后可由式(5-104)得到原动机输入机械转矩和发电机电磁转矩都为

$$T_I=T_e=\frac{3pE_f I_s}{2\omega_1}\cos(\delta+\varphi)-\frac{3pI_s^2}{4}(L_d-L_q)\sin2(\delta+\varphi) \tag{5-168}$$

对于隐极电机,有

$$T_I=T_e=\frac{3pE_f I_s}{2\omega_1}\cos(\delta+\varphi) \tag{5-169}$$

以上为确定同步发电机稳态运行条件的一般过程,前提条件是电机转速、端电压、输出功率和功率因数一定。实用中,若定子电阻可忽略,有关表达式将会更为简化,读者可自行推导。

5.3.2 动态行为仿真的初始条件和端口约束条件

设电机运行工况发生变化前发电机运行于稳态,则 5.3.1 节所得同步发电机稳态运行时的电端口条件(电压或电流)和机械端口条件(转速、转矩和功角),实际上也就是发电机动态行为数值仿真的初始条件或控制约束条件。选电机功角和端口电流为状态变量,设对应于输出功率 P_{10} 和功率因数角 φ_0 的稳态电流幅值 I_{s0} 由式(5-159)确定,则初始条件为

$$
\begin{cases}
\omega_r(0)=\omega_1 \Rightarrow p\delta(0)=0 \\
\delta(0)=\delta_0=-\varphi_0+\arctan\dfrac{\omega_1 L_q I_{s0}+U_s\sin\varphi_0}{r_s I_{s0}+U_s\cos\varphi_0} \\
i_{ds}(0)=I_{s0}\sin(\delta_0+\varphi_0) \\
i_{qs}(0)=I_{s0}\cos(\delta_0+\varphi_0) \\
i_{0s}(0)=0 \\
i_{fd}(0)=\dfrac{1}{\omega_1 L_{md}}[U_s\cos\delta_0+r_s I_{s0}\cos(\delta_0+\varphi_0)+\omega_1 L_d I_{s0}\sin(\delta_0+\varphi_0)] \\
i_{kd}(0)=0 \\
i_{kq}(0)=0
\end{cases}
\tag{5-170}
$$

端口约束条件(或控制变量指令值)包括电端口的电压约束条件和机械端口的速度及转矩约束条件,在电机对称运行情况下,有

$$
\begin{cases}
\delta_\infty=-\varphi+\arctan\dfrac{\omega_1 L_q I_s+U_s\sin\varphi}{r_s I_s+U_s\cos\varphi} \\
T_I=\dfrac{3pE_f I_s\cos(\delta_\infty+\varphi)}{2\omega_1}-\dfrac{3}{4}pI_s^2(L_d-L_q)\sin 2(\delta_\infty+\varphi) \\
\delta=\delta_0+\int_0^T[\omega_r(\zeta)-\omega_1]d\zeta \\
u_{ds}=U_s\sin\delta \\
u_{qs}=U_s\cos\delta \\
u_{0s}=0 \\
i_{fd}=\dfrac{1}{\omega_1 L_{md}}[U_s\cos\delta_\infty+r_s I_s\cos(\delta_\infty+\varphi)+\omega_1 L_d I_s\sin(\delta_\infty+\varphi)] \\
u_{fd}=r_{fd}i_{fd} \\
u_{kd}=0 \\
u_{kq}=0
\end{cases}
\tag{5-171}
$$

对应于式(5-171)中的 d、q 轴电压表达式,定子三相对称电压在 a-b-c 参照系中的表达式为

$$
\begin{cases}
u_a=-U_s\sin(\omega_1 t-\delta) \\
u_b=-U_s\sin\left(\omega_1 t-\delta-\dfrac{2\pi}{3}\right) \\
u_c=-U_s\sin\left(\omega_1 t-\delta+\dfrac{2\pi}{3}\right)
\end{cases}
\tag{5-172}
$$

若发电机为故障或不对称运行,则定子电压约束条件将由三相电压的实际值确定,而 d、q 轴电压亦应由式(5-82)定义的一般公式计算,即

$$
\begin{cases}
u_{ds}=\dfrac{2(u_a\cos\theta_1+u_b\cos\theta_2+u_c\cos\theta_3)}{3} \\
u_{qs}=\dfrac{-2(u_a\sin\theta_1+u_b\sin\theta_2+u_c\sin\theta_3)}{3} \\
u_{0s}=\dfrac{(u_a+u_b+u_c)}{3}
\end{cases}
\tag{5-173}
$$

式中,θ_1、θ_2、θ_3 的定义见式(5-51),而定、转子参照系之间的夹角 θ_r 亦如式(5-83)定义。

下面针对定子侧的典型故障或不对称运行情况进行讨论。

1. 定子端部三相对称短路

此时,定子三相电压在 a-b-c 参照系中的表达式为

$$u_{a}=u_{b}=u_{c} \tag{5-174}$$

代入式(5-173),立即有

$$u_{ds}=u_{qs}=u_{0s}=0 \tag{5-175}$$

2. 定子两相对中点短路

设电机中点与电网中点相连,a、b 相为短路相,则有

$$\begin{cases} u_{a}=u_{b}=0 \\ u_{c}=-U_{s}\sin\left(\omega_{1}t-\delta+\dfrac{2\pi}{3}\right) \end{cases} \tag{5-176}$$

和

$$\begin{cases} u_{ds}=-2U_{s}\dfrac{\left[\sin\left(\omega_{1}t-\delta+\dfrac{2\pi}{3}\right)\cos\left(\theta_{r}+\dfrac{2\pi}{3}\right)\right]}{3} \\ u_{qs}=2U_{s}\dfrac{\left[\sin\left(\omega_{1}t-\delta+\dfrac{2\pi}{3}\right)\sin\left(\theta_{r}+\dfrac{2\pi}{3}\right)\right]}{3} \\ u_{0s}=-U_{s}\dfrac{\left[\sin\left(\omega_{1}t-\delta+\dfrac{2\pi}{3}\right)\right]}{3} \end{cases} \tag{5-177}$$

3. 定子单相对中点短路

设 a 相为短路相,即

$$\begin{cases} u_{a}=0 \\ u_{b}=-U_{s}\sin\left(\omega_{1}t-\delta-\dfrac{2\pi}{3}\right) \\ u_{c}=-U_{s}\sin\left(\omega_{1}t-\delta+\dfrac{2\pi}{3}\right) \end{cases} \tag{5-178}$$

则

$$\begin{cases} u_{ds}=\dfrac{U_{s}[2\sin(\omega_{1}t-\delta)\cos\theta_{r}-3\sin(\omega_{1}t-\delta-\theta_{r})]}{3} \\ u_{qs}=\dfrac{U_{s}[3\cos(\omega_{1}t-\delta-\theta_{r})-2\sin(\omega_{1}t-\delta)\sin\theta_{r}]}{3} \\ u_{0s}=\dfrac{U_{s}[\sin(\omega_{1}t-\delta)]}{3} \end{cases} \tag{5-179}$$

4. 定子端部两相短路

设短路发生在 a、b 相端部,则定子三相电压关系为

$$\begin{cases} u_{a}=u_{b} \\ u_{c}=-U_{s}\sin\left(\omega_{1}t-\delta+\dfrac{2\pi}{3}\right) \end{cases} \tag{5-180}$$

从而

$$
\begin{cases}
u_{ds}=\dfrac{2(u_c-u_a)\left[\cos\left(\theta_r+\dfrac{2\pi}{3}\right)\right]}{3} \\
u_{qs}=\dfrac{2(u_a-u_c)\left[\sin\left(\theta_r+\dfrac{2\pi}{3}\right)\right]}{3} \\
u_{0s}=\dfrac{(2u_a+u_c)}{3}
\end{cases}
\tag{5-181}
$$

式中，电压 u_a待定。

由于两短路相电流满足约束条件

$$
i_a+i_b=0 \tag{5-182}
$$

又由于

$$
\begin{cases}
u_a=-r_s i_a+p\psi_a \\
u_b=-r_s i_b+p\psi_b
\end{cases}
\tag{5-183}
$$

则综合式(5-180)可得

$$
u_a=u_b=\frac{p(\psi_a+\psi_b)}{2} \tag{5-184}
$$

而由于

$$
\begin{cases}
\psi_a=\psi_{ds}\cos\theta_r-\psi_{qs}\sin\theta_r+\psi_{0s} \\
\psi_b=\psi_{ds}\cos\left(\theta_r-\dfrac{2\pi}{3}\right)-\psi_{qs}\sin\left(\theta_r-\dfrac{2\pi}{3}\right)+\psi_{0s}
\end{cases}
\tag{5-185}
$$

故

$$
\begin{aligned}
u_a&=\frac{\left[(p\psi_{ds})\cos\theta_a-(p\psi_{qs})\sin\theta_a+2p\psi_{0s}\right]}{2} \\
&\quad-\frac{\omega_r(\psi_{ds}\sin\theta_a+\psi_{qs}\cos\theta_a)}{2}\quad\left(\theta_a=\theta_r-\frac{\pi}{3}\right)
\end{aligned}
\tag{5-186}
$$

将之代入式(5-181)，即可得到磁链为状态变量时的电压表达式。若状态变量为电流，只需再将式(5-110)～式(5-112)代入式(5-181)，消元即可。

在电机学和电机瞬变分析中，为使问题简化，定子端部两相短路通常是假定在电机单机空载运行时发生的，故 $i_c=0$，结合式(5-182)即 $i_{0s}=0$，系统无零序分量，最终有

$$
\begin{cases}
u_{ds}=u_c\cos\left(\theta_r+\dfrac{2\pi}{3}\right) \\
u_{qs}=-u_c\sin\left(\theta_r+\dfrac{2\pi}{3}\right) \\
u_{0s}=0
\end{cases}
\tag{5-187}
$$

需要说明的是，式(5-171)中，假设励磁电动势随功角、输出功率和功率因数变化，且励磁电压相应做自动调整。但实际情况可能并非如此，如动态过程中保持励磁电压不变，并且为动态变化前的数值，则励磁电压计算公式应修正为

$$
u_{fd}=r_{fd}i_{fd}(0) \tag{5-188}
$$

此外，式(5-171)中，稳态功角 δ_∞ 及转矩 T_I的计算公式也是以输出功率和功率因数已知为条件的。但实用中，有时可能以转矩表示输出功率变化，即直接给定 T_I，而功率因数不定(取决于励磁调节)。因此，T_I 为已知，作为中间变量的 δ_∞ 也就不用再确定了。

初始条件和端口约束条件确定后，同步电机的动态行为就可以由式(5-99)或式(5-128)结合式(5-140)或式(5-142)和式(5-141)数值求解，具体取决于电端口状态变量(电流或磁链)和机械端口状态变量(转速或功角)的选择。下面结合实例进行介绍。

5.3.3 动态行为仿真分析

为较全面地反映同步发电机动态行为特点，仿真内容将包括输入转矩突变，输出功率调节，三相、两相和单相突然短路及自行恢复等过程，研究对象亦包括凸极和隐极发电机组，机组参数如表5.1所示。

表5.1 被考察发电机组的参数

参数 (折算、标幺值)	凸极，325 MV·A，20 kV ($\cos\varphi=0.85$，$p=32$)	隐极，37.5 MV·A，11.8 kV ($\cos\varphi=0.8$，$p=1$)
H/rad	3270.4	3330.1
r_s	0.0019	0.002
r_{fd}	0.00041	0.001
r_{kd}	0.0141	0.0125
r_{kq}	0.0136	0.0125
L_{md}	0.73	1.86
L_{mq}	0.48	1.86
L_s	0.12	0.14
L_f	0.2049	0.14
L_d	0.16	0.04
L_q	0.1029	0.04

1. 输入机械转矩突变

设转矩突变前发电机投入电网进行理想空载运行，数值仿真结果如图5.5～图5.8所示。

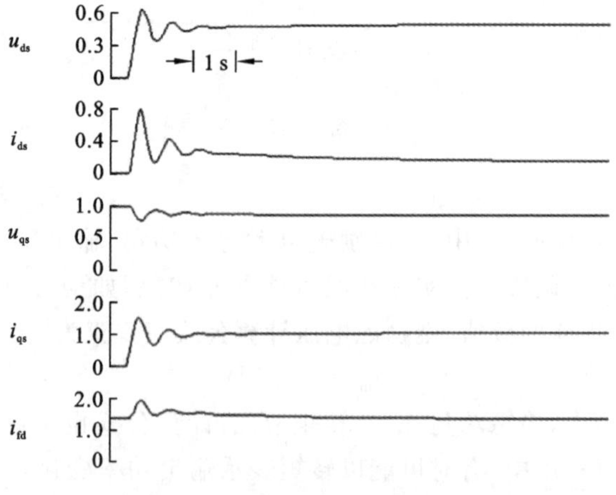

图5.5 凸极同步发电机输入转矩突变的动态特性

(励磁电压不变，$T_I=1.0$)

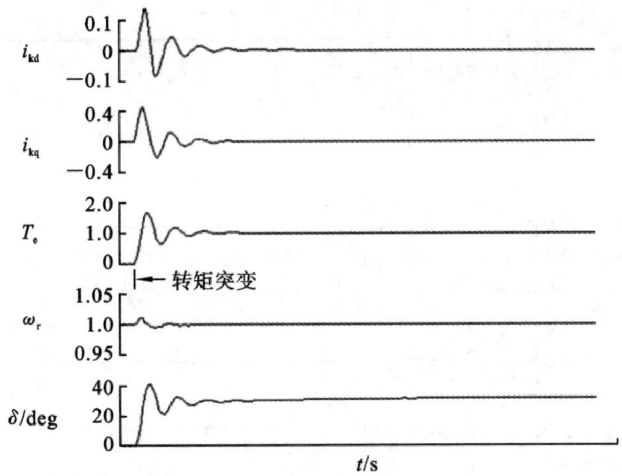

续图 5.5

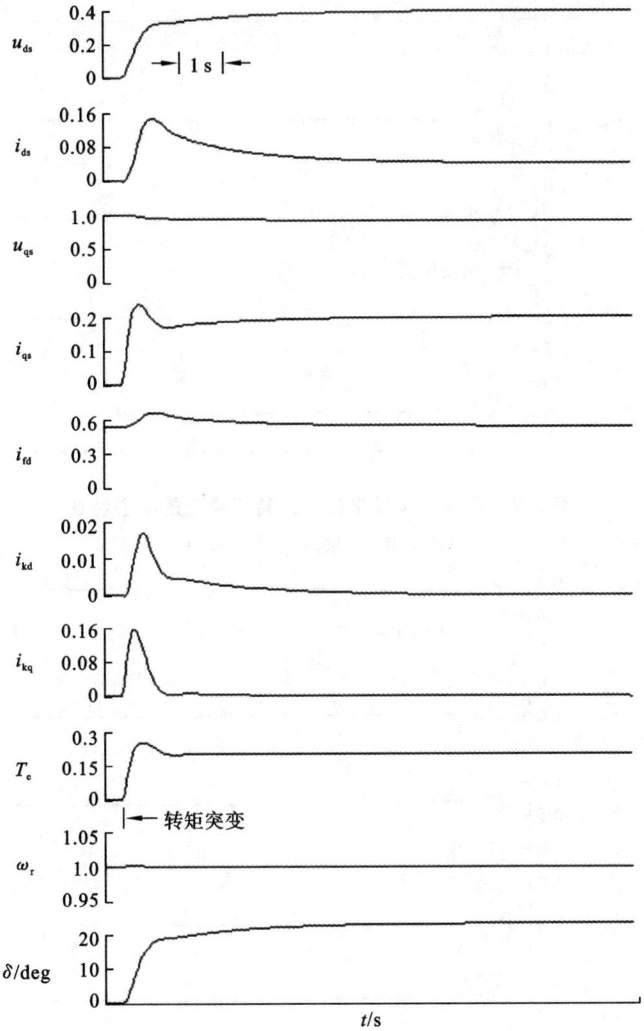

图 5.6 隐极同步发电机输入转矩突变的动态特性

（励磁电压不变，T_I＝0.2）

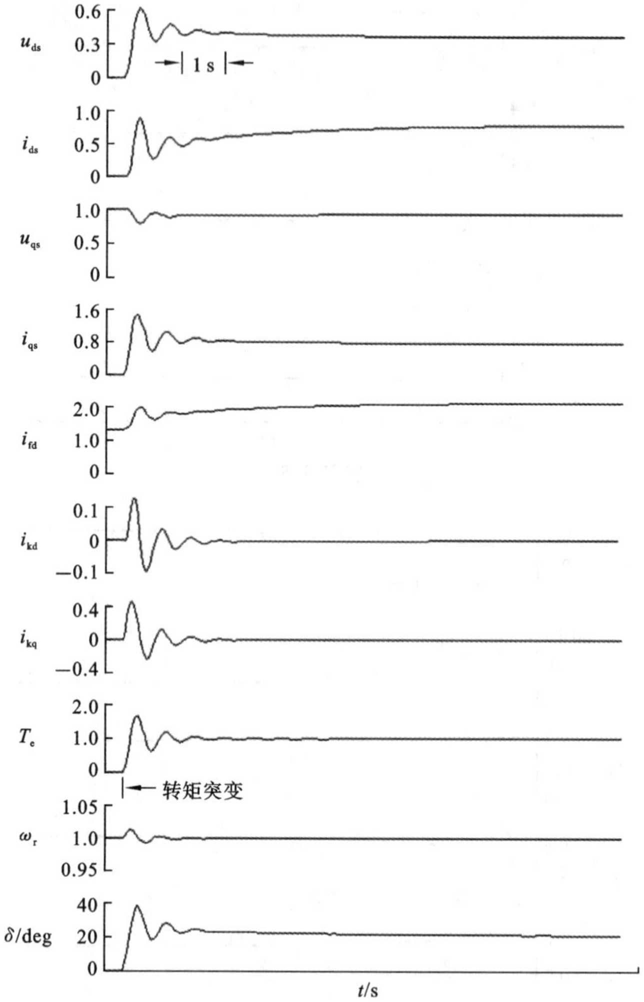

图 5.7 凸极同步发电机输入转矩突变的动态特性

(励磁电压自动调整, $T_I=1.0$)

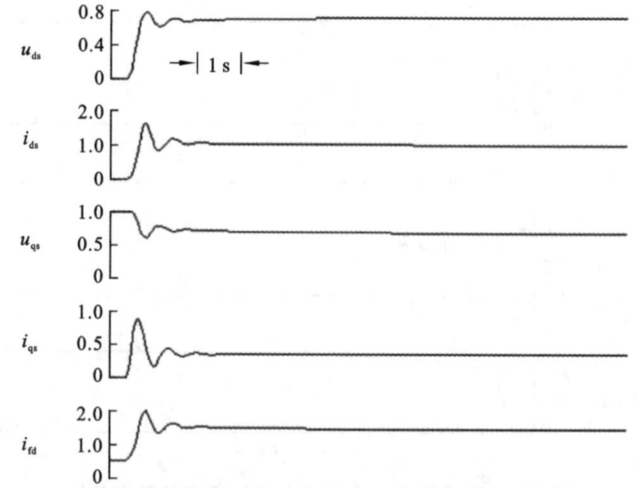

图 5.8 隐极同步发电机输入转矩突变的动态特性

(励磁电压自动调整, $T_I=1.0$)

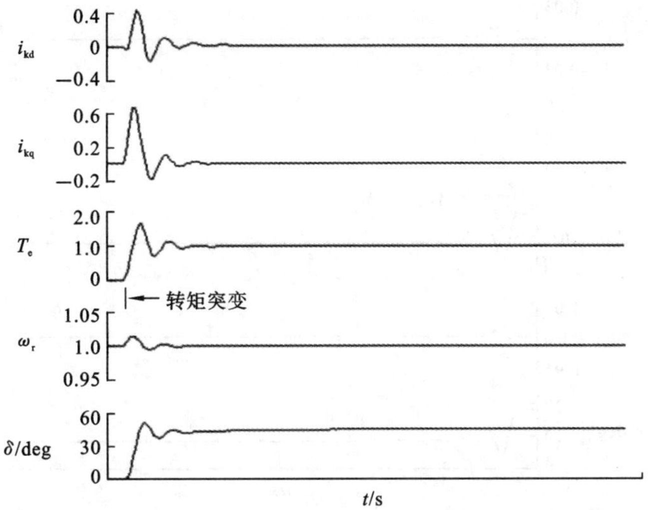

续图 5.8

计算结果表明，凸极同步发电机承受输入转矩变化的能力比隐极同步发电机的强。虽然转矩突变的幅度接近额定转矩的 1.2(1.0÷0.85≈1.2)倍，但电压、电流、转矩、转速、功角等均能在 2 s 左右的时间内趋近稳定，隐极同步发电机仅 25%(0.2÷0.8≈0.25)的转矩跃变，但功角及相关量在 10 s 之后仍缓缓变化形成鲜明对照。这一结论与电机学中的定性分析结果是一致的，即凸极电机的比整步转矩比隐极电机的大。

输入转矩突变时，若励磁电压由式(5-170)中的计算公式实行自动调整，则电机将工作于强励状态，这对于增强电机的抗转矩扰动能力是有效的。将图 5.8 的结果与图 5.6 相比，这一效果尤为明显，尽管跃变幅度达到 1.0，但电磁量和机械量都很快趋于稳定。

2. 输出功率调节

同步发电机输出功率调节也是通过输入转矩的变化来实现的，本质上依然是转矩突变过程，数值仿真结果如图 5.9 和图 5.10 所示。其中，S_1 为视在功率。

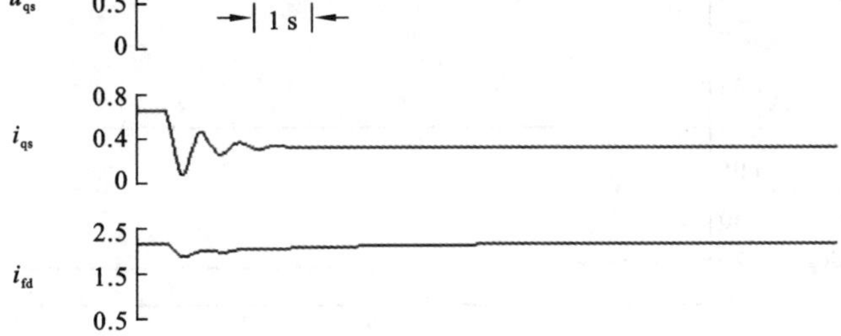

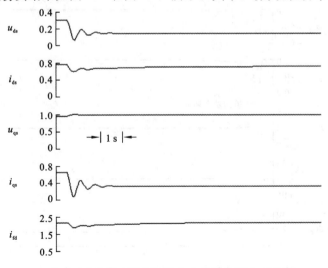

图 5.9 凸极同步发电机输出功率调节的动态特性

(励磁电压不变，$\cos\varphi$=0.85，S_1 从 1.0 变化到 0.5)

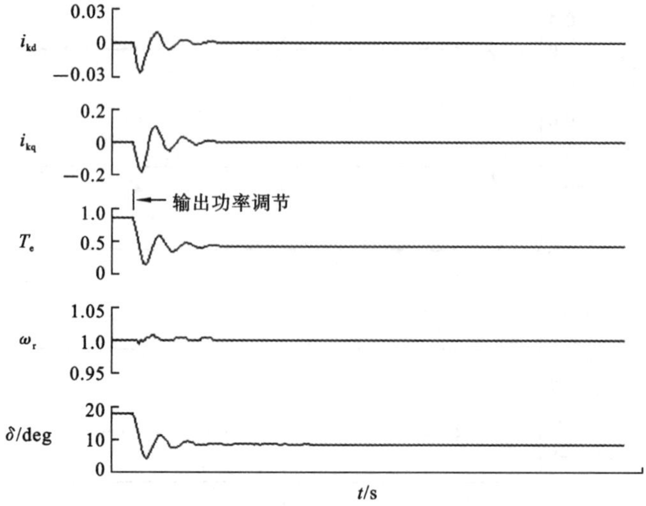

续图 5.9

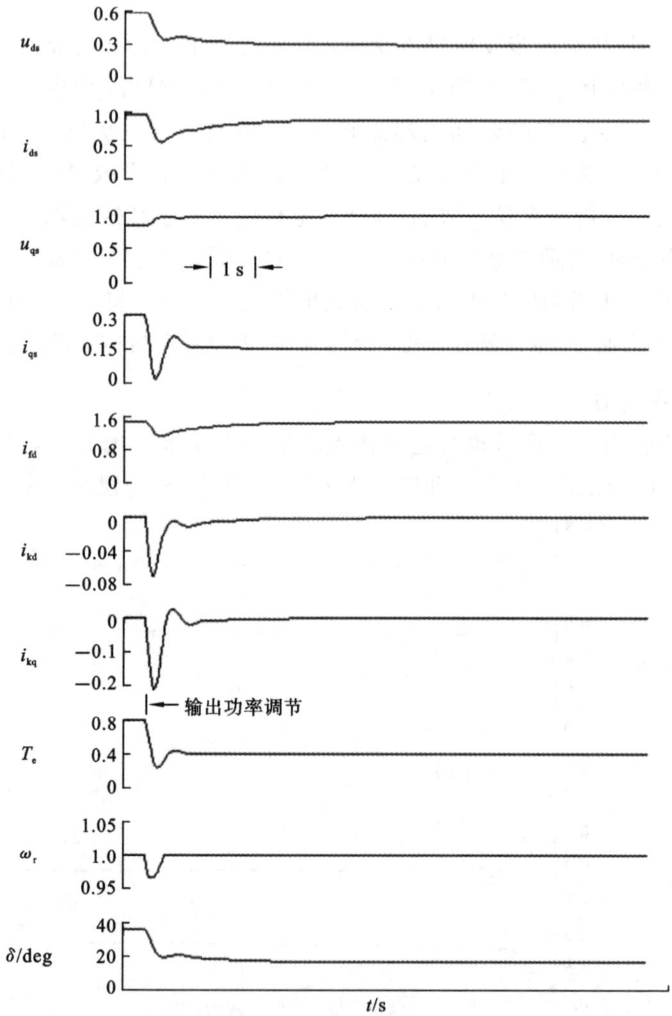

图 5.10 隐极同步发电机输出功率调节的动态特性

(励磁电压不变,$\cos\varphi=0.8$,S_1 从 1.0 变化到 0.5)

3. 定子端部三相对称突然短路

设电机运行于额定工况，当 a 相电压由负向正变化经过零点（$\omega t-\delta=(2k+1)\pi$，$k=0,1,2,\cdots$）时，定子端部发生三相对称突然短路，0.2 s 后故障自行切除，并恢复额定运行，数值仿真结果如图 5.11 和图 5.12 所示。其中，下标“N”表示额定值。

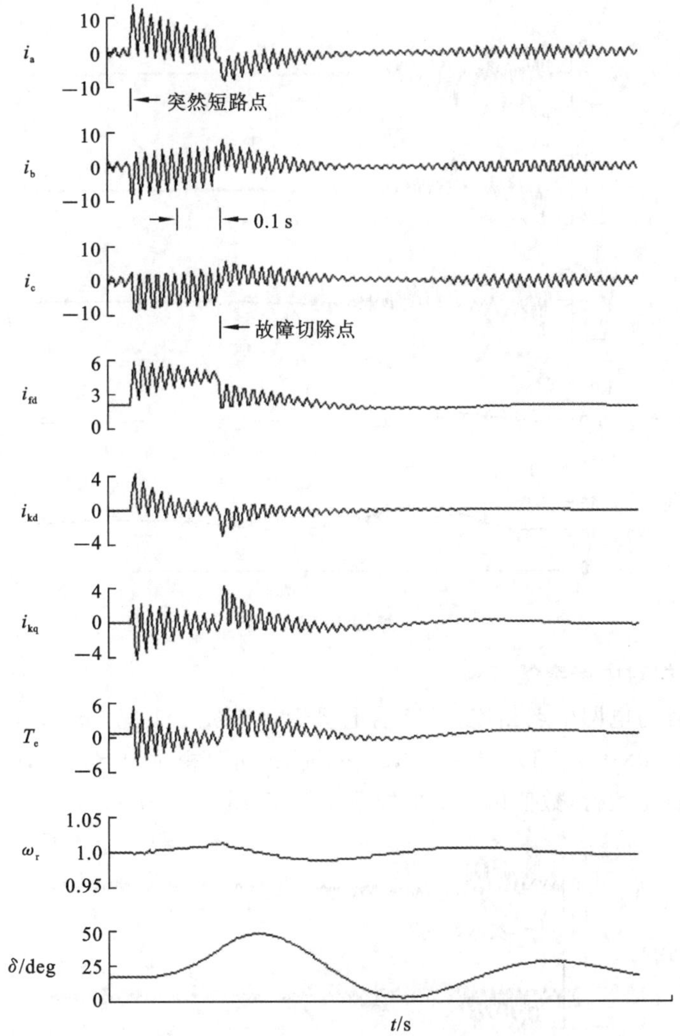

图 5.11 凸极同步发电机三相对称突然短路的动态特性

（励磁电压不变，$\cos\varphi=0.85$，$S_{1N}=1.0$，即 $P_{1N}=0.85$）

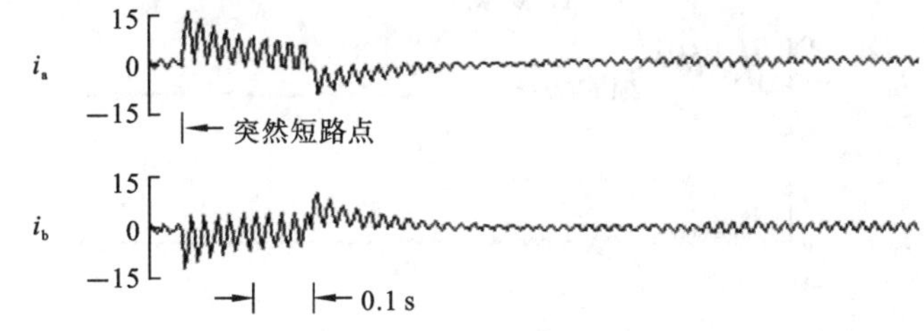

图 5.12 隐极同步发电机三相对称突然短路的动态特性

（励磁电压不变，$\cos\varphi=0.8$，$S_{1N}=1.0$，即 $P_{1N}=0.8$）

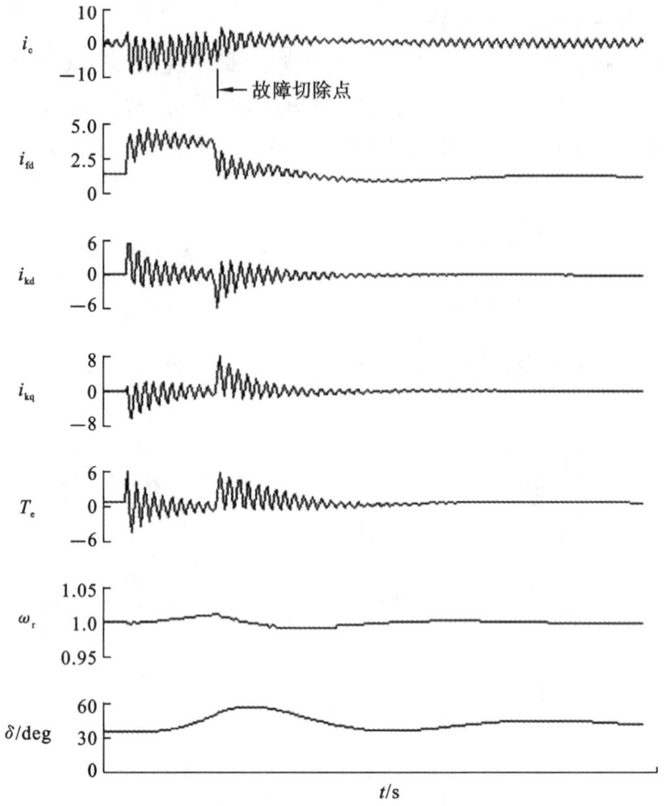

续图 5.12

4. 定子两相对中点突然短路

设电机中点与电网中点相连，短路前电机运行于额定工况，a 相电压由负向正变化经过零点($\omega t-\delta=(2k+1)\pi, k=0,1,2,\cdots$)时，$a$、$b$ 两相对中点短路，0.2 s 后故障自行切除并恢复额定运行，数值仿真结果如图 5.13 和图 5.14 所示。

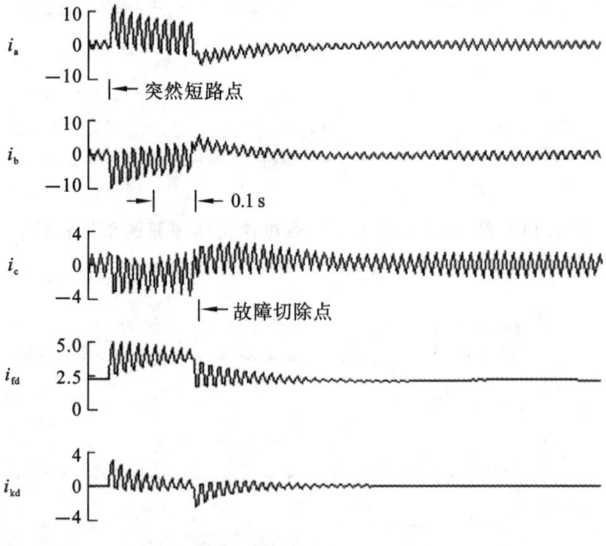

图 5.13 凸极同步发电机两相对中点突然短路的动态特性

(励磁电压不变，$\cos\varphi=0.85, S_{1N}=1.0$，即 $P_{1N}=0.85$)

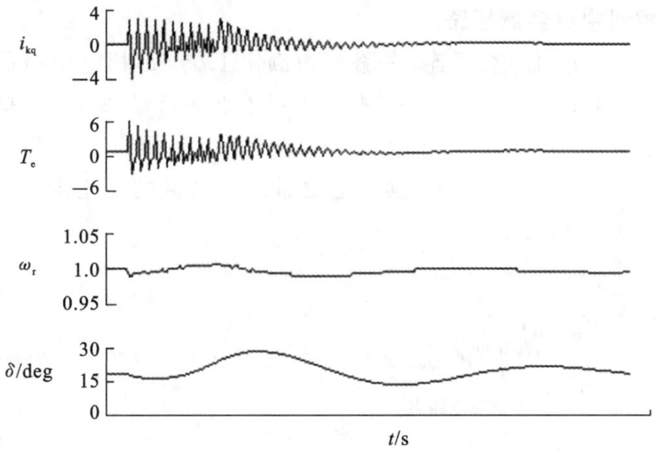

续图 5.13

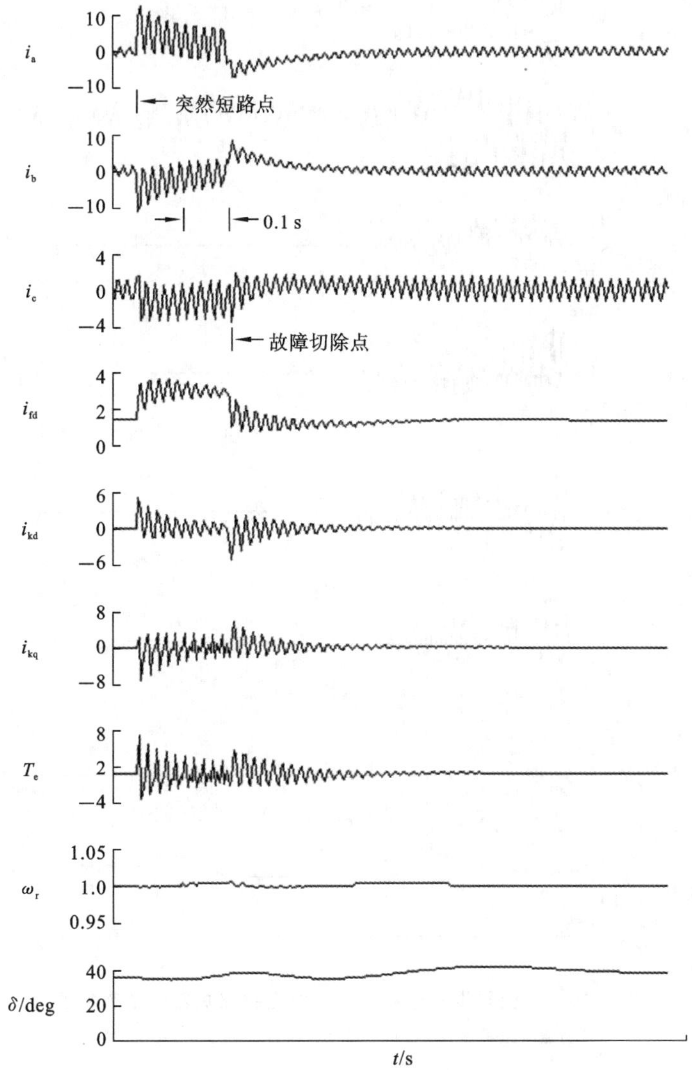

图 5.14　隐极同步发电机两相对中点突然短路的动态特性

(励磁电压不变，$\cos\varphi=0.8$，$S_{1N}=1.0$，即 $P_{1N}=0.8$)

5. 定子单相对中点突然短路

仍设电机中点与电网中点相连,短路前为额定工况,a 相电压由负向正变化经过零点($\omega t-\delta=(2k+1)\pi,k=0,1,2,\cdots$)时,$a$ 相对中点短路,0.2 s 后故障自行切除并恢复额定运行,数值仿真结果如图 5.15 和图 5.16 所示。与两相短路情况相似,非短路相的电流冲击幅值比短路相的小得多,其他电磁量和机械量的变化剧烈程度也比三相短路时平缓。

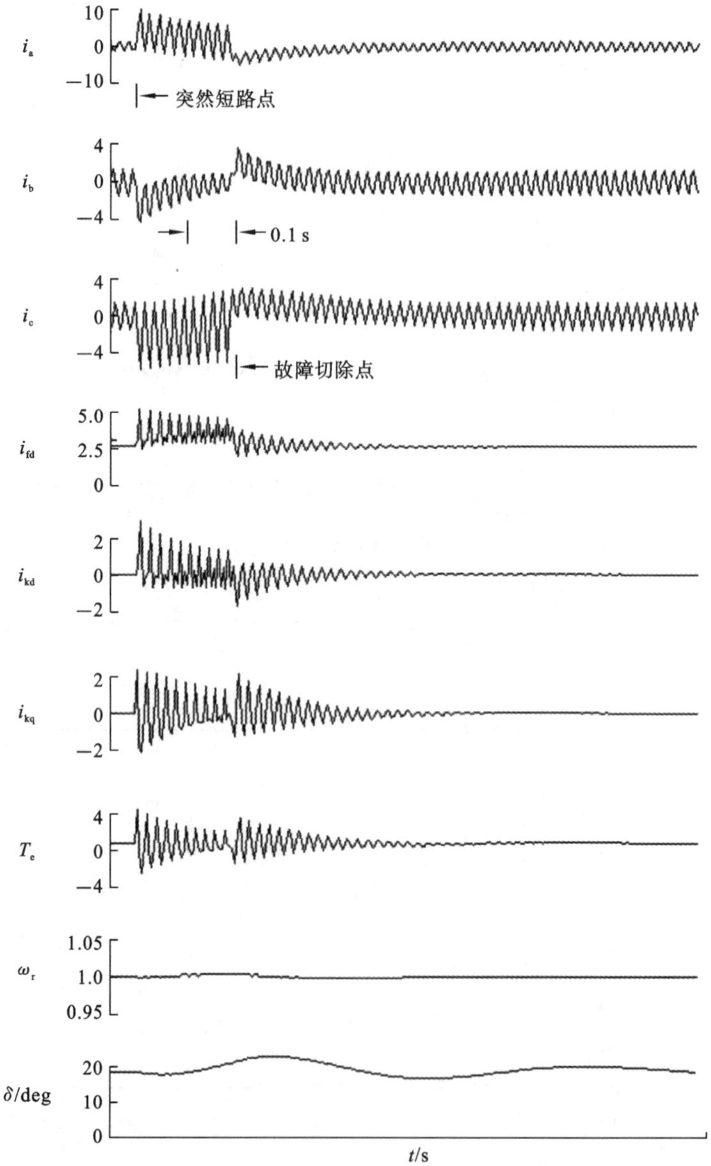

图 5.15　凸极同步发电机单相对中点突然短路的动态特性

(励磁电压不变,$\cos\varphi=0.85$,$S_{1N}=1.0$,即 $P_{1N}=0.85$)

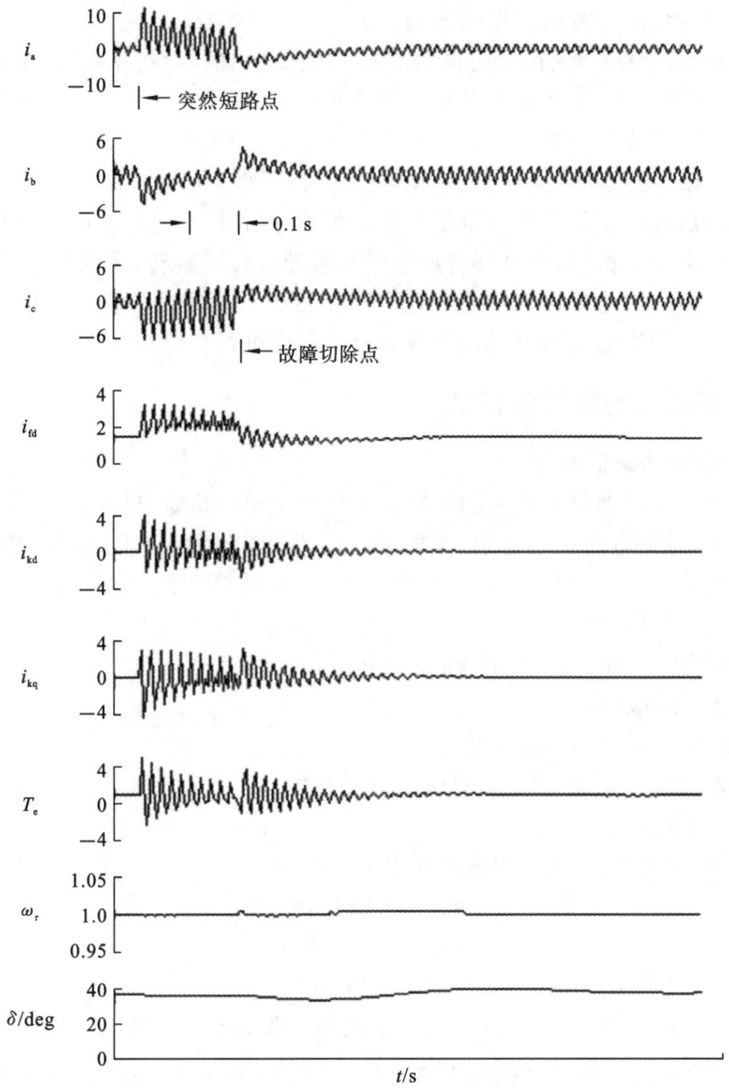

图 5.16　隐极同步发电机单相对中点突然短路的动态特性

（励磁电压不变，$\cos\varphi=0.8$，$S_{1N}=1.0$，即 $P_{1N}=0.8$）

5.4　永磁同步电机的矢量控制系统

20 世纪以来，随着交流电机迅速发展的需要和业界对永磁材料构成及制造技术研究的不断深入，永磁材料的最大磁能积上限不断提高，永磁同步电机（permanent magnet synchronous machine，PMSM）逐渐成为电机应用领域的宠儿。相较于普通同步电机而言，永磁同步电机摒弃了利用三相对称交流电产生空间旋转磁场的励磁方式，使用稀土钴永磁、钕铁硼永磁等稀土永磁材料进行励磁，是为“永磁”。就结构而言，永磁同步电机和普通同步电机差别不大，前者转子部分采用永磁体进行励磁，不再使用励磁绕组、电刷、滑环等部件，使电机结构得到简化。

随着我国工业水平逐渐提升，工业产品向高精尖化转型，对电机的要求不仅存在于效能、体积等本体指标，更存在于更先进的控制策略，工业应用中电机控制策略对永磁同步电机的实际性能有着决定性的影响。

矢量控制的思想最早是由德国科学家 Blaschke 提出的,起初并不是为同步电机开发,而是主要用于异步电机上,但随着技术进步与换代,用于同步电机的矢量控制方法被陆续开发出来,到了现代矢量控制反而已经成为目前主流的同步电机控制方法之一。矢量控制可以得到精确的速度控制,良好的转矩响应,进而获得类似于直流电机的工作特性。

矢量控制最终控制的仍然是定子电流。但由于在定子侧各物理量(电压、电流、电动势、磁动势)都是交流量,并且其合成空间矢量随着转子旋转,无论是进行调节还是实时计算均不方便。因此矢量控制的原理是站在转子上观察各物理量,即与各空间矢量保持相对静止。交流电机即可近似等效为直流电机进行控制。

5.4.1 永磁同步电机数学模型

1. 电压方程和磁链方程

建立电机数学模型是研究控制策略的基础。由于电机定、转子存在相对运动,气隙磁密存在谐波,导致电磁关系复杂;若再考虑电流谐波、磁路饱和、电导、磁导等参数摄动,系统复杂程度将进一步提高。为简化分析,便于建模和设计对应的控制策略,往往对 PMSM 做出以下假设:

(1) 三相绕组对称,空间互差 $2\pi/3$ 电角度;

(2) 忽略磁路饱和;

(3) 不计磁滞损耗和涡流损耗;

(4) 忽略齿槽效应,每相磁动势沿气隙正弦分布;

(5) 转子无阻尼绕组。

于是,PMSM 的电压方程和磁链方程可建立为

$$\boldsymbol{u}_{\mathrm{abc}}=R_{\mathrm{s}}\boldsymbol{i}_{\mathrm{abc}}+\mathrm{p}\boldsymbol{\psi}_{\mathrm{abc}}^{\mathrm{s}} \tag{5-189}$$

$$\boldsymbol{\psi}_{\mathrm{abc}}^{\mathrm{s}}=\boldsymbol{L}_{\mathrm{abc}}\boldsymbol{i}_{\mathrm{abc}}+\boldsymbol{\psi}_{\mathrm{abc}}^{\mathrm{r}} \tag{5-190}$$

式中,p 为微分算子,$\mathrm{p}=\mathrm{d}/\mathrm{d}t$;$\boldsymbol{i}_{\mathrm{abc}}$ 为定子相电流矢量,$\boldsymbol{i}_{\mathrm{abc}}=[i_{\mathrm{a}}\quad i_{\mathrm{b}}\quad i_{\mathrm{c}}]^{\mathrm{T}}$;$\boldsymbol{u}_{\mathrm{abc}}$ 为定子相电压矢量,$\boldsymbol{u}_{\mathrm{abc}}=[u_{\mathrm{a}}\quad u_{\mathrm{b}}\quad u_{\mathrm{c}}]^{\mathrm{T}}$;$\boldsymbol{\psi}_{\mathrm{abc}}^{\mathrm{s}}$ 为定子磁链矢量,$\boldsymbol{\psi}_{\mathrm{abc}}^{\mathrm{s}}=[\psi_{\mathrm{a}}^{\mathrm{s}}\quad \psi_{\mathrm{b}}^{\mathrm{s}}\quad \psi_{\mathrm{c}}^{\mathrm{s}}]^{\mathrm{T}}$;$\boldsymbol{\psi}_{\mathrm{abc}}^{\mathrm{r}}$ 为转子磁链矢量,$\boldsymbol{\psi}_{\mathrm{abc}}^{\mathrm{r}}=\psi_{\mathrm{f}}[\cos\theta_{\mathrm{e}}\quad \cos(\theta_{\mathrm{e}}-2\pi/3)\quad \cos(\theta_{\mathrm{e}}+2\pi/3)]^{\mathrm{T}}$;$R_{\mathrm{s}}$ 为定子绕组相电阻;ψ_{f} 为转子永磁体磁链幅值;θ_{e} 为转子电角度,定义为转子永磁体轴线逆时针超前 a 相的夹角;$\boldsymbol{L}_{\mathrm{abc}}$ 为三相定子绕组电感矩阵,只考虑基波气隙磁场,电感矩阵可写为

$$\boldsymbol{L}_{\mathrm{abc}}=\begin{bmatrix} L_{\mathrm{aa}} & M_{\mathrm{ab}} & M_{\mathrm{ac}} \\ M_{\mathrm{ba}} & L_{\mathrm{bb}} & M_{\mathrm{bc}} \\ M_{\mathrm{ca}} & M_{\mathrm{cb}} & L_{\mathrm{cc}} \end{bmatrix} \tag{5-191}$$

其中,电感矩阵主对角线元素分别为定子 a 相、b 相、c 相绕组的自感;M_{ab} 为 a 相和 b 相绕组之间的互感,且有 $M_{\mathrm{ab}}=M_{\mathrm{ba}}$,$M_{\mathrm{ac}}=M_{\mathrm{ca}}$,$M_{\mathrm{bc}}=M_{\mathrm{cb}}$。

但是三相坐标系下,电感之间存在耦合并且是角度的函数,其方程非常复杂,不利于定量分析。可以通过 Clarke 变换将其映射至两相静止坐标系,再通过 Park 变换将其投影至同步旋转坐标系。旋转坐标系中永磁同步电机的电压与磁链方程分别为

$$\begin{bmatrix} u_{\mathrm{d}} \\ u_{\mathrm{q}} \end{bmatrix}=\begin{bmatrix} R_{\mathrm{s}}+L_{\mathrm{d}}\mathrm{p} & -\omega_{\mathrm{e}}L_{\mathrm{q}} \\ \omega_{\mathrm{e}}L_{\mathrm{d}} & R_{\mathrm{s}}+L_{\mathrm{q}}\mathrm{p} \end{bmatrix}\begin{bmatrix} i_{\mathrm{d}} \\ i_{\mathrm{q}} \end{bmatrix}+\begin{bmatrix} 0 \\ \omega_{\mathrm{e}}\psi_{\mathrm{f}} \end{bmatrix} \tag{5-192}$$

$$\begin{bmatrix} \psi_{\mathrm{d}} \\ \psi_{\mathrm{q}} \end{bmatrix}=\begin{bmatrix} L_{\mathrm{d}} & 0 \\ 0 & L_{\mathrm{q}} \end{bmatrix}\begin{bmatrix} i_{\mathrm{d}} \\ i_{\mathrm{q}} \end{bmatrix}+\begin{bmatrix} \psi_{\mathrm{f}} \\ 0 \end{bmatrix} \tag{5-193}$$

2. 转矩方程和运动方程

永磁同步电机的瞬时功率可定义为

$$\boldsymbol{P}=\boldsymbol{u}_{\mathrm{abc}}^{\mathrm{T}}\boldsymbol{i}_{\mathrm{abc}} \tag{5-194}$$

采用恒幅值变换时，d-q-0 坐标系下的瞬时功率可表示为

$$P=\frac{3}{2}u_{\mathrm{dq}}^{\mathrm{T}}i_{\mathrm{dq}} \tag{5-195}$$

将式(5-192)代入式(5-195)，可以得出在 d-q-0 坐标系下详细的功率表达式，即

$$P=\frac{3}{2}R_{\mathrm{s}}(i_{\mathrm{d}}^{2}+i_{\mathrm{q}}^{2})+\frac{3}{2}\left(L_{\mathrm{d}}i_{\mathrm{d}}\frac{\mathrm{d}i_{\mathrm{d}}}{\mathrm{d}t}+L_{\mathrm{q}}i_{\mathrm{q}}\frac{\mathrm{d}i_{\mathrm{q}}}{\mathrm{d}t}\right)+\frac{3}{2}\omega_{\mathrm{e}}[\psi_{\mathrm{f}}i_{\mathrm{q}}+(L_{\mathrm{d}}-L_{\mathrm{q}})i_{\mathrm{d}}i_{\mathrm{q}}] \tag{5-196}$$

式(5-196)右侧第一项对应定子绕组铜耗，第二项对应定子电感储能变化导致的功率波动，第三项对应定子电流和反电势相互作用产生的功率，也是电机输入功率耦合到转子上的功率，即电磁功率 P_{e}。从而，电磁转矩 T_{e} 可记为

$$T_{\mathrm{e}}=\frac{P_{\mathrm{e}}}{\omega_{\mathrm{r}}}=\frac{P_{\mathrm{e}}}{\omega_{\mathrm{e}}/n_{\mathrm{p}}}=\frac{3}{2}n_{\mathrm{p}}[\psi_{\mathrm{f}}+(L_{\mathrm{d}}-L_{\mathrm{q}})i_{\mathrm{d}}]i_{\mathrm{q}} \tag{5-197}$$

式中，ω_{r} 为电机转子机械角速度；n_{p} 为电机极对数。

5.4.2 矢量控制模型及系统

1. 矢量控制策略

永磁同步电机矢量控制系统的基本框图如图 5.17 所示，由转速环与电流环分别构成外环与内环，产生电压信号控制 PWM 信号的生成，从而对电机进行控制。其中，转速环的作用是控制电机的转速，使其能够达到既能调速又能稳速的目的；而电流环的作用在于加快系统的动态调节过程，使得电机定子电流更好地接近给定的电流矢量。

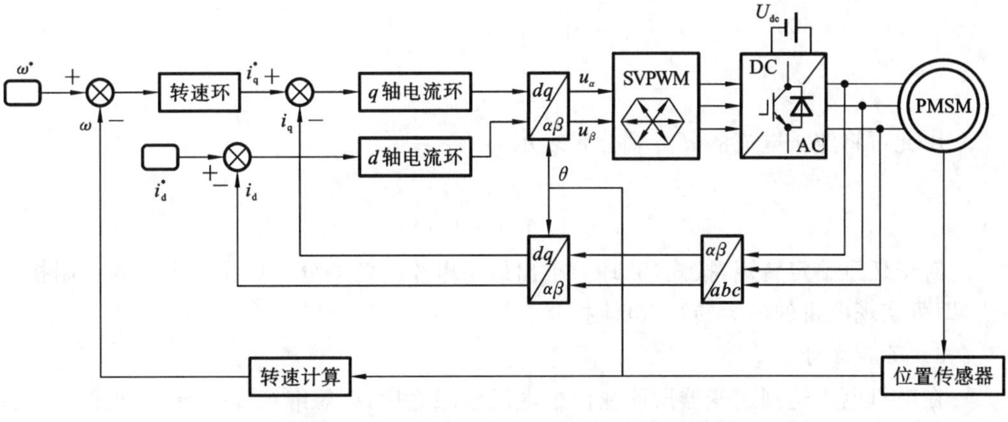

图 5.17 永磁同步电机矢量控制系统基本框图

永磁同步电机的用途不同，其矢量的控制方法也有所不同。可采用的控制方法主要有：$i_{\mathrm{d}}=0$ 控制、$\cos\phi=1$ 控制、恒磁链控制、最大转矩/电流控制、弱磁控制、最大输出功率控制等。不同的控制方法具有不同的优缺点：如 $i_{\mathrm{d}}=0$ 控制最为简单；$\cos\phi=1$ 控制可降低与之匹配的逆变器容量；恒磁链控制可增大电动机的最大输出转矩。

下面就最常用的三种矢量控制方法进行分析。

1) $i_{\mathrm{d}}=0$ 控制

$i_{\mathrm{d}}=0$ 控制，从电动机端口看，相当于一台他励直流电动机，定子电流中只有交轴

分量,且定子磁动势空间矢量与永磁体磁场空间矢量正交,隐极永磁同步电动机转矩中只有永磁转矩分量,而不包含磁阻转矩。

按转子磁链定向并使 $i_d=0$ 的正弦波永磁同步电机调速系统定子电流与转子永磁磁通互相独立(解耦),控制系统简单,转矩定性好,可以获得很宽的调速范围,适用于高性能的数控机床、机器人等场合。

这种控制系统的缺点如下。

(1) 当负载增加时,定子电流增大,由于电枢反应的影响,造成气隙磁链和定子反电动势都加大,迫使定子电压升高。为了保证足够的电源电压,电控装置必须有足够的容量,有效的利用率却很低。

(2) 当负载增加时,定子电压矢量和电流矢量的夹角也会增大,同时电枢反应电抗压降大,使得功率因素降低。

由于上述缺点,这种控制方式只适用于小容量调速系统。

2) 最大转矩/电流控制

最大转矩/电流控制也称为单位电流输出最大转矩的控制,它是凸极永磁同步电机用得较多的一种电流控制策略。

从永磁同步电机的转矩表达式 $T_e=3/2n_p[\psi_f+(L_d-L_q)i_d]i_q$ 可以看出,隐极永磁同步电机的最大转矩/电流控制就是 $i_d=0$ 控制。

采用最大转矩/电流控制时,电机的电流矢量应满足

$$\begin{cases}\dfrac{\partial\left(\dfrac{T_e}{i_s}\right)}{\partial i_d}=0\\ \dfrac{\partial\left(\dfrac{T_e}{i_s}\right)}{\partial i_q}=0\\ i_s=\sqrt{i_d^2+i_q^2}\end{cases}\tag{5-198}$$

由此可将定子电流的 d、q 轴分量表示为

$$\begin{cases}i_d=f_1(T_e)\\ i_q=f_2(T_e)\end{cases}\tag{5-199}$$

对于任意给定转矩,按式(5-199)求出最小电流的两个分量以作为电流的控制指令值,即可实现电机的最大转矩/电流控制。

3) 弱磁控制 $i_d<0$

在电机电压达到逆变器所能输出的电压极限之后,要想继续提高转速,就必须通过调节 i_d 和 i_q 来实现。增加 d 轴去磁电流分量(作为负值励磁电流)和减小 q 轴电流分量,都可以保持电压平衡关系,达到弱磁效果。考虑到电机相电流有一定的极限,增加 i_d 而保持相电流值,就要减小 i_q,因此通常采用增加去磁电流的方法来实现弱磁增速。

但是,由于稀土永磁材料的磁阻很大,利用电枢反映弱磁的方法需要较大的定子电流直轴去磁分量,因此常规的永磁同步电机在弱磁恒功率区运行的效果很差,只有在短期运行时才可以接受。

2. 空间矢量脉宽调制(SVPWM)技术

空间矢量脉宽调制技术是实现矢量控制技术的重要环节。在电机实现变频调速的

控制方法中,PWM 输出是电机控制量在经过了一系列调节后最终向开关器件输出通断信号的部分,是调速系统的最后一个环节,因此对整体系统的性能好坏起到关键作用。SVPWM 技术是产生 PWM 波技术的一种,它具有电压利用率高、谐波成分低、控制功率管开关次数少、功耗小等特点,并且它可以紧密结合矢量算法,以最大限度地发挥设备性能,因此被越来越多的变频调速系统所采用。

图 5.18 所示的是三相电压源逆变器示意图,规定每相桥臂上桥臂导通为 1,下桥臂导通为 0,则三相逆变器导通时共有 8 种开关状态(S_a S_b S_c):(000)、(001)、(010)、(011)、(100)、(101)、(110)、(111)。

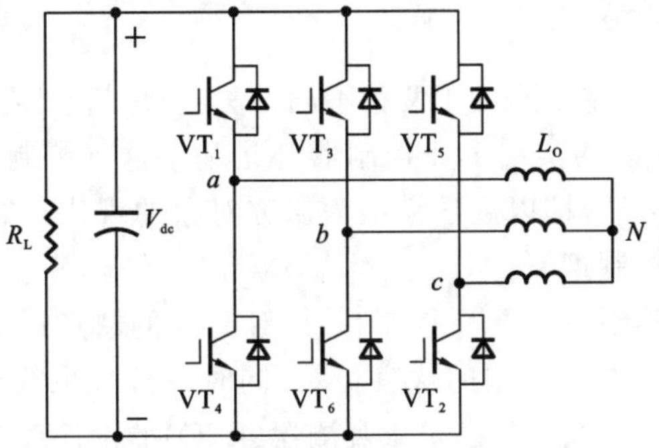

图 5.18 三相电压源逆变器示意图

设直流母线电压为 U_{dc},那么每相的端点电压等于逆变器开关状态(S_a S_b S_c)与直流母线电压的乘积,即

$$\begin{cases} U_a = U_{dc} S_a \\ U_b = U_{dc} S_b \\ U_c = U_{dc} S_c \end{cases} \tag{5-200}$$

假设定子三相绕组为星形连接,则电压空间基本矢量可写为开关状态的形式,即

$$u_s(S_a S_b S_c) = \frac{2}{3}(U_a + \alpha U_b + \alpha^2 U_c) = \frac{2}{3} U_{dc}(S_a + \alpha S_b + \alpha^2 S_c) \tag{5-201}$$

由式(5-201)可知,空间基本矢量幅值为 $2/3U_{dc}$,将 8 种开关状态代入式(5-201)可以得到 8 个电压空间矢量,其中有 6 个基本矢量模长为 $2/3U_{dc}$,另外 2 个对应于(000)和(111)状态。8 个空间矢量的定义如图 5.19 所示。

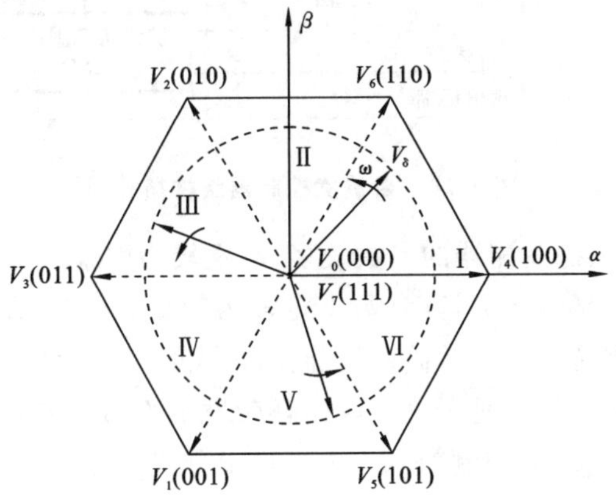

图 5.19 SVPWM **电压矢量示意图**

SVPWM 控制的目标就是要通过控制开关状态的组合,使空间电压矢量 U_s 按设定的参数做圆形旋转。设某个时刻 U_s 转到某个区域,则可由组成这个区域的两个非零矢量 u_1、u_2 分别按对应的作用时间 s_1 与 s_2 组合得到所要求的 U_s 输出,当 s_1 与 s_2 之和小于采样周期 T 时,则插入零矢量 u_0(u_s(000)或 u_s(111)),因此 U_s 矢量可分解为

$$U_s = u_1^* s_1 + u_2^* s_2 + u_0^* (T - s_1 - s_2) \tag{5-202}$$

因此,SVPWM 技术可以通过控制各桥臂的导通与关断来控制电压矢量的大小与方向,从而实现矢量控制。

5.4.3 自抗扰控制器

控制理论发展至今,基本形成了两种不同方法:一是基于误差来消除误差的控制策略,以 PID 调节器为代表的实用工业控制器都是基于这种控制策略实现的;二是基于内部机理描述的控制方法,即以数学模型为研究对象的现代控制理论。自抗扰技术就是典型的基于误差的控制策略。

自抗扰技术是在不断研究 PID 控制,并针对 PID 的缺点提出的一种全新思想。它继承了 PID 不依赖对象数学模型的优良传统,同时自抗扰也改进了 PID 的很多缺陷。自抗扰中最重要的部分非线性状态扩张观测器(ESO)的设计理念是将一切与标准模型相异的未建模部分以及其他不确定因素视为一体,统称为集中扰动(lumped disturbance),并将其扩张为一个独立状态,建立状态观测器进行观测,并对其实时估计补偿即可将控制环路化为积分串联形式。图 5.20 所示的是自抗扰控制器的典型拓扑图,自抗扰控制器包括三个部分:微分跟踪器(TD)、误差反馈控制律(SEF)和非线性扩张状态观测器(ESO)。

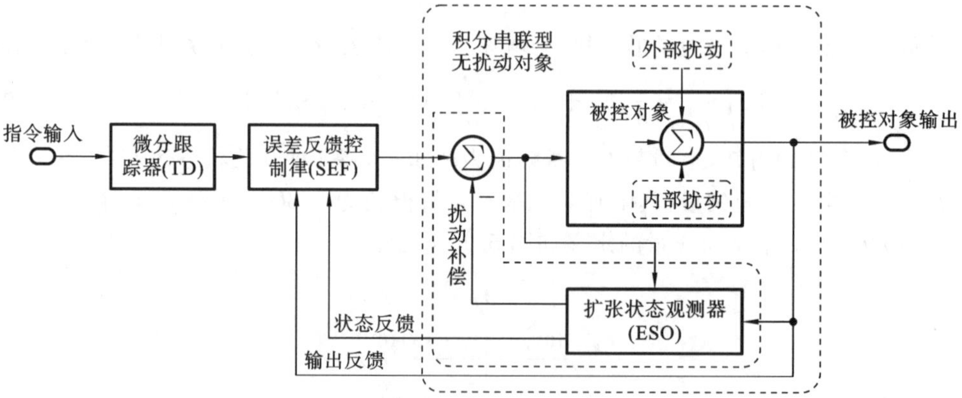

图 5.20 自抗扰控制器结构拓扑图

然而非线性扩张状态观测器的参数较多,整定较为困难。高志强教授将 ESO 简化为线性扩张状态观测器(LESO),其参数整定较为简单,并将 TD 化简为一个一阶微分环节,将误差反馈率化简为一个增益系数,同时也代表了控制环路的闭环带宽。为了进一步简化,一阶微分环节的时间常数可取闭环带宽的倒数。自此诞生了线性自抗扰控制器(LADRC)。LADRC 在控制效果上表现也十分优异,适合工程使用。

1. 转速环 LADRC

由于转速环时间常数较大,也就是说响应较慢,传统 PI 型速度调节器由于给定转

速与初始转速相差过大，往往这是造成超调的主要原因，故在线性自抗扰控制中可以给指令值一个过渡环节让其平缓上升，一般采用如式(5-203)的一阶惯性环节。

$$G(s)=\frac{1}{1+\tau s} \tag{5-203}$$

转速环节微分方程为

$$\frac{\mathrm{d}\omega_{\mathrm{r}}}{\mathrm{d}t}=\frac{1}{J}\left(\frac{3}{2}n_{\mathrm{p}}\psi_{\mathrm{f}}i_{\mathrm{q}}-B\omega_{\mathrm{r}}-T_{\mathrm{L}}\right) \tag{5-204}$$

为了将其化为积分串联系统，可以将其变换为

$$\frac{\mathrm{d}\omega_{\mathrm{r}}}{\mathrm{d}t}=b_0 i_{\mathrm{q}}^{*}+f_{\mathrm{w}} \tag{5-205}$$

式中，f_{w} 为内外总扰动，f_{w} 为

$$f_{\mathrm{w}}=\frac{1}{J}\left(\frac{3}{2}n_{\mathrm{p}}\psi_{\mathrm{f}}i_{\mathrm{q}}-B\omega_{\mathrm{r}}-T_{\mathrm{L}}\right)-b_0 i_{\mathrm{q}}^{*}$$

若能前馈补偿总扰动，则可以实现将系统化为纯积分环节。

令 $x_1=\omega_{\mathrm{r}}\ x_2=f_{\mathrm{w}}\ u=i_{\mathrm{q}}^{*}$，可将式(5-205)化为

$$\begin{cases}\dot{x}=Ax+Bu+Eh\\ y=Cx\end{cases} \tag{5-206}$$

式中，$\boldsymbol{A}=\begin{bmatrix}0 & 1\\ 0 & 0\end{bmatrix}\boldsymbol{B}=\begin{bmatrix}b_0\\ 0\end{bmatrix}\boldsymbol{E}=\begin{bmatrix}0\\ 1\end{bmatrix}h=\dot{f}_{\mathrm{w}}\boldsymbol{C}=[1\quad 0]$。根据式(5-206)可以设计 LESO 为

$$\begin{cases}\dot{z}=Az+Bu+L(y-\hat{y})\\ \hat{y}=Cz\end{cases} \tag{5-207}$$

$$\boldsymbol{L}=(\beta_1\quad \beta_2)^{\mathrm{T}}$$

转速环自抗扰控制器结构拓扑图如图 5.21 所示，z_1、z_2 分别为 x_1、x_2 的估计值。其中误差反馈控制律做线性简化后取直流增益 K_{p}，在干扰前馈后，式(5-205)可化为纯积分环节，即 K_{p} 的大小可决定响应的快慢。但由于干扰估计并不是完全准确的，所以 K_{p} 不能无限大，工程上的参数调整方法为

$$\begin{cases}\beta_1=2\omega_{\mathrm{ov}}\\ \beta_2=\omega_{\mathrm{ov}}\omega_{\mathrm{ov}}\\ K_{\mathrm{p}}=\omega_{\mathrm{cv}}\end{cases} \tag{5-208}$$

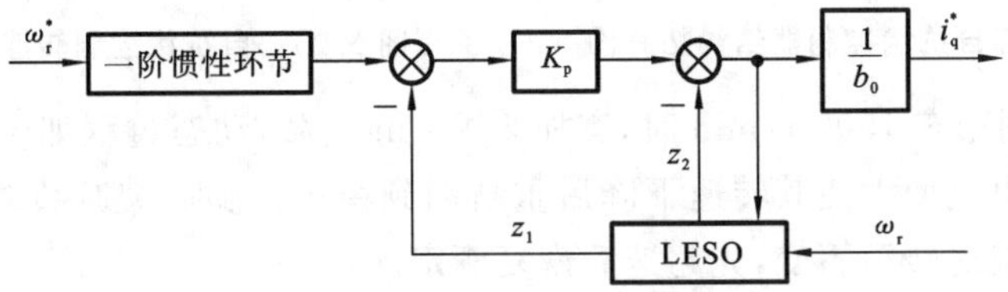

图 5.21　转速环自抗扰控制器结构拓扑图

LESO 的带宽越大，总的扰动收敛速度越快。然而，受系统噪声和采样频率的限制一般取 $\omega_{\mathrm{ov}}=5\sim10\omega_{\mathrm{cv}}$。

2. 电流环 LADRC

电流环作为 PMSM 的内环，受到的外部干扰较小，其主要受内部参数不确定性的

影响,如定子电阻的变化和反电动势模型的变化。以 q 轴为例将电流方程变换为

$$\frac{\mathrm{d}i_q}{\mathrm{d}t}=-\frac{R}{L_q}i_q-\frac{P_n\psi_f}{L_d}\omega_r+\frac{u_q}{L_q}=f_{iq}+b_0u_q^* \tag{5-209}$$

式中,

$$f_{iq}=-\frac{R}{L_q}i_q-\frac{P_n\psi_f}{L_d}\omega_r+\frac{u_q}{L_q}-\frac{u_q^*}{L_q}$$

为电流环的总干扰。令 $x_1=i_q$ $x_2=f_{iq}$ $u=u_q^*$,将式(5-209)化为

$$\begin{cases}\dot{x}=Ax+Bu+Eh\\ y=Cx\end{cases} \tag{5-210}$$

式中,$\boldsymbol{A}=\begin{bmatrix}0&1\\0&0\end{bmatrix}\boldsymbol{B}=\begin{bmatrix}b_0\\0\end{bmatrix}\boldsymbol{E}=\begin{bmatrix}0\\1\end{bmatrix}h=\dot{f}_{iq}C=[1\quad 0]$。根据式(5-210)可以将 LESO 设计为

$$\begin{cases}\dot{z}=Az+Bu+\boldsymbol{L}(y-\hat{y})\\ \hat{y}=Cz\end{cases} \tag{5-211}$$

$$\boldsymbol{L}=(\beta_1\quad\beta_2)^{\mathrm{T}}$$

z_1、z_2 分别为 x_1、x_2 的估计值,因为电响应速度远高于机械响应速度,故在电流环可以省去微分跟踪器环节。q 轴电流环 LADRC 结构拓扑图如图 5.22 所示。

q 轴电流环 LADRC 内部参数选择与转速环 LADRC 参数选择方法一致,工程上由于转速环响应较慢,电流环响应较快,故一般取电流环带宽为转速环带宽的 5 至 10 倍。

3. 自抗扰控制仿真

转速环、电流环皆采用 LADRC,空载起动时的各变量变化如图 5.23 和图 5.24 所示。0.2 s 内为电机的起动过程,q 轴电流增大,转矩增大,使电机加速,达到额定转速 1500 r/min 后,d、q 轴电流降为 0,U_q 输出维持高转速。

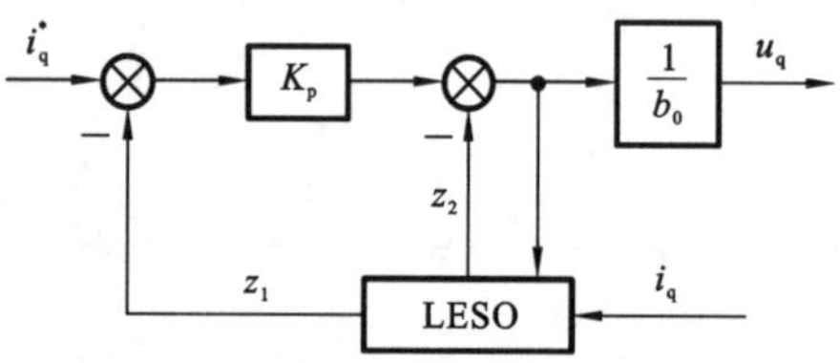

图 5.22 电流环自抗扰控制器结构拓扑图

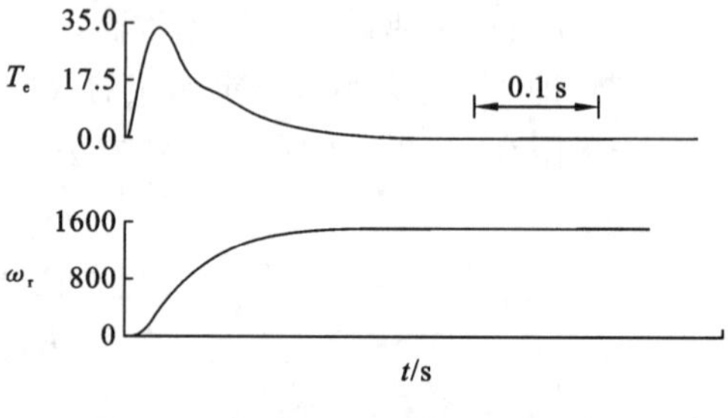

图 5.23 自抗扰控制转速与转矩变化

当转速达到稳态 1500 r/min 时,突加 5 N·m 负载,动态过程如图 5.25 所示。突加负载后,q 轴电流增大使其转速下降后重新回到稳态。随后突减负载,q 轴电流调节到 0,转速由于瞬时转矩不变,先超速后恢复额定。

状态观测器估计的误差信号如图 5.26 所示。可见所估计的误差与各变量的动态响应形状一致,在经过系数处理后可认为其基本估计出负载突变引起的扰动。补偿扰动后即可将环路等效为积分环节获得更优的控制效果。

5.4.4 滑模变结构控制器

随着运动控制与现代控制理论的发展,一些非线性控制方法的应用在不同方面、不

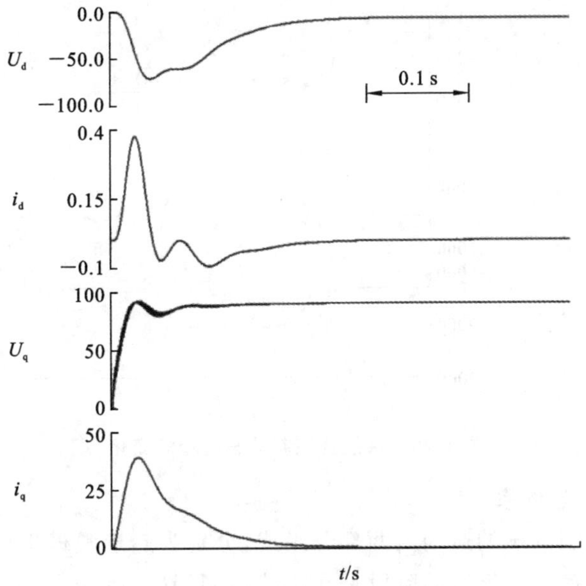

图 5.24 自抗扰控制起动性能

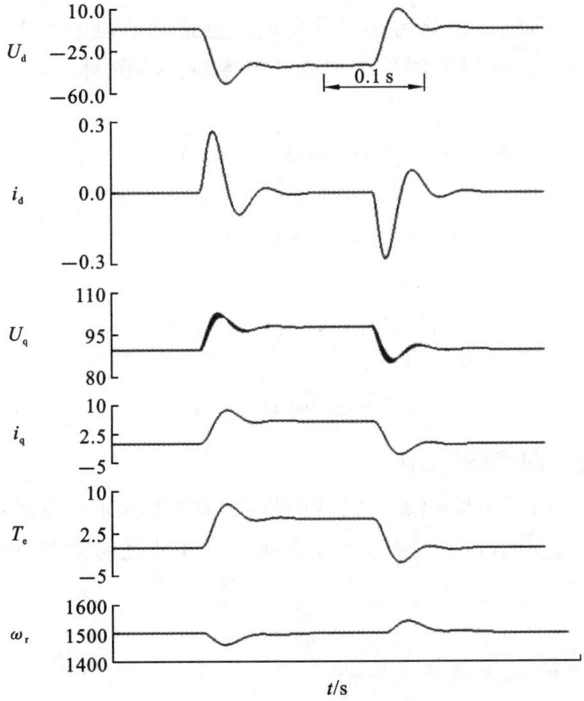

图 5.25 自抗扰控制动态变化过程

同程度地改善了永磁同步电机驱动系统的控制性能。其中滑模变结构控制系统的结构是根据系统状态变化而实时变化的，从而迫使状态变量进入预先设定好的滑动模态直至运行到原点。该滑动模态与控制系统参数摄动和外部扰动无关，具有强鲁棒性的特点。因此将滑模变结构控制理论应用于永磁同步电机控制系统而成为电机驱动控制系统研究的一个热点。

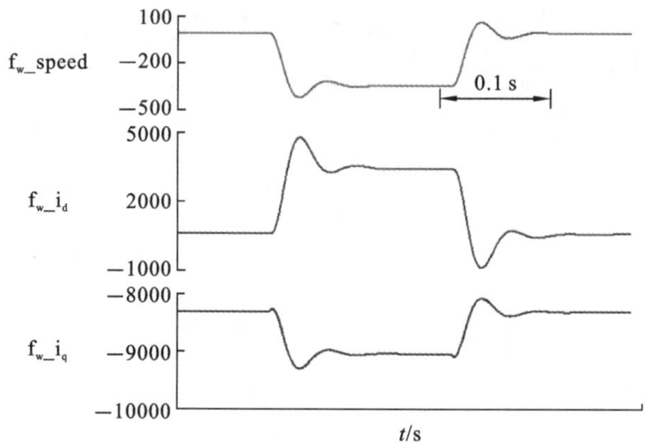

图 5.26 自抗扰控制转速与转矩变化

1. 滑模变结构趋近率

滑模变结构控制系统的运动由两部分组成,分别为趋近滑模平面的趋近运动和沿滑模平面的滑模运动。趋近运动阶段是在连续控制函数 $u=u^{+}(x)$ 或 $u=u^{-}(x)$ 的控制下运行的。而一般的滑模变结构控制仅要求控制系统能够趋近滑模平面并满足滑模稳定性条件,这不能反映以何种方式趋近滑模平面,而趋近率可以保证控制系统在滑模趋近运动阶段的动态品质。因此为了改善滑模趋近运动阶段的动态品质与滑模抖振抑制效果,可以采用趋近率进行控制。常用的趋近率有以下几种。

1) 等速趋近率

$$\dot{s}=-\varepsilon \operatorname{sgn}(s)\quad(\varepsilon>0) \tag{5-212}$$

2) 指数趋近率

$$\dot{s}=-\varepsilon \operatorname{sgn}(s)-qs\quad(\varepsilon,q>0) \tag{5-213}$$

3) 幂次趋近率

$$\dot{s}=-q|s|^{\alpha}\operatorname{sgn}(s)\quad(q>0,0<\alpha<1) \tag{5-214}$$

4) 一般趋近率

$$\dot{s}=-\varepsilon \operatorname{sgn}(s)-f(s) \tag{5-215}$$

2. 转速环滑模控制器(SMC)

速度控制器设计的基本原则是所设计的控制器能够保证永磁同步电机的实际运行速度,准确跟踪速度给定值,当有内部参数摄动或是外部扰动存在时也不例外。

定义速度跟踪误差为

$$e=\omega_{\text{ref}}-\omega$$

式中,ω_{ref} 为速度参考值;ω 为速度实际值。

利用趋近率设计滑模控制器的基本步骤是首先设计合适的滑模切换面,然后在滑模趋近率基础上设计滑模控制输出。

设计滑模切换面为

$$S=e=\omega_{\text{ref}}-\omega \tag{5-216}$$

对滑模切换面求微分,得

$$\frac{\mathrm{d}S}{\mathrm{d}t}=\frac{\mathrm{d}\omega_{\text{ref}}}{\mathrm{d}t}-\frac{\mathrm{d}\omega}{\mathrm{d}t} \tag{5-217}$$

由永磁同步电机的机械运动方程与电磁转矩方程可以得到

$$\frac{d\omega}{dt}=\frac{3n_p^2}{2J}\psi_f i_q-\frac{n_p}{J}B\omega-\frac{n_p}{J}T_L \tag{5-218}$$

结合式(5-217)与式(5-218)可以得到

$$\frac{dS}{dt}=\frac{d\omega_{ref}}{dt}-\frac{3n_p^2}{2J}\psi_f i_q+\frac{n_p}{J}B\omega+\frac{n_p}{J}T_L \tag{5-219}$$

设使用的趋近率为 $dS/dt=f(S)$，则由式(5-219)可以得到系统的控制输出为

$$i_q^*=\frac{2J}{3n_p^2\psi_f}\left[\frac{d\omega_{ref}}{dt}+\frac{n_p}{J}B\omega+\frac{n_p}{J}T_L+f(S)\right] \tag{5-220}$$

3. 电流环滑模控制器

永磁同步电机电流控制器的设计目标是电机实际电流能够准确跟踪电流指令，输出平滑的电压控制量。该电流控制器包括交轴电流控制器与直轴电流控制器两部分，以 q 轴电流控制器为例。

定义交轴误差为 $e_q=i_q^*-i_q$，并选取滑模面为

$$S_q=e_q=i_q^*-i_q \tag{5-221}$$

对滑模切换面求微分，得

$$\frac{dS_q}{dt}=\frac{di_q^*}{dt}-\frac{di_q}{dt} \tag{5-222}$$

由永磁同步电机的电压方程可得

$$\frac{di_q}{dt}=\frac{1}{L_q}(u_q-R_s i_q-\omega L_d i_d-\omega\psi_f) \tag{5-223}$$

结合式(5-222)与式(5-223)可以得到

$$\frac{dS_q}{dt}=\frac{di_q^*}{dt}-\frac{1}{L_q}(u_q-R_s i_q-\omega L_d i_d-\omega\psi_f) \tag{5-224}$$

设使用的趋近率为 $dS_q/dt=g(S_q)$，则由式(5-224)可以得到控制器输出为

$$u_q^*=L_q\frac{di_q^*}{dt}+R_s i_q+\omega L_d i_d+\omega\psi_f+L_q g(S_q) \tag{5-225}$$

4. 滑模控制仿真

转速环、电流环皆采用滑模控制器，空载起动时的各变量变化如图 5.27 和图 5.28 所示。

0.3 s 内为电机的起动过程，q 轴电流增大，转矩增大，使电机加速，达到额定转速 1500 r/min 后，d、q 轴电流降为 0，U_q 输出维持高转速。与 LADRC 相比较，由于滑模本身的特性，各变量均含高频谐波。

当转速达到稳态 1500 r/min 时，突加 5 N・m 负载，动态过程如图 5.29 所示。突加负载后，q 轴电流增大使其转速下降后重新回到稳态。随后突减负载，q 轴电流调节到 0，转速由于瞬时转矩不变，先超速后恢复额定。与 LADRC 相对比，控制量所含谐波颇多，此为滑模控制的缺点，但因为滑模控制的开关函数性质使得滑模对参数变化不敏感，鲁棒性更强。

改变电机参数再次进行仿真，结果如图 5.30 所示。动态性能与原参数基本一致，针对易饱和的电机及大电流应用场景，滑模控制具有更大的优势，可以保证控制的稳定性。

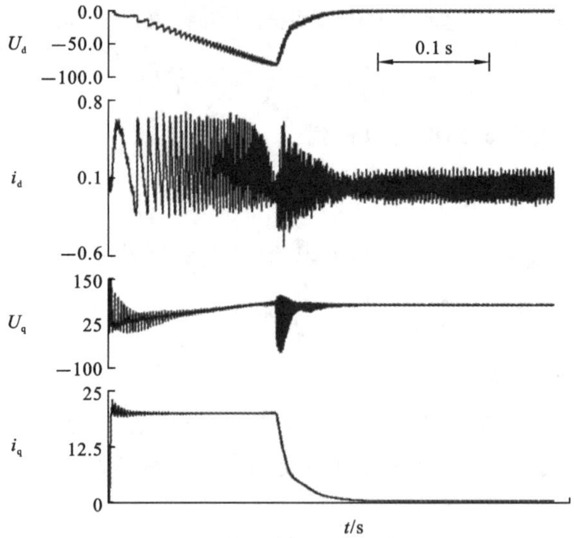

图 5.27　滑模控制起动性能

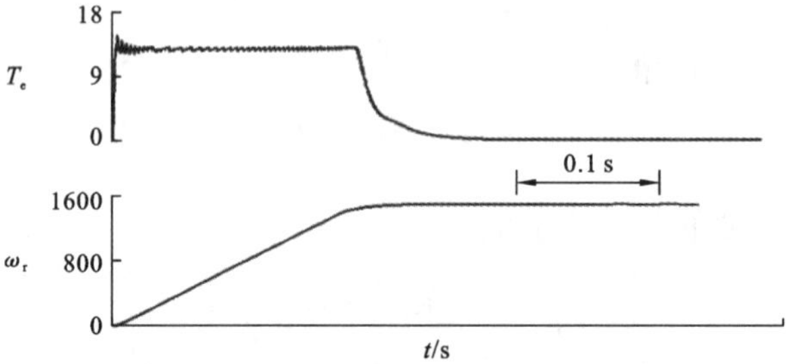

图 5.28　滑模控制转矩与转速变化

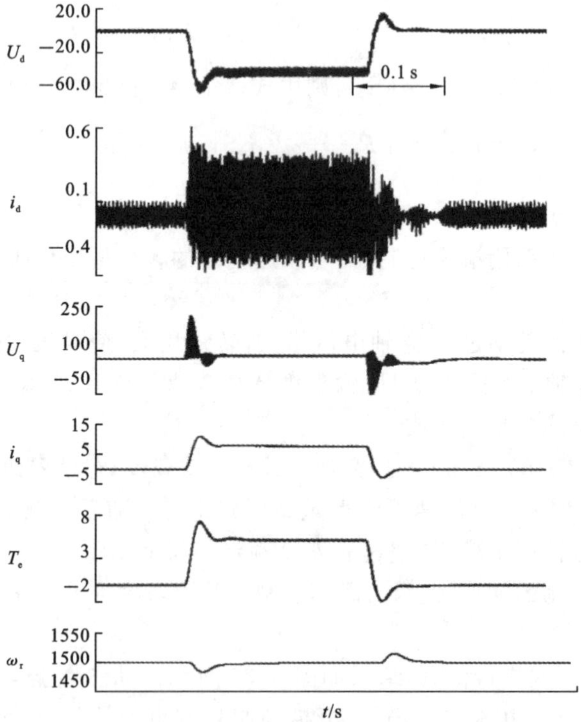

图 5.29　滑模控制动态过程

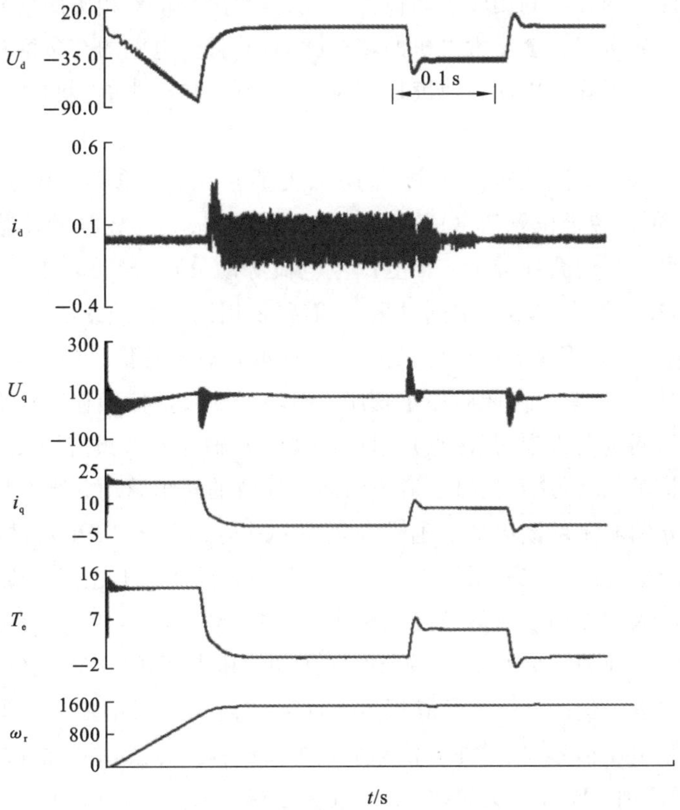

图 5.30 变参数滑模控制动态过程

5.5 永磁同步电机的无位置控制系统

根据转速和转子位置反馈信息的来源，可以将永磁同步电机的控制方式分为有位置传感器控制和无位置传感器控制两种。精确的转子位置信息是实现 PMSM 高性能控制的关键。

传统方案依赖安装于电机轴端的位置传感器以获取转子位置信息，这不仅增加了系统成本和复杂度，而且位置传感器采用弱电信号进行信号传输，如果在某些场合下线缆较长会导致信号受到极大的干扰而产生位置检测误差，同时由于传感器本身的特性，对安装精度和工况环境的要求很高，在恶劣环境下这些特性都会降低运行可靠性。

由于这些问题，具备低成本、高可靠的 PMSM 无位置传感器控制技术正得到越来越多的关注和研究。现阶段无位置传感器控制的永磁同步电机在家用电器、工业传动、电动汽车、国防航天等领域也有着日渐广泛的应用。

5.5.1 无位置控制研究现状

目前来说，永磁同步电机无传感器控制算法主要分为高频信号注入和基于反电势或磁链检测的方法。这两种方法由于其不同的原理适用于不同的工况，基于反电势或磁链的方法适用于中高速运行，而低速时这种方法的信噪比变小，其控制效果也会变差。高频信号注入的方法利用转子凸极性,可以提取出与位置相关的信号进行处理,但是其注入的信号或多或少会增大电机的转矩脉动,并且受电感的交叉饱和效应影响,位置观测精度会显著下降。因此在速度提高时,基于反电势或磁链检测的方法仍为首选。

在低速区,高频注入常用的有三种注入方式:高频旋转正弦注入、高频脉振正弦注入和高频方波注入。高频旋转正弦注入的优点是直接在静止参照系中注入高频旋转信号,因此不需要预估转子位置信息;其缺点是对转子凸极具有较强的依赖性,且高频旋转矢量注入不可避免地会在转子 q 轴上产生电流脉动分量,导致转矩脉动和较多的高频损耗。此外,在位置误差信号解耦过程中,需要采用同步参照系滤波器(synchronous reference frame filter, SRFF)经两次坐标变换提取含有位置信息的高频电流响应负序分量,实现过程较为复杂。高频脉振正弦注入对转子凸极性依赖程度较小,可以成功应用至表贴式永磁同步电机中,其优点是通过在观测 d 轴注入高频信号,因此 q 轴中电流脉动分量较小且可忽略,这不仅可以避免因注入导致的转矩脉动和高频损耗;更为重要的是可以省略 q 轴电流反馈中的低通滤波器(low-pass filter, LPF),进而可以提高永磁同步电机无位置传感器控制系统电流环带宽和动态性能。上述高频旋转正弦注入和高频脉振正弦注入均采用正弦信号注入形式,其注入频率相对较低,通常为几百赫兹,最高可达到 PWM 开关频率的 1/6,较低的注入频率限制了 PMSM 无位置传感器控制系统动态性能的进一步提升。高频脉振方波注入与高频脉振正弦注入类似,也是在观测 d 轴注入高频电压信号,但是注入信号形式为高频脉振方波,并且能够实现更高的注入频率(最高可达到 PWM 开关频率,采用双更新模式)。该方法不仅有利于削弱高频噪声,更为重要的是由于信号频段较高,可以实现更高的动态响应能力。

基于反电势检测的方法及其模型包括扩展反电动势法、等效反电势法等。基于磁链检测的方法及其模型包括转子磁链法、有效磁链法等。这些模型通常利用现代控制理论的方式,从模型中观测转子位置相关的量,包括模型参考自适应、滑模观测器、扩展卡尔曼滤波、扩张状态观测器等。滑模观测器是一种非线性观测器,由于其有限时间收敛的特性被大量应用,然而这种有限时间收敛特性得益于开关反馈函数的无穷增益特性。开关函数也同时引入了滑模观测器的抖振问题,为了抑制抖振问题,很多文献采用了较为直接的方法,即通过滤波器来滤除观测值,然而这种滤波器在数字控制系统中,其频率特性会发生严重畸变,造成观测器效果的下降甚至不稳定。还有一些方法采用一些低增益的函数代替开关函数,以减小抖振,如 sigmod 函数和饱和函数。使用了低增益函数的滑模观测器失去了滑模观测器原有的无穷增益特性,不能保证有限时间收敛。还有一些方法使用高阶滑模来减小抖振,最常用的就是二阶超螺旋滑模,将开关函数项的积分输出作为观测值,这种方法同样不能保证观测器是有限时间收敛的。

近年来,扩张状态观测器在无传感器控制领域显示出广阔的前景。扩张状态观测器源自自抗扰控制,由韩京清提出,扩张状态观测器可以估计所有的状态和扰动,并且只需要相对较少的模型信息。扩张状态观测器的主要思想是将未知的内部和外部干扰视为集总干扰,然后将其表述为估计的扩张状态。在这种情况下,由参数变化、采样误差和其他未知干扰引起的所有干扰都被合并到集总扰动中,从而保证观测器具有很高的鲁棒性。扩张状态观测器分为线性扩张状态观测器和非线性扩张状态观测器,非线性扩张状态观测器具有“大误差，小增益”的特性，因此具有更强的鲁棒性和动态响应速度。然而非线性扩张状态观测器的参数较多，整定较为困难。线性扩张状态观测器参数整定较为简单，目前常用的是带宽法，由高志强教授提出。

5.5.2 基于高频注入的低速区无位置控制

永磁同步电机数学模型为

$$\begin{bmatrix} u_d \\ u_q \end{bmatrix}=\begin{bmatrix} R_s+L_d\mathrm{p} & -\omega_e L_q \\ \omega_e L_d & R_s+L_q\mathrm{p} \end{bmatrix}\begin{bmatrix} i_d \\ i_q \end{bmatrix}+\begin{bmatrix} 0 \\ \omega_e\psi_f \end{bmatrix} \tag{5-226}$$

采用双采样双更新策略，注入的高频信号频率可以达到开关频率，此时可以忽略定子电阻压降与反电势，因此式(5-226)可简化为

$$\begin{bmatrix} u_d \\ u_q \end{bmatrix}=\begin{bmatrix} L_d\mathrm{p} & 0 \\ 0 & L_q\mathrm{p} \end{bmatrix}\begin{bmatrix} i_d \\ i_q \end{bmatrix} \tag{5-227}$$

双采样双更新策略示意图如图 5.31 所示。在一个 PWM 周期内执行两次采样，$k-1$ 时刻更新 $k-2$ 时刻所计算的开关信号且在 d 轴注入正的高频方波信号，并进行采样计算。k 时刻更新 $k-1$ 时刻所计算的开关信号且在 d 轴注入正的高频方波信号，并进行采样计算。

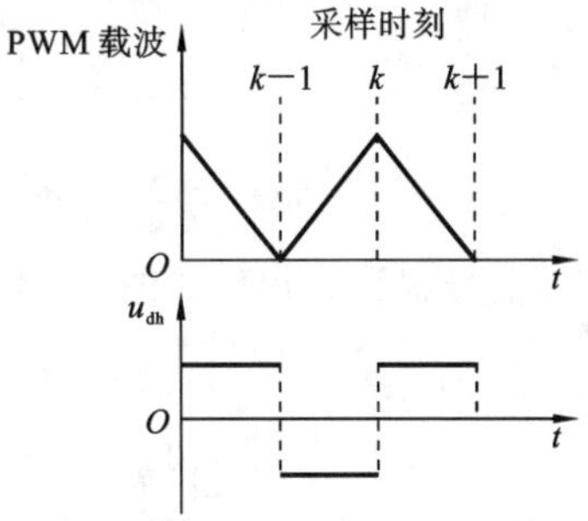

图 5.31 双采样双更新策略示意图

由于注入方波信号频率远高于基波运行频率，因此，在相邻采样时刻可认为基波电流信号保持恒定；因为注入方波电压信号具有正负半周对称形式，且模型已经简化为纯电感形式，则高频电流波形如图 5.32 所示（i_{df}和 i_{qf}都为基频电流，i_{dh}为高频响应电流）。

根据电流波形可以设计电流低频信号与高频信号分离方法如图 5.33 所示。

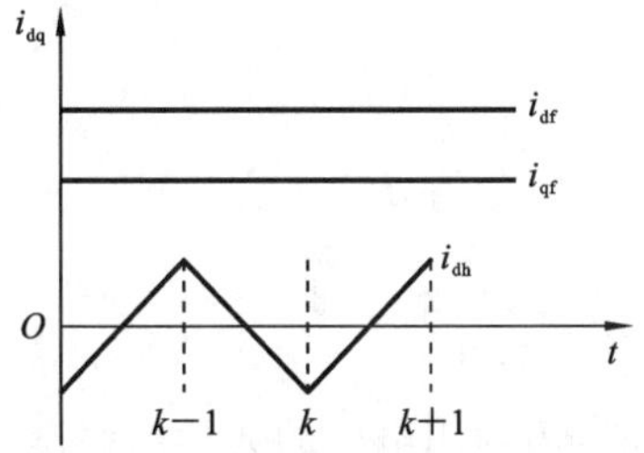

图5.32 三个采样间隔范围内电流波形

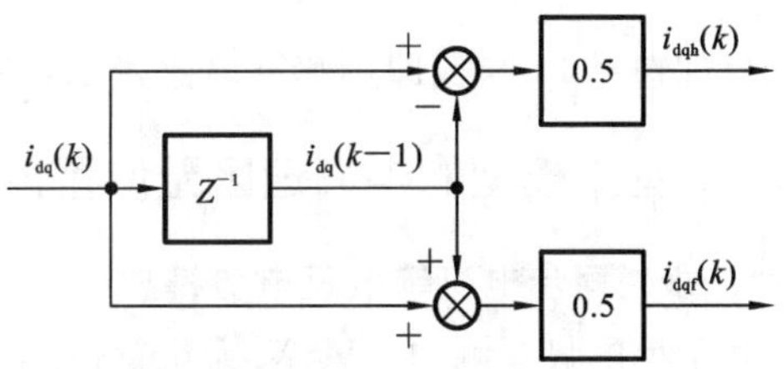

图 5.33 高频与基波信号提取方式

在估计坐标系 $\gamma\delta$ 中注入如下形式的高频电压：

$$\begin{bmatrix} u_{\gamma h} \\ u_{\delta h} \end{bmatrix}=\begin{bmatrix} U_{inj}f(n) \\ 0 \end{bmatrix} \tag{5-228}$$

式中，$f(n)=(-1)^k$，k 为采样时刻。

定义两相静止参照系至两相旋转参照系的变换矩阵为

$$\boldsymbol{R}(\theta_e)=\boldsymbol{C}_{2s\to 2r}=\begin{bmatrix} \cos\theta_e & \sin\theta_e \\ -\sin\theta_e & \cos\theta_e \end{bmatrix} \tag{5-229}$$

则可推导注入高频电压后的电流响应：

$$\tilde{\theta}_e=\theta_e-\hat{\theta}_e$$

$$\boldsymbol{R}(\tilde{\theta}_e)\begin{bmatrix}u_{\gamma h}\\u_{\delta h}\end{bmatrix}=\begin{bmatrix}L_d & 0\\0 & L_q\end{bmatrix}p\boldsymbol{R}(\theta_e)\begin{bmatrix}i_{\alpha h}\\i_{\beta h}\end{bmatrix}$$

$$\downarrow \tag{5-230}$$

$$\begin{bmatrix}pi_{\alpha h}\\pi_{\beta h}\end{bmatrix}=\boldsymbol{R}^{-1}(\theta_e)\begin{bmatrix}\dfrac{1}{L_d} & 0\\0 & \dfrac{1}{L_q}\end{bmatrix}\boldsymbol{R}(\tilde{\theta}_e)\begin{bmatrix}u_{\gamma h}\\u_{\delta h}\end{bmatrix}=u_{\gamma h}\begin{bmatrix}\dfrac{\cos\theta_e\cos\tilde{\theta}_e}{L_d}+\dfrac{\sin\theta_e\sin\tilde{\theta}_e}{L_q}\\\dfrac{\sin\theta_e\cos\tilde{\theta}_e}{L_d}-\dfrac{\cos\theta_e\sin\tilde{\theta}_e}{L_q}\end{bmatrix}$$

高频信号经提取后,可进行前后时刻采样值相差再除以采样时间,即可得到电流的导数,故两次采样时刻电流的差值可表示为

$$\begin{cases}\Delta i_{\alpha h}=\dfrac{u_{\gamma h}\Delta T}{L_dL_q}[L_{avg}\cos\hat{\theta}_e-L_{dif}\cos(\theta_e+\tilde{\theta}_e)]\\\Delta i_{\beta h}=\dfrac{u_{\gamma h}\Delta T}{L_dL_q}[L_{avg}\sin\hat{\theta}_e-L_{dif}\sin(\theta_e+\tilde{\theta}_e)]\end{cases} \tag{5-231}$$

$$L_{avg}=(L_d+L_q)/2L_{avg}=(L_d-L_q)/2$$

$$\varepsilon=\Delta i_{\beta h}\cos\hat{\theta}_e-\Delta i_{\alpha h}\sin\hat{\theta}_e=\frac{u_{\gamma h}\Delta T}{L_dL_q}L_{dif}\sin2(\hat{\theta}_e-\theta_e) \tag{5-232}$$

信号解算锁相环如图 5.34 所示。

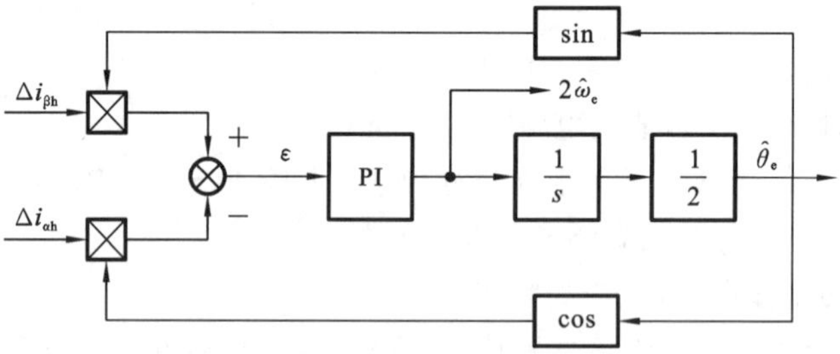

图 5.34 信号解算锁相环

合理选择 PI 参数即可解算出位置及转速信号。

5.5.3 基于模型的中高速区无位置控制

1. 永磁同步电机等效反电势模型

基于反电势观测的 PMSM 无位置传感器控制策略,需利用电机的数学模型设计反电势观测器,并依据当前电压、电流等状态信息估算反电势。该类方法既可建立在旋转 d-q-0 参照系下,亦可建立在静止 α-β-0 参照系下,本章的研究将基于 α-β-0 参照系。

PMSM 电压方程重写为

$$u_{\alpha\beta}=R_si_{\alpha\beta}+p(\boldsymbol{L}_{\alpha\beta}i_{\alpha\beta})+\boldsymbol{e}_{\alpha\beta} \tag{5-233}$$

式中,e_α、e_β 都为反电势,即

$$\boldsymbol{e}_{\alpha\beta}=[e_\alpha \quad e_\beta]^T=\omega_e\psi_f[-\sin\theta_e \quad \cos\theta_e]^T$$

$\boldsymbol{L}_{\alpha\beta}$ 为电感矩阵,即

$$\boldsymbol{L}_{\alpha\beta}=\begin{bmatrix}L_{\alpha\alpha} & L_{\alpha\beta}\\L_{\beta\alpha} & L_{\beta\beta}\end{bmatrix}=\begin{bmatrix}L_0+L_1\cos(2\theta_e) & L_1\sin(2\theta_e)\\L_1\sin(2\theta_e) & L_0-L_1\cos(2\theta_e)\end{bmatrix}$$

对于 SPMSM，$L_0=L_s$，$L_1=0$，故电压方程可简化为

$$u_{\alpha\beta}=R_s i_{\alpha\beta}+L_s \mathrm{p} i_{\alpha\beta}+e_{\alpha\beta} \tag{5-234}$$

由于 SPMSM 的电感矩阵是常数，故转子位置信息 θ_e 仅存在于反电势矢量 $\boldsymbol{e}_{\alpha\beta}$ 内，而电压方程的其他项均与 θ_e 无关。于是，根据电流、电压等已知信息，可轻松构建状态观测器对反电势进行估计，以获取转子位置信息。然而，对于 IPMSM，$L_1\neq0$，$\boldsymbol{L}_{\alpha\beta}$ 包含时变参数 θ_e，故电压方程不再属于线性定常方程，此时如果直接仿照线性定常系统设计观测器，由于状态系数是时变的，若 θ_e 估计误差过大，则系统将存在失稳风险。因此，直接套用式(5-233)设计 IPMSM 反电势观测器可行性较差。为解决 IPMSM 无位置传感器控制的建模难题，J. Liu 提出“等效反电势”(equivalent back-EMF)思想，该思想在借助有效磁链(active flux)理论的基础上，将 α-β-0 参照系下 IPMSM 电压方程转换成类似于 SPMSM 的形式，消除了电感矩阵的时变特性，实现了凸极电机模型的“隐极化”，从而方便反电势观测器设计。下文给出等效反电势具体推导步骤。

首先，列写出 IPMSM 在 d-q-0 参照系下的电压方程为

$$\begin{bmatrix}u_d\\u_q\end{bmatrix}=\begin{bmatrix}R_s+L_d\mathrm{p} & -\omega_e L_q\\ \omega_e L_d & R_s+L_q\mathrm{p}\end{bmatrix}\begin{bmatrix}i_d\\i_q\end{bmatrix}+\begin{bmatrix}0\\ \omega_e\psi_f\end{bmatrix} \tag{5-235}$$

分离阻抗矩阵中的 L_d，式(5-235)则变为

$$\begin{bmatrix}u_d\\u_q\end{bmatrix}=\begin{bmatrix}R_s+L_q\mathrm{p} & -\omega_e L_q\\ \omega_e L_q & R_s+L_q\mathrm{p}\end{bmatrix}\begin{bmatrix}i_d\\i_q\end{bmatrix}+\begin{bmatrix}(L_d-L_q)\mathrm{p}i_d\\(L_d-L_q)\omega_e\mathrm{p}i_d\end{bmatrix}+\begin{bmatrix}0\\ \omega_e\psi_f\end{bmatrix} \tag{5-236}$$

对式(5-236)进行 Park 反变换，得到

$$\begin{bmatrix}u_\alpha\\u_\beta\end{bmatrix}=\begin{bmatrix}R_s+L_q\mathrm{p} & 0\\ 0 & R_s+L_q\mathrm{p}\end{bmatrix}\begin{bmatrix}i_\alpha\\i_\beta\end{bmatrix}+\mathrm{p}\left\{[(L_d-L_q)i_d+\psi_f]\begin{bmatrix}\cos\theta_e\\ \sin\theta_e\end{bmatrix}\right\} \tag{5-237}$$

定义有效磁链为

$$\boldsymbol{\psi}_{\alpha\beta}^a=\begin{bmatrix}\psi_\alpha^a\\ \psi_\beta^a\end{bmatrix}=[(L_d-L_q)i_d+\psi_f]\begin{bmatrix}\cos\theta_e\\ \sin\theta_e\end{bmatrix} \tag{5-238}$$

定义有效磁链的微分为等效反电势，即

$$\boldsymbol{e}_{\alpha\beta}^a=\mathrm{p}\boldsymbol{\psi}_{\alpha\beta}^a=(L_d-L_q)\begin{bmatrix}\cos\theta_e\\ \sin\theta_e\end{bmatrix}\mathrm{p}i_d+\omega_e[(L_d-L_q)i_d+\psi_f]\begin{bmatrix}-\sin\theta_e\\ \cos\theta_e\end{bmatrix} \tag{5-239}$$

考虑到无位置传感器控制算法一般应用于中高速场合，$\omega_e[(L_d-L_q)i_d+\psi_f]$ 显著大于 $(L_d-L_q)\mathrm{p}i_d$，因此 $\boldsymbol{e}_{\alpha\beta}^a$ 右式第一项对整体影响有限。于是，式(5-239)可简化为

$$\boldsymbol{e}_{\alpha\beta}^a=\omega_e[(L_d-L_q)i_d+\psi_f]\begin{bmatrix}-\sin\theta_e\\ \cos\theta_e\end{bmatrix} \tag{5-240}$$

可见，等效反电势依然包含转子位置信息，且相位互差 90°，可用于提取位置信号。进一步，IPMSM 在 α-β-0 参照系下的电压方程可变换为

$$\begin{bmatrix}u_\alpha\\u_\beta\end{bmatrix}=\begin{bmatrix}R_s+L_q\mathrm{p} & 0\\ 0 & R_s+L_q\mathrm{p}\end{bmatrix}\begin{bmatrix}i_\alpha\\i_\beta\end{bmatrix}+\begin{bmatrix}e_\alpha^a\\e_\beta^a\end{bmatrix} \tag{5-241}$$

可见，变换后的 IPMSM 电压方程，其电感矩阵不再包含转子位置信息，α-β 轴电压方程也不存在耦合关系，利于观测器设计。同时，该电感矩阵和 SPMSM 的电感矩阵十分类似，仅是将 L_s 替换为 L_q，这意味着实现了凸极电机模型的隐极化。基于该特点，现有的针对 SPMSM 的无位置传感器算法不必进行过多改动，即可直接套用在 IPMSM

上,极大地拓展了无传感器控制的应用范围。

2. 反电势模型信息提取

由上述分析可知,具备凸极性的 IPMSM,其 α-β 轴电压方程在通过适当变换后,依然可以隐极化。为简化过程,本节将以 SPMSM 为研究对象展开对反电势观测器的设计与分析,相关方法同样适用于 IPMSM。

1) 基于扩张状态观测器的反电势估计

根据式(5-233),以电流为状态变量,列写出的 SPMSM 状态方程为

$$\dot{\boldsymbol{i}}_{\alpha\beta}=-\frac{R_s}{L_s}\boldsymbol{i}_{\alpha\beta}+\frac{1}{L_s}\boldsymbol{u}_{\alpha\beta}-\frac{1}{L_s}\boldsymbol{e}_{\alpha\beta} \tag{5-242}$$

根据自抗扰控制器的设计思想,电压 $\boldsymbol{u}_{\alpha\beta}$ 在状态方程中处于系统输入的位置,而电流 $\boldsymbol{i}_{\alpha\beta}$ 和反电势 $\boldsymbol{e}_{\alpha\beta}$ 则分别处于已知扰动和未知扰动的位置。于是,可定义

$$\begin{cases}b_0\boldsymbol{u}=\dfrac{\boldsymbol{u}_{\alpha\beta}}{L_s}\\ \boldsymbol{f}_0=-\dfrac{R_s\boldsymbol{i}_{\alpha\beta}}{L_s}\\ \boldsymbol{f}_1=-\dfrac{\boldsymbol{e}_{\alpha\beta}}{L_s}\end{cases} \tag{5-243}$$

式中,b_0 为特性增益,$b_0=1/L_s$;$\boldsymbol{f}_0$ 为已知扰动矢量,$\boldsymbol{f}_0=[f_{0\alpha}\quad f_{0\beta}]^{\mathrm{T}}$;$\boldsymbol{f}_1$ 为未知扰动矢量,$\boldsymbol{f}_1=[f_{1\alpha}\quad f_{1\beta}]^{\mathrm{T}}$。

将未知扰动扩张为新的状态,令 $\boldsymbol{x}_1=\boldsymbol{i}_{\alpha\beta}$,$\boldsymbol{x}_2=\boldsymbol{f}_1$,式(5-243)可重写为如下标准形式:

$$\begin{cases}\dot{\boldsymbol{x}}_1=\boldsymbol{x}_2+\boldsymbol{f}_0+\boldsymbol{f}_1+b_0\boldsymbol{u}\\ \dot{\boldsymbol{x}}_2=\dot{\boldsymbol{f}}_1\end{cases} \tag{5-244}$$

从而,设计如下 ESO,对未知扰动 f_1 进行估计,有

$$\begin{cases}\boldsymbol{\varepsilon}=\boldsymbol{z}_1-\boldsymbol{x}_1\\ \dot{\boldsymbol{z}}_1=\boldsymbol{z}_2+\boldsymbol{f}_0+b_0\boldsymbol{u}-\beta_1\boldsymbol{\varepsilon}\\ \dot{\boldsymbol{z}}_2=-\beta_2\boldsymbol{\varepsilon}\end{cases} \tag{5-245}$$

式中,$\boldsymbol{z}_1$ 为 $\boldsymbol{x}_1$ 的观测值,$\boldsymbol{z}_1=[z_{1\alpha}\quad z_{1\beta}]^{\mathrm{T}}$;$\boldsymbol{z}_2$ 为 $\boldsymbol{x}_2$ 的观测值,$\boldsymbol{z}_2=[z_{2\alpha}\quad z_{2\beta}]^{\mathrm{T}}$;$\boldsymbol{\varepsilon}$ 为观测误差矢量,$\boldsymbol{\varepsilon}=\boldsymbol{z}_1-\boldsymbol{i}_{\alpha\beta}=[\varepsilon_\alpha\quad \varepsilon_\beta]^{\mathrm{T}}$;$\beta_1$、$\beta_2$ 为观测器参数,按“带宽法”原则进行整定,$[\beta_1\quad \beta_2]^{\mathrm{T}}=[2\omega_0\quad \omega_0^2]^{\mathrm{T}}$。

ESO 收敛后,$\boldsymbol{f}_1$ 从未知扰动的观测值 $\boldsymbol{z}_2$ 中分离出的反电势观测值 $\hat{\boldsymbol{e}}_{\alpha\beta}$ 为

$$\hat{\boldsymbol{e}}_{\alpha\beta}=-L_s\boldsymbol{z}_2 \tag{5-246}$$

值得注意的是,在对未知扰动进行观测时,ESO 等效于二阶低通滤波器,因此,较传统滑模观测器相比,基于 ESO 的反电势观测器可直接获得平滑无抖振的反电势估计结果,从而避免了后级低通滤波器的引入,结构更为简便。

2) 基于正交锁相环的转速和位置提取

α 轴和 β 轴反电势包含了转子位置信息,利用反正切函数,按式(5-203)进行处理,便可提取转子位置和转速信息,即

$$\begin{cases}\hat{\theta}_e=-a\tan\left(\dfrac{\hat{e}_\alpha}{\hat{e}_\beta}\right)\\ \hat{\omega}_e=\dfrac{\mathrm{d}\hat{\theta}_e}{\mathrm{d}t}\end{cases} \tag{5-247}$$

该方法虽具备一定的可用性，但其精度和可靠性还存在不足。究其原因有两点，其一，反电势存在周期性过零点行为，反正切函数的非线性特性使得其数值精度在反电势过零时急剧下降；其二，转速是通过对位置求导得到的，而求导运算必然带来不期望的噪声放大，降低转速估计值的信噪比。

相较而言，正交锁相环(quadrature phase-locked-loop, QPLL)是一种更好的选择。QPLL 因其简单的结构、易调节的参数和良好的噪声抑制能力，已被广泛应用于无位置传感器控制领域。一个典型的 QPLL 由鉴相器(phase detector, PD)、环路滤波器(loop filter, LF)和压控振荡器(voltage-controlled oscillator, VCO)三部分组成，如图 5.35 所示。其原理为：鉴相器检测输出和输入信号的相位差经由环路滤波器进行调节，其输出再经过压控振荡器生成对应的频率和相角，通过闭环反馈，使得稳态下鉴相器输出的相位差为零，从而间接提取原始信号的频率和相位。

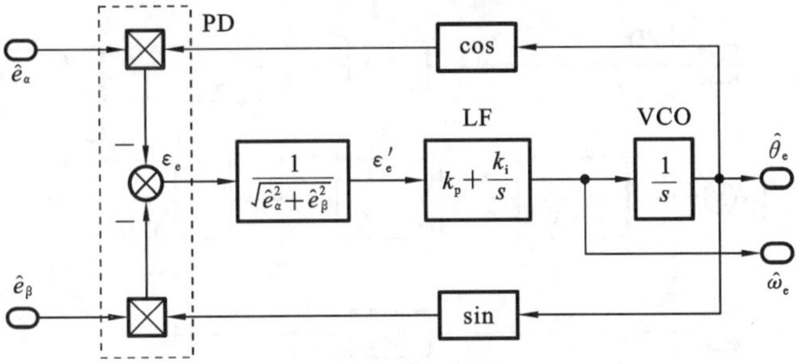

图 5.35 正交锁相环结构框图

$\hat{e}_\alpha$、$\hat{e}_\beta$ 包含角度信息，构建如下鉴相器，以获取原始信号和输出信号的相位差，即

$$\varepsilon_e = -\hat{e}_\alpha\cos\hat{\theta}_e - \hat{e}_\beta\sin\hat{\theta}_e = \hat{E}_f\sin(\theta_e-\hat{\theta}_e) \approx \hat{E}_f(\theta_e-\hat{\theta}_e) \tag{5-248}$$

式中，$\hat{E}_f$ 为反电势矢量的幅值，$\hat{E}_f=\sqrt{\hat{e}_\alpha^2+\hat{e}_\beta^2}$。考虑到反电势幅值和转速成正比，若 ε_e 直接输入至环路滤波器，则 QPLL 的频率响应特性将随转速变化而变化。因此，需对 ε_e 进行归一化处理，以保证 QPLL 的频率响应在宽速度范围下的一致性，即

$$\varepsilon_e \approx \frac{\hat{E}_f}{\sqrt{\hat{e}_\alpha^2+\hat{e}_\beta^2}}(\theta_e-\hat{\theta}_e) = \theta_e-\hat{\theta}_e \tag{5-249}$$

归一化处理后，QPLL 的闭环传递函数可写为

$$G_{QPLL}(s)=\frac{\hat{\omega}_e(s)}{\omega_e(s)}=\frac{\hat{\theta}_e(s)}{\theta_e(s)}=\frac{k_p s+k_i}{s^2+k_p s+k_i} \tag{5-250}$$

式中，k_p 和 k_i 为环路滤波器的 PI 参数。

将 $G_{QPLL}(s)$ 的极点配置为左半复平面的二重实极点，PI 参数可按如下方式整定为

$$[k_p \quad k_i]=[2\sigma \quad \sigma^2] \tag{5-251}$$

式中，参数 σ 定义为 QPLL 的带宽。

3. 位置信号的修正

稳态运行下，受 PI 型环路滤波器的闭环调节作用，QPLL 的鉴相误差可忽略不计，因此其输出的转速和位置信号可以较好地跟踪反电势估计值的频率和相位。然而，反电势的估计值和真实值却存在着无法被忽略的相位偏差，这是由 ESO 自身的相频特性决定的。该相位偏差将导致位置估计值和实际值存在静差，降低系统稳态性能，因此有必要进行修正。对式(5-245)进行拉普拉斯变换，得

$$G_{E_{\alpha\beta}}(s)=\frac{\hat{E}_{\alpha\beta}(s)}{E_{\alpha\beta}(s)}=\frac{Z_2(s)}{F_1(s)}=\frac{\beta_2}{s^2+\beta_1 s+\beta_2} \tag{5-252}$$

$G_{E_{\alpha\beta}}(s)$的相频特性为

$$\angle G_{E_{\alpha\beta}}(\mathrm{j}\omega)=a\tan\left(\frac{2\omega_0\omega}{\omega_0^2-\omega^2}\right) \tag{5-253}$$

式(5-253)反映了反电势实际值和估计值在频率为 ω 时的相位差,将该相位差补偿至 QPLL 的输出侧,得到修正后的位置估计值为

$$\hat{\theta}_e=\hat{\theta}_e+a\tan\left(\frac{2\omega_0\hat{\omega}_e}{\omega_0^2-\hat{\omega}_e^2}\right) \tag{5-254}$$

值得一提的是,式(5-254)采用估计转速 s 进行相位修正并不会影响实际效果。原因在于,稳态下反电势的估计值和真实值虽存在相位偏差,但频率始终保持一致,因此 QPLL 输出的转速估计结果是准确的。带相位修正的 QPLL 结构框图如图 5.36 所示。

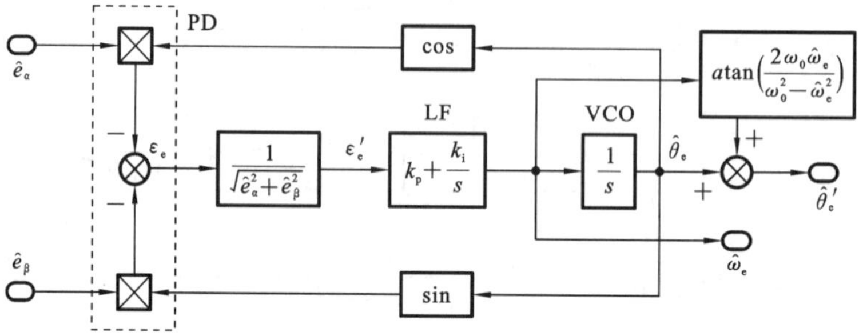

图 5.36 带相位修正的正交锁相环结构框图

5.5.4 无位置控制仿真

仿真内容包括低速区零速无位置传感器起动、中高速区模型法无位置传感器控制,以及在低速稳态和中高速稳态时速度与负载的突变对系统稳定性的影响等。仿真对象为一台永磁同步电机,参数如下:

极对数	$p=3$
额定功率	$P_{1N}=3700$ W
额定电压(相)	$U_N=220$ V
额定频率	$f_{1N}=50$ Hz
直轴电感	$L_d=3.5e^{-3}$ H
交轴电感	$L_q=9.8e^{-3}$ H
定子电阻	$R_s=0.75$
转动惯量	$J=0.0164$ kg·m^2
摩擦系数	$B=0.002$ N·m·s/rad

1. 低速区高频注入

由于电机在低速范围内各种包含转子位置的信号幅值较小难以提取,故本仿真以方波注入为例,在 d 轴注入与开关频率(10 kHz)同频率的方波信号。通过前文所述的解调方法可以得到估算转子位置波形与真实位置对比,如图 5.37 所示,error 为估计转子位置与实际转子位置的误差,图中角度均为电角度(弧度)。

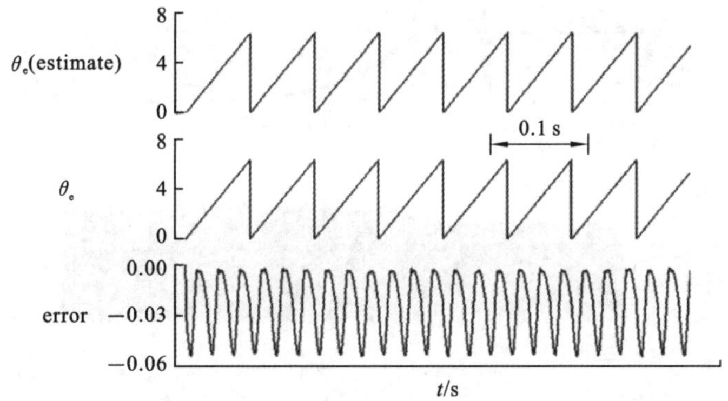

图 5.37 估计角度与实际角度

使用估计位置进行闭环控制，转速指令为 400 r/min。控制策略采取 $i_d=0$，仿真结果如图 5.38 所示。由于在 d 轴注入了高频信号，引起了 d 轴电流的高频响应，故 i_d 在 0 附近波动。q 轴电流在起动阶段为加速提供力矩，达到稳态后由于空载只需要克服摩擦力，故 i_q 降至接近 0。

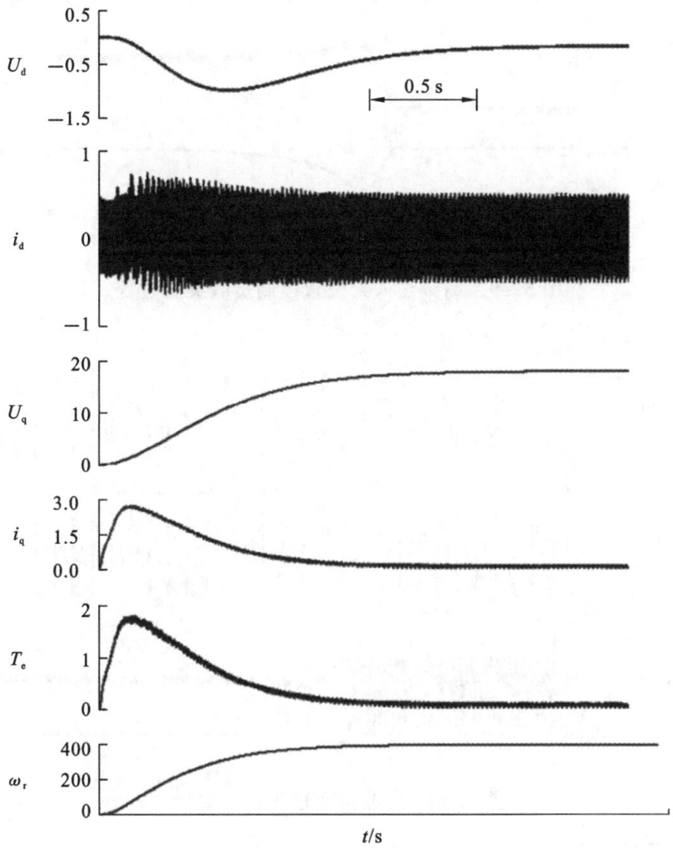

图 5.38 高频注入无位置控制性能

运行至稳态时，突加负载 1 N·m，仿真结果如图 5.39 所示。为抵消速降，i_q 增大使转矩输出超过负载值令其加速，再逐渐减小至稳态值保持转速给定值。图 5.40 所示的是负载突变过程角度估计，由于电流较小时受限于逆变器非线性过零影响误差较大，加载后电流增大估计角度误差变小。

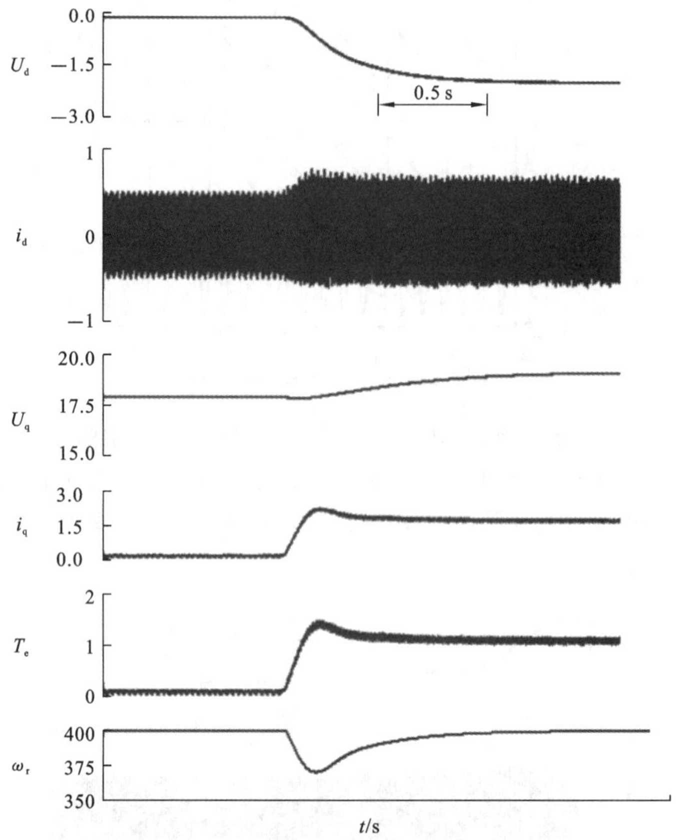

图 5.39　高频注入无位置控制负载突变过程

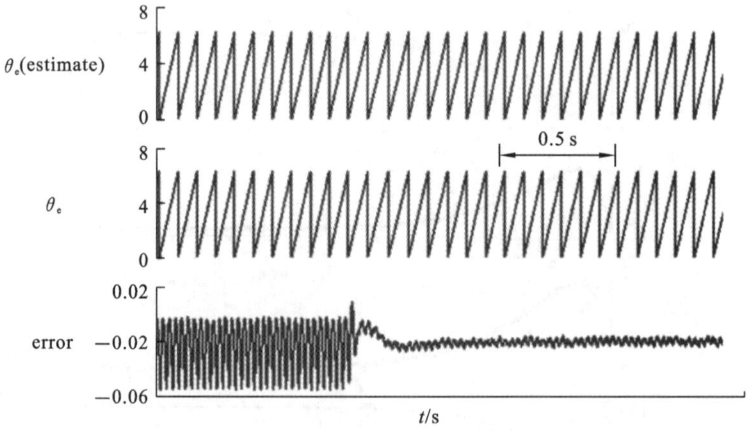

图 5.40　负载突变过程角度估计

2. 中高速区模型法

在中高速区，由于反电势信号信噪比较高，故本仿真在中高速区采用反电势模型法提取位置信号。通过前文所述的基于扩张状态观测器和正交锁相环法可以得到估算转子位置波形与真实位置对比(见图 5.41)，error 为估计转子位置与实际转子位置的误差，图中角度均为电角度(弧度)。

在 400 rpm 之后对模型法获得的估计位置进行闭环控制，转速指令为 1000 r/min。

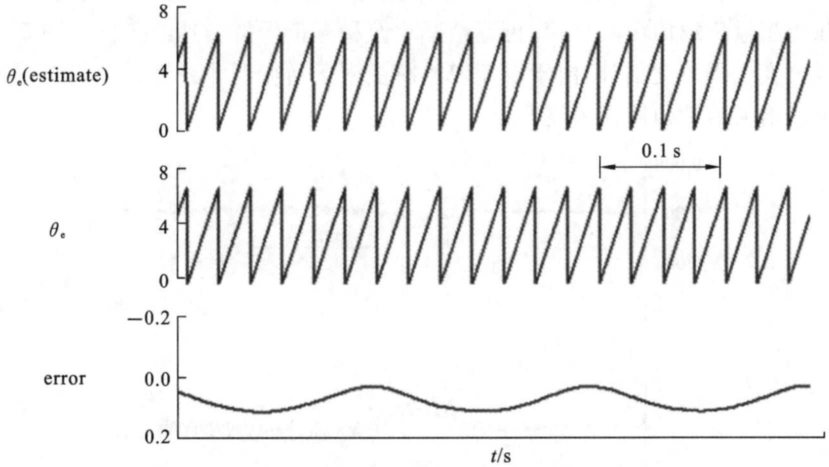

图 5.41 估计角度与实际角度

控制策略采取 $i_d=0$,仿真结果如图 5.42 所示。由于负载为空载,故稳态时 i_d 在 0 附近波动。q 轴电流在起动阶段为加速提供力矩,达到稳态后由于空载只需要克服摩擦力,故 i_q 降至接近 0。

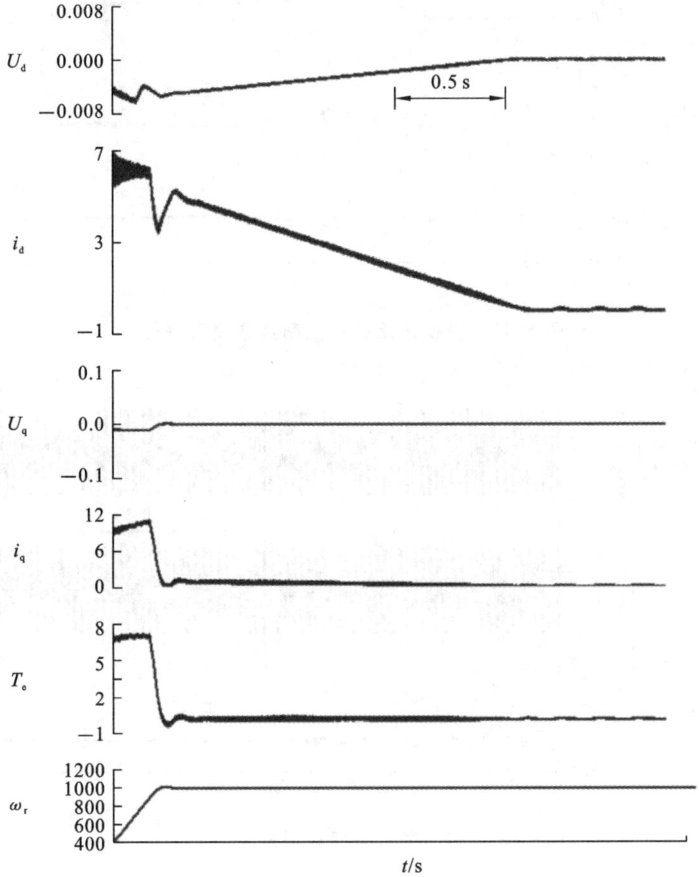

图 5.42 模型法无位置控制性能

运行至稳态时,突加负载 1 N·m,仿真结果如图 5.43 所示。为抵消速降,i_q 增大使转矩输出超过负载值令其加速,再逐渐减小至稳态值保持转速给定值。图 5.44 所示的是负载突变过程角度估计,由于电流较小时受限于逆变器非线性过零影响误差较大,加载后电流增大估计角度误差变小。

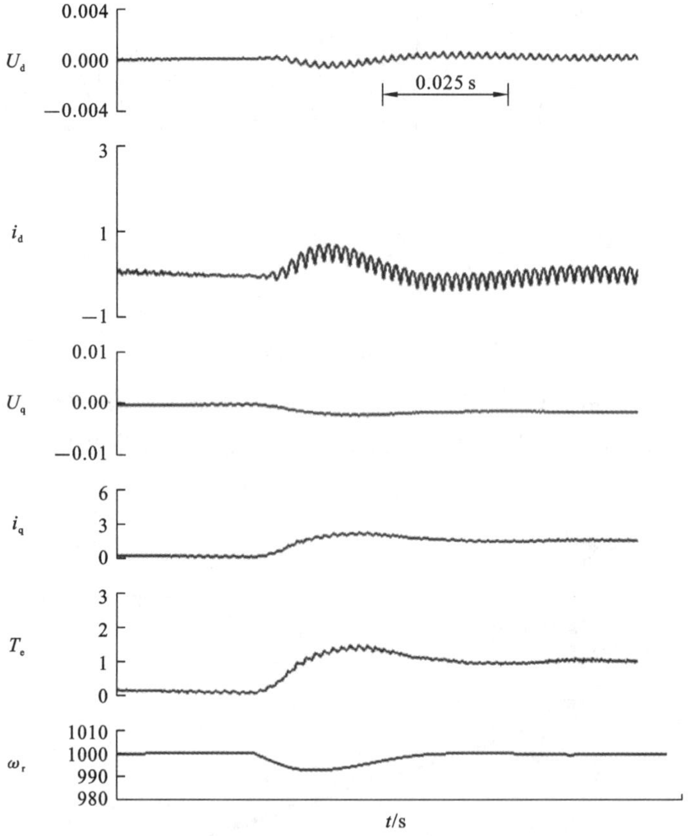

图 5.43 模型法无位置控制负载突变过程

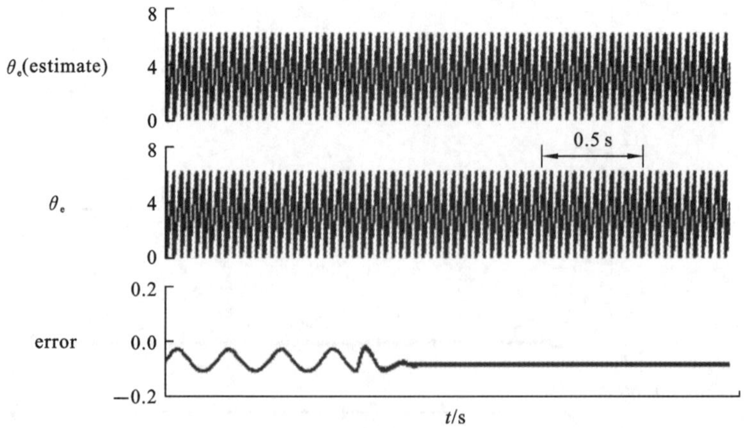

图 5.44 负载突变过程角度估计

问题与思考

1. 图 5.45 所示的是一台两相凸极同步电机的示意图(设极对数为 1),试完整建立:

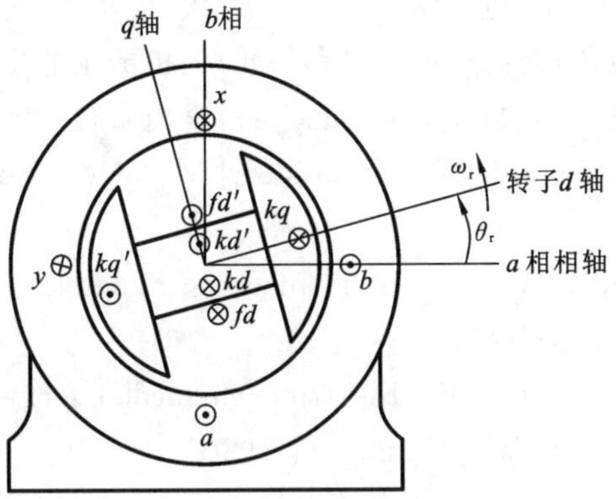

图 5.45　题 1 用图

a. 静止参照系中的分析模型(p 对极),即参数计算公式和磁链、电压、转矩方程等;

b. 任意速参照系中的分析模型;

c. 与三相电机分析模型比较并讨论。

2. 一汽轮发电机组铭牌和参数标幺值如下:

极对数	$p=1$	连接方式	Y
视在功率	$S_N=835$ MV・A	线电压	$U_1=26$ kV
频率	$f_1=50$ Hz	功率因数	$\cos\varphi=0.85$
定子电阻	$r_s=0.003$	定子漏感	$L_s=0.19$
直轴电感	$L_d=1.8$	交轴电感	$L_q=1.8$
励磁电阻	$r_{fd}=0.000929$	励磁漏感	$L_f=0.1414$
直轴阻尼绕组电阻	$r_{kd}=0.01334$	直轴阻尼绕组漏感	$L_d=0.08125$
交轴阻尼绕组电阻	$r_{kq}=0.00841$	交轴阻尼绕组漏感	$L_q=0.0939$
惯量常数	$H=2443$ rad		

a. 仿照 5.3 节,求输入转矩(幅度为标幺值 0.5)的阶跃响应;

b. 同理,仿照 5.3 节计算定子端部三相对称和两相不对称突然短路及自恢复过程;

c. 仿照 5.3 节计算定子两相和单相对中点突然短路及自恢复过程。

3. 使用 5.2 节介绍的计算机辅助分析方法对自抗扰的扰动估计,对估计误差、指令跟踪等进行分析。

4. 针对 5.5 节的推导及仿真,在理论上估计角度存在一定的误差,试探讨改进措施以减小角度误差。

参 考 文 献

[1] 辜承林,陈乔夫,熊永前. 电机学[M]. 3 版. 武汉:华中科技大学出版社,2010.

[2] 孙蓓,张志义. 机电传动控制[M]. 2 版. 北京:机械工业出版社,2015.

[3] 李发海,朱东起. 电机学[M]. 3 版. 北京:科学出版社,2001.

[4] Krause P C. Analysis of electric machinery[M]. New York: McGraw-Hill Book Company, 1986.

[5] Gupta D P S, Lunn J W. Electrical machine dynamics[M]. Hong Kong: The Macmillan Press Ltd., 1980.

[6] Brown D, Hamilton III E P. Electromechanical energy conversion[M]. New York: Macmillan Publishing Company, 1984.

[7] Woodson H H, Melcher J R. 机电动力学(1)[M]. 华中理工大学电机教研室,译. 北京: 机械工业出版社, 1982.

[8] 孟传富, 钱庆镳. 机电能量转换[M]. 北京: 机械工业出版社, 1993.

[9] 宫入庄太. 机电能量转换[M]. 霍义兴,任仲岳,译. 北京: 机械工业出版社, 1982.

[10] 卓忠疆. 机电能量转换[M]. 北京: 水利电力出版社, 1987.

[11] 邱家俊. 机电分析动力学[M]. 北京: 科学出版社, 1992.

[12] Gear C W. 常微分方程初值问题的数值解法[M]. 费景高,刘德贵,高永春,译. 北京: 科学出版社, 1978.

[13] Leonhard W. 电气传动控制[M]. 吕嗣杰,译. 北京: 科学出版社, 1988.

[14] 张世铭, 王振和. 电力拖动直流调速系统[M]. 武汉: 华中理工大学出版社, 1995.

[15] Park R H. Two-reaction theory of synchronous machines generalized method of analysis part Ⅰ[J]. AIEE Trans., 1929, 48(7): 716-727.

[16] Stanley H C. An analysis of the induction motor[J]. AIEE Trans., 1938, 57 (Supplement): 751-755.

[17] Luo C, Wang B, Yu Y, et al. Operating-point tracking method for sensorless induction motor stability enhancement in low-speed regenerating mode[J]. IEEE Transactions on Industrial Electronics, 2020, 65(5): 3386-3397.

[18] Luo C, Wang B, Yu Y, et al. Decoupled stator resistance estimation for speed-sensorless induction motor drives considering speed and load torque variations [J]. IEEE Journal of Emerging and Selected Topics in Power Electronics, 2020, 8(2): 1193-1207.

[19] Luo C, Wang B, Yu Y, et al. Enhanced low-frequency ride-through for speed-sensorless induction motor drives with adaptive observable margin[J]. IEEE Transactions on Industrial Electronics, 2021, 68(12):11918-11930.

[20] Wang B, Huo Z, Yu Y, et al. Stability and dynamic performance improvement

of speed adaptive full-order observer for sensorless induction motor ultralow speed operation[J]. IEEE Transactions on Power Electronics，2020，35(11)：12522-12532.

[21] Clarke E. Circuit analysis of AC power systems，vol. Ⅰ — symmetrical and related components[M]. New York：John Wiley and Sons Inc.，1943.

[22] Kron G. Equivalent circuits of electric machinery[M]. New York：John Wiley and Sons Inc.，1951.

[23] Brereton D S，Lewis D G，Young C G. Representation of induction motor loads during power system stability studies[J]. AIEE Trans.，1957，76：451-461.

[24] Krause P C，Thomas C H. Simulation of symmetrical induction machinery[J]. IEEE-PAS，1965，84：1038-1053.

[25] Krause P C，Nozari F，Skvarenina T L，et al. The theory of neglecting stator transients[J]. IEEE-PAS，1979，98 (1)：141-148.

[26] 高景德，王祥珩，李发海. 交流电机及其系统的分析[M]. 北京：清华大学出版社，1993.

[27] 贺益康. 交流电机的计算机仿真[M]. 北京：科学出版社，1990.

[28] 贺益康. 交流电机调速系统计算机仿真[M]. 杭州：浙江大学出版社，1993.

[29] Blaschke F. The principle of field orientation as applied to the new transvektor closed-loop control system for rotating-field machines[J]. Siemens Review，1972 (5)：162-165.

[30] 辜承林. 数值型 PWM 变频调速系统矢量控制的微机实现[D]. 武汉：华中理工大学，1985.

[31] 辜承林. PWM 波形的谐波消除技术[J]. 江西工业大学学报，1986，8 (2)：1-8.

[32] 秦晓平，王克成. 感应电动机的双馈调速和串级调速[M]. 北京：机械工业出版社，1990.

[33] 辜承林，韦忠朝，黄声华，等. 对转子交流励磁电流实行矢量控制的变速恒频发电机(第一部分：控制模型与数值仿真)[J]. 中国电机工程学报，1996，16 (2)：119-124.

[34] 陈文纯. 电机瞬变过程[M]. 北京：机械工业出版社，1982.

[35] 辜承林，李朗如. 转子轴向迭压各向异性(ALA) 磁阻电机磁场、参数及性能的分析与计算[J]. 中国电机工程学报，1994，14 (3)：14-20.

[36] 辜承林. ALA 转子电机的矢量控制调速系统[J]. 湖北工学院学报，1994，9 (增刊)：46-50.

[37] Jiang F，et al. Robustness improvement of model-based sensorless SPMSM drivers based on an adaptive extended state observer and an enhanced quadrature PLL[J]. IEEE Transactions on Power Electronics，2021，36(4)：4802-4814，doi：10.1109/TPEL.2020.3019533.

[38] Xu Z，Yang K，Zheng Y，et al. Torque-ripple reduction in permanent magnet synchronous motor based on LADRC and repetitive control[C]. 2021 24th International Conference on Electrical Machines and Systems (ICEMS)，2021：1777-

1781. doi：10.23919/ICEMS52562.2021.9634483.
[39] Zheng Y，Yang K，Xu Z，et al. Improved sliding mode control method based on repetitive control[C]. 2021 24th International Conference on Electrical Machines and Systems (ICEMS)，2021：1782-1786. doi：10.23919/ICEMS52562.2021.9634388.